육도삼략
(六韜三略)
曹康煥 解譯

육도삼략(六韜三略)이란 어떤 책인가?

 『육도(六韜)』는 태공망 여상(太公望 呂尙)의 저서요, 『삼략(三略)』은 황석공(黃石公)의 저서로 『육도(六韜)』와 『삼략(三略)』은 본래 별개의 저서로 알려져 있다.
 『육도(六韜)』의 육(六)은 육도가 문도(文韜), 무도(武韜), 용도(龍韜), 호도(虎韜), 표도(豹韜), 견도(犬韜)의 여섯 편(篇)으로 이루어졌음을 뜻하는 것이다. 도(韜)는 활을 간직해 두는 활집을 말한다.
 활집의 사용법, 곧 전략(戰略)의 교묘함과 졸렬함은 전쟁의 승패를 가름하는 것이므로 심사숙고를 거듭하여야 할 것임을 강조했다. 또한 경세제민(經世濟民)의 술(術)과 부국강병의 실(實)도 아울러 거두는 것임을 말하고자 한 것이다. 이 책은 주왕조(周王朝)의 문왕(文王)과 무왕(武王)이 태공망 여상에게 묻고, 여상이 그것에 대해 답변하는 형식을 취하고 있다.
 『삼략(三略)』은 전략의 기미(機微)에 상중하(上中下)의 세 가지 종류가 있음을 말한 것이다.
 상략(上略)에서는 예(禮)와 상벌(賞罰)을 설명하여 간사한 사람과 영웅을 분별하고, 성공하고 패하는 것을 분명히 할 것을 말하였다.
 중략(中略)에서는 덕행(德行)을 분별하여 권도와 변화를 분명히 할 것을 말하였다.
 하략(下略)에서는 도덕(道德)을 논하고, 편안하고 위태한 것을 살펴 어진 선비를 음해하는 일을 밝힌 것이다.
　그러나 이 『육도』와 『삼략』은 모두 태공의 말이 아니라 후세(後世)의 위작(僞作)이라는 것이 정설(定說)로 되어 있다. 또 혹은 『육도(六韜)』와 『삼략(三略)』은 위서(僞書)라고 한다.
　『육도』에 대해서, 그것이 위서라는 사실을 증명하는 설이 수없이 많다. 한대(漢代) 이래로 태공(太公)이 병가(兵家)의 시조라고 말하고 있다. 그 설(說)은 본래부터 근거를 찾을 수 없는 것으로 태공이 문왕을 만났다는 사실조차 믿기 어렵다고 하는데, 그들이 병(兵)을 담론(談論)하였다는 것은 더욱 믿을 수 없다는 설을 비롯하여 갖가지 설이 많다.
　손자(孫子)의 의소(義疏)라고도 할 것으로서, 그 내용은 오기(吳起)에게 기초를 둔다는 설. 무왕(武王)과 태공의 문답으로 보기에는 그 쓰인 말씨가 너무 비루(鄙陋)하고 저속하다는 주장. 춘추시대(春秋時代) 이전의 중국에서는 기병전(騎兵戰)이 존재하지 않았고, 이 기병전에 의한 전략(戰略)은 전국시대(戰國時代)에 생긴 것이다. 『육도(六韜)』에 기병전략이 아주 상세하게 서술되어 있으니 이것으로 보아 이 책은 결코 태공의 저작이라고 할 수 없다. 아마도 손자(孫子), 오자(吳子) 이후에 나온 것으로 모신(謀臣), 책사(策士)의 의탁(依託)에 의한 것이라는 설 등 이 책이 태공에 의한 것이 아니라고 주장하는 설은 많다.
　많은 문헌(文獻)을 참조해 보면 이 책의 성립 연대는 진한(秦漢)시대로 보인다. 근자에 이 책의 성립 연대를 한위(漢魏) 이래 진송(晉宋)시대라고 주장하는 학자도 있다. 그러나 그것은 아직 근거가 희박하다.
　『삼략(三略)』에 대해서는, 하이(下圯)의 신인(神人)이 찬(撰)한 것으로 되어 있다. 그 신인은 세상에 전해지는

1. 육도삼략(六韜三略)이란 어떤 책인가? 5

이상노인(圯上老人)을 말한다. 이상노인은 전설적인 인물인 황석공(黃石公)을 가리키는데, 그가 장량(張良)에게 이 책을 주면서 태공(太公)의 병법(兵法)이라고 했다는 데서 태공의 저작으로 전해졌다. 그러나 그것을 부인하는 학자는, 『삼략(三略)』은 대개 유약불탐(柔弱不貪)을 주지(主旨)의 내용으로 하는 것으로 이것은 노자(老子)의 설(說)이라고 주장하고, 이 『삼략(三略)』이 노자의 사상을 이은 것임을 지적하면서, 여러 가지 논증(論證)을 들어 태공의 저(著)가 아니라고 결론짓는다. 여러 가지 논증에 의해 이 역시 위작임이 확실하다. 문장의 뜻으로 보아도 상고(上古)의 글이 아니고 후인(後人)의 의탁(依託)이라고 할 것이다. 『삼략』이 위서(僞書)임은 송대(宋代) 이래의 여러 설(說)에 의해 의문의 여지가 없다.

『육도(六韜)』와 『삼략(三略)』은 확실하게 전해지는 바와 같이, 태공망 여상(太公望 呂尙)의 손으로 이루어진 것이 아님은 이미 앞에서 지적한 바와 같다. 그렇다면 이 책은 위서(僞書)이므로 일고(一顧)의 가치도 없는 무가치한 것인가.

그러나 절대로 그렇지 않다. 위서(僞書)가 반드시 무가치한 것이 아닌 것은, 진서(眞書)가 반드시 절대적(絕對的)인 가치를 가지는 것이 아닌 것과 마찬가지다.

그렇다면 이 책의 가치는 어디에 있는 것인가. 그것은 이 책이 역사적으로 어떤 기능을 발휘해왔는가 하는 그 점에 있을 것이다. 곧 이 책이 『손자(孫子)』나 『오자(吳子)』와 나란히 역대(歷代) 병법가(兵法家)들의 교과서로서의 기능을 해온 점에 있다. 그것은 이 책이 위서임에도 불구하고 무경(武經) 칠서(七書) 중의 하나로 선정되어, 유가(儒家)에 있어 사서오경(四書五經)과 같은 지위와 가치를 차지했다는 사실, 곧 병가(兵家)의 경전(經典)으로서 소중하게 여겨졌다는 것에 의해 천명(闡明)되는 것이다.
 수(隋), 당(唐)시대에는 병경(兵經)이라 일컬어졌고, 송대(宋代) 이후에는 무경(武經)이라 하여, 경(經)으로 칭(稱)해졌다.『수서경적지(隋書經籍志)』를 시작으로 하여『당서예문지(唐書藝文志)』나 정초(鄭樵)의『통지예문략(通志藝文略)』등 역대 각 서지(書志)에 재록(載錄)되고, 주석(注釋)된 것을 보면, 이 책의 가치를 알 수 있다.

차 례

『육도삼략(六韜三略)』이란 어떤 책인가···/3

제1권 육도(六韜)/15

제1편 문도(文韜)/15

제1장 문왕의 스승(文師第一)···/16
  가. 스승을 얻을 것이다.···/16

제2장 가득하고 빈 것(盈虛第二)···/24
  가. 국가의 성쇠는 지도자의 자질에 좌우된다···/24

제3장 나라의 정무(國務第三)···/28
  가. 민중을 편안히 하는 것은···/28

제4장 큰 예절(大禮第四)···/31
  가. 군주와 신하의 예의는···/31

제5장 밝은 덕을 전하다(明傳第五)···/34
  가. 나라가 멸망하는 것은···/34

제6장 여섯 가지 지키는 것(六守第六)···/36
  가. 여섯 가지 지키는 것과 세 가지의 보배···/36

제7장 국토를 지키다(守土第七)…/40
가. 국토를 수비하는 방법은…/40

제8장 나라를 지킴(守國第八)…/43
가. 목욕재계하고 스승에게 묻다…/43

제9장 어진이를 높이다(上賢第九)…/46
가. 여섯 가지 도적과 일곱 가지 해악…/46

제10장 어진이의 등용(擧賢第十)…/53
가. 어진이를 쓰지 못하고 멸망하는 까닭…/53

제11장 포상과 단죄(賞罰第十一)…/55
가. 상은 권장하고 벌은 징계하는 것…/55

제12장 용병의 도(兵道第十二)…/57
가. 무력은 마지못할 경우에만 사용한다…/57

제2편 무도(武韜)/61

제13장 슬기와 지혜를 열다(發啓第十三)…/62
가. 죄없는 자를 구원하는 길…/62

제14장 문덕을 열다(文啓第十四)…/68
가. 무엇을 지켜야 합니까…/68

제15장 문덕으로 정벌함(文伐第十五)…/72
가. 무력을 쓰지 않고 적을 정벌하는 법…/72

제16장 순응하여 계발함(順啓第十六)…/79

가. 천하를 포용할 수 있는 사람은···/79
제17장 세 가지 의문점(三疑第十七)···/81
가. 세 가지의 의문점이란···/81

제3편 용도(龍韜)/85

제18장 왕의 날개(王翼第十八)···/86
가. 군은 임기응변에 능해야 한다···/86

제19장 장수를 논함(論將第十九)···/92
가. 다섯 가지 재능과 열 가지 과실···/92

제20장 장수를 선발함(選將第二十)···/96
가. 장수를 임명하는 절차는···/96

제21장 장수를 세움(立將第二十一)···/100
가. 장수는 어떤 절차로 임명받는가···/100

제22장 장수의 위엄(將威第二十二)···/105
가. 장수가 위엄을 세우는 방법···/105

제23장 병사를 격려함(勵軍第二十三)···/107
가. 승리를 얻는 세 가지 계략···/107

제24장 군의 암호(陰符第二十四)···/110
가. 여덟 가지의 암호문서···/110

제25장 암호문서(陰書第二十五)···/112
가. 통신문을 알 수 없게 하는 것···/112

제26장 군대의 위세(軍勢第二十六)…/114
가. 적을 공격하는데 좋은 방법은…/114

제27장 기특한 용병(奇兵第二十七)…/119
가. 전쟁을 잘하는 사람은…/119

제28장 다섯 가지 소리(五音第二十八)…/125
가. 음악으로 승패를 알 수 있습니까…/125

제29장 승패의 징험(兵徵第二十九)…/130
가. 명장은 승패의 가부를 안다.…/130

제30장 농사의 기물(農器第三十)…/134
가. 농기구도 하나의 병기다.…/134

제4편 호도(虎韜)/139

제31장 군수용품(軍用第三十一)…/140
가. 공격과 수비의 병기는 등급이 있다.…/140

제32장 세 종류의 진법(三陣第三十二)…/151
가. 천진(天陣), 지진(地陣), 인진(人陣)이 있다…/151

제33장 신속한 전투(疾戰第三十三)…/152
가. 군량이 끊겼을 때의 전략은 어떻게…/152

제34장 탈출하는 법(必出第三十四)…/154
가. 포위에서 탈출하는 방법은…/154

제35장 군의 전략(軍略第三十五)…/159

가. 적을 만나 강을 건너려면…/159

제36장 국경에 다다름(臨境第三十六)…/162
　　　가. 막상막하의 대치 상태에서는…/162

제37장 동정을 살핌(動靜第三十七)…/165
　　　가. 서로 대치하는 상태에서 적을 물리치려면…/165

제38장 쇠북을 침(金鼓第三十八)…/168
　　　가. 불의의 공격을 가해 오면…/168

제39장 보급로를 끊다(絶道第三十九)…/171
　　　가. 적이 식량보급 도로를 끊는다면…/171

제40장 땅을 빼앗는 것(略地第四十)…/174
　가. 남의 땅을 빼앗고자 하는데 어떻게 해야 합니까…/174

제41장 화력전(火戰第四十一)…/178
　　　가. 화력은 화력으로 맞서야 한다…/178

제42장 위장된 진지(壘虛第四十二)…/181
　가. 어떤 방법으로 적의 내막을 알 수 있습니까…/181

제5편 표도(豹韜)/183

제43장 숲속의 전투(林戰第四十三)…/184
　　　가. 싸워서 이기려면 어떻게 해야 합니까…/184

제44장 돌격하는 전투(突戰第四十四)…/186
　　　가. 적이 눈앞에 닥쳐 왔을 때는 …/186

제45장 강한 적(敵强第四十五)···/189
가. 아군이 두려움에 떨 때 어떻게 합니까···/189

제46장 강한 적을 물리침(敵武第四十六)···/192
가. 약한 군대로 강한 적을 이기려면···/192

제47장 오운진법과 산 위의 군대(烏雲山兵第四十七)···/195
가. 싸워서 승리를 거두고자 하려면···/195

제48장 오운진법과 하천의 군대(烏雲澤兵第四十八)···/198
가. 군량이 떨어졌을 때에는 어떻게 합니까···/198

제49장 적은 무리(少衆第四十九)···/202
가. 약한 병력이 강한 적을 만났을 때···/202

제50장 험난한 곳의 전투(分險第五十)···/204
가. 위험한 곳에서 적을 만나면···/204

제6편 견도(犬韜)···/207

제51장 나눈 것을 합함(分合第五十一)···/208
가. 모든 군사를 한 곳으로 모으려면···/208

제52장 군의 선봉(武鋒第五十二)···/209
가. 어떤 기회에 공격하는 것이 좋습니까···/209

제53장 단련된 병사(練士第五十三)···/212
가. 죽음도 불사하는 용사의 명칭은···/212

제54장 전술을 가르침(敎戰第五十四)···/215

가. 백만의 병사를 교육하는 법…/215

제55장 병사를 균일케 함(均兵第五十五)…/217
　　가. 보병 몇 사람이 전차와 대항합니까…/217

제56장 전차병사(武車士第五十六)…/221
　　가. 전차병은 40세 이하로 해야…/221

제57장 전투기병(武騎士第五十七)…/223
　　가. 얻기가 어려운 전투기병…/223

제58장 전차(戰車第五十八)…/224
　　가. 전차로 싸우는 전법은 어떠합니까…/224

제59장 기병 전투(戰騎第五十九)…/228
　　가. 기병 전투는 어떠한 것이 이로운가…/228

제60장 보병의 전투(戰步第六十)…/234
　　가. 보병이 전차나 기마병과 싸우려면…/234

제2권 삼략(三略)/237

제1부 상략(上略)/238
　　가. 총대장의 마음가짐이란…/238
　　나. 마음을 지킬줄 아는 자는 적다…/239
　　다. 군인의 정치가 계속되는 나라는…/242
　　라. 민중을 편안히 하는 것은 군주의 의무…/245
　　마. 용병의 제일 요체는…/246

바. 백전백승의 원리는…/247
사. 어진 장수는 솔선수범하는 것…/250
아. 현인이 나아가는 곳엔 적대할 자가 없다…/253
자. 장수된 자는 모든 말을 경청해야…/254
차. 훌륭한 상에는 용사가 모인다…/256
카. 적군의 실상을 먼저 아는 것이다…/259
타. 서로 멸망을 자초하는 길…/261
파. 군주를 위험에 빠뜨리는 자는 간적이다…/263
하. 동지들만을 찬양하는 무리들은…/266

제2부 중략(中略)/268
가. 삼황(三皇)은 무위(無爲)의 치자(治者)였다…/268
나. 장군을 간섭하면 안 된다…/270
다. 의사(義士)를 부리는 데에는 예(禮)로써 한다…/272
라. 난세를 구하기 위해 만들어진 삼략(三略)…/274

제3부 하략(下略)/277
가. 천하의 행복을 얻을 수 있는 사람은…/277
나. 외면적으로 복종시키는 정치는…/278
다. 즐거운 정치에는 충신이 모인다…/280
라. 도(道)의 교화란 무엇인가…/281
마. 군주의 권위가 손상을 입는 것은…/282
바. 의혹이 없어지면 국가는 편안하다.…/283
사. 청렴결백한 사람은 작록이 필요없다…/285
아. 정의가 이긴다는 것은 정한 이치다…/287
자. 민중이 넉넉할 때 국가도 부강하다…/288

제1권 육도(六韜)

제1편 문도(文韜)

나라를 다스리는 근본은
무력(武力)을 구비하는 것보다는
문덕(文德)을 닦는 것을
제일 먼저 할 일이다.

제1장 문왕의 스승(文師第一)

가. 스승을 얻을 것이다.

주(周)나라의 문왕(文王)이 사냥 나갈 준비를 갖추고 있었다. 점치는 일을 관장하는 사관(史官)인 편(編)이 거북의 껍질을 태워 점을 친 후 말하기를

"위수(渭水) 북쪽으로 가 사냥을 하시면 큰 것을 잡을 것입니다. 잡는 것은 뿔이 있는 용도 아니고, 뿔이 없는 용도 아니고, 호랑이도 아니고, 큰 곰도 아닙니다. 점괘에 나타난 징후에 의하면 공작이나 후작이 될 인재를 얻을 것입니다. 하늘은 주군(主君)께 스승을 보내 주군을 보좌하게 하실 것이니 그 스승은 3대 후까지도 미칠 공신(功臣)이 될 것입니다."

하는 것이었다. 문왕이 말하기를

"점괘가 그토록 길조이던가."

하니, 편(編)이 대답했다.

"옛날 저의 조상인 사관 주(疇)가 우(禹)임금을 위해 점을 쳐 고요(皐陶)를 얻은 일이 있습니다. 지금의 점괘는 이와 비교할 수 있는 괘(卦)입니다."

문왕은 그 날부터 사흘 동안 목욕재계하여 몸을 정결하게 하고 나서, 사냥에 쓰일 말과 수레를 몰아 위수(渭水) 북쪽으로 사냥을 나갔다. 문왕은 마침내 태공망(太公望)을 발견했다. 그때 태공망은 띠풀을 깔고 앉아 낚시를 드리우고 있었다.

문왕이 태공(太公)에게 정중히 인사를 하고 묻기를
"당신은 낚시를 즐기십니까."
하니, 태공은 대답하기를
"군자는 자신의 뜻 얻는 것을 즐기고, 소인은 자신의 일 얻는 것만을 즐긴다라는 말을 들었습니다. 지금 제가 낚시를 하고 있는 것도 그와 유사한 것으로 꼭 낚시만을 즐기고 있는 것은 아닙니다."
라고 했다. 이에 문왕이
"무엇이 그와 유사하다는 것입니까."
하고 물으니, 태공은 말하기를
"낚시에는 세 가지 방편이 있습니다. 미끼로 고기를 낚는 것은 녹봉(祿俸)으로 사람을 취하여 쓰는 것과 같은 것이요, 향기로운 미끼 밑에 반드시 죽은 고기가 있는 것은 두터운 녹봉 아래에는 반드시 목숨을 아끼지 않는 선비가 있는 것과 같은 것이며, 고기의 크고 작음에 따라 그 쓰임을 달리하는 것은 인재(人材)의 크고 작음에 따라 각각 그 맡기는 관직을 달리하는 것과 같은 것입니다. 대체로 낚시질 하는 것은 고기를 잡으려는 것으로서, 언뜻 보아 작은 일 같습니다만 여간 깊은 정취(情趣 : 이치)가 있지 않으며 낚시질 이외의 천하의 일까지도 볼 수 있는 것입니다."
라고 했다. 문왕이 또
"그 깊은 정취라는 것이 무엇인지 들려 주십시오."
하니, 태공이 말하기를
"물은 근원이 깊어야 그 물이 흐르고, 물이 흘러야 그곳에서 고기가 생장하게 마련이니, 그것이 이치입니다. 나무는 뿌리가 깊어야 나무가 무성하게 자라고, 나무가 무성하게 자라야 과실을 맺게 마련이니, 그것이 이치입니다. 마찬가지로 군자가 그 이치를 같게 하면 친밀해져 화합하고, 화합하면 천하나 국가의 큰 일도 이룰 수 있는 것이니, 이것이 이치입니다.
 언어나 응대(應對) 따위는 다만 이치의 표면을 장식할 뿐인 것이요, 지극한 뜻을 말하는 것은 일의 극치로 궁극적인 것입니다. 지금 제가 꾸밈없이 지극한 뜻을 말씀드리더라도 주군께서 마음에 두지 않으신다면 서슴치 않고 말씀드리고 싶습니다. 주군께서 불쾌하게 여기지 않고 들어 주시겠습니까."
 했다. 이에 문왕이
 "오직 어진 사람만이 바른 간언(諫言)을 받아들이고, 지극한 뜻이 담긴 말을 싫어하지 않는 것입니다. 내 어찌 그대의 진실이 담긴 충언(忠言)을 싫어하겠습니까."
 하니, 태공이 말하기를
 "낚시줄이 가늘고 미끼가 분명하면 작은 고기가 걸리고, 낚시줄이 약간 굵으며 미끼가 향기로우면 중간 정도의 고기가 걸리며, 낚시줄이 굵고 미끼가 크면 큰 고기가 걸립니다. 무릇 그 고기는 그 미끼를 먹으려고 물다가 낚시줄에 걸려 올라옵니다. 마찬가지로 사람은 녹봉(祿俸)을 받아 먹으려고 그 군주에게 복종하게 되는 것입니다.
 그러므로 그 미끼에 따라 어떠한 고기라도 잡아서 죽일 수 있듯이, 녹봉 여하에 따라 어떠한 인물이든지 다 취하여 부릴 수 있는 것입니다. 이 녹봉에 의해 사람을 쓰는 이치를 발전시키면, 대부(大夫)의 몸으로서 제후(諸侯)가 되어 나라를 발흥시킬 수 있고, 제후로서 천하를 취하여 천하를 다스릴 수도 있는 것입니다. 오호라. 천하의 모든 사물이 덩굴을 뻗고 뿌리를 내려 아무리 융성하게 보이더라도 군주가 백성의 마음을 얻지 못한다면 백성은 반드시 흩어지고 말 것이며, 말없이 어두운 듯해도 군주에게 덕이 내포되어 있으면 그 덕의 광채는 반드시 멀리에까지 이를 것입니다. 성인(聖人)의 덕은 미묘하여 보통 사람에게는 보이지 않으나, 홀로 저절로 드러나 언제인지 모르게 모든 사람의 마음을 끌어당겨 모두 돌아와 복종하는 것입니다. 성인의 생각은 즐겁게 해주는 것으로, 모두가 마치 자기 집으로 돌아가듯이 그 성덕(聖德)에 귀의하게 하여 사람의 마음을 자기에게 거두어 들여 공경하고 사모하게 하는 것입니다."

했다. 문왕이 묻기를

"어떻게 인심을 수렴(收斂)하면 천하의 백성들이 돌아와 복종하겠습니까."

하니, 태공이 말하기를

"천하는 군주 한 사람의 천하가 아닙니다. 천하 만백성을 위한 천하입니다. 천하의 이익을 만백성과 함께 하고자 하는 자는 천하를 얻고, 천하의 이익을 독단하고자 하는 자는 천하를 잃습니다.

하늘에는 춘하추동의 네 계절이 있어 항상 질서 정연하게 운행하여 만물이 생성(生成)하고, 땅에는 무한한 자원과 재산이 감춰져 있어 백성을 육성(育成)하는 것입니다. 이 하늘의 때와 땅의 재물을 백성들과 함께 가져서 조금이라도 사사로운 마음이 없는 것을 인(仁)이라고 합니다. 인이 있는 곳으로 천하의 사람들이 모두 돌아가 복종하는 것입니다.

사람의 죽을 처지에서 구원하여 그 처지를 면하게 해주고, 사람의 어려움을 해결해 주어 평안하게 해주고, 사람의 우환(憂患)을 해소해 주며, 사람의 위급을 구원해 주는 것은 덕입니다. 덕이 있는 곳으로 천하의 사람들이 돌아가 복종하는 것입니다.

사람들이 근심하는 것을 함께 근심하고, 즐거워하는 것을 함께 즐거워하고, 좋아하는 것을 함께 좋아하며, 싫어하는 것을 함께 싫어하여 자기를 주장하지 않는 것이 의입니다. 의가 있는 곳에 천하의 만백성이 따라와 귀의하는 것입니다.

무릇 사람은 모두 죽는 것을 싫어하고 사는 것을 즐거워하며 덕을 좋아하고 이득을 추구하는 것입니다. 힘써 진정한 삶, 진정한 이(利)를 도모하는 것을 도라고 합니다. 도가 있는 곳으로 천하의 사람들이 돌아가 복종하는 것입니다."
라고 했다.
문왕은 태공의 이야기를 모두 듣고, 두번 절하면서
"신실(信實)하도다. 어찌하여 하늘의 소명(詔命)을 받지 않을 까닭이 있겠습니까."
하고는, 태공을 자신의 사냥 수레에 동승시켜 함께 도읍으로 돌아와 스승으로 삼았다.

文王[1]將田[2] 史編布卜[3] 曰 田於渭陽[4] 將大得焉 非龍非彲[5] 非虎非羆 兆[6]得公侯 天遺汝師 以之佐昌 施及三王 文王曰 兆致是乎 史[7]編曰 編之太祖史疇 爲禹占 得皐陶[8] 兆比於此 文王乃齋三日 乘田車 駕田馬 田於渭陽 卒見太公[9]坐茅以漁

文王勞而問之曰 子樂漁耶 太公曰 君子樂得其志 小人樂得其事 今吾漁 甚有似也 文王曰 何謂其有似也 太公曰 釣有三權[10] 祿等以權 死等以權 官等以權 夫釣以求得也 其情深 可以觀大矣

文王曰 願聞其情 太公曰 源深而水流 水流而魚生之情也 根深而木長 木長而實生之 情也 君子情同而親合 親合而事生之 情也 言語應對者 情之飾也 言至情者 事之極也 今臣言至情不諱 君其惡之乎

文王曰 惟仁人能受正諫 不惡至情 何爲其然 太公曰 緡[11]微餌明 小魚食之 緡綢餌香 中魚食之 緡隆餌豐 大魚食之 夫魚食其餌 乃牽於緡 人食其祿 乃服於君 故以餌取魚 魚可殺 以祿取人 人可竭 以家[12]取國 國[13]可拔 以國取天下 天下可畢 嗚呼 曼曼綿綿 其聚必散 嘿嘿[14]昧昧

其光必遠 微哉 聖人之德 誘乎 獨見 樂哉 聖人之慮 各歸其次¹⁵⁾ 而立斂焉
　文王曰 立斂若何 而天下歸之 太公曰 天下非一人之天下 乃天下之天下也 同天下之利者則得天下 擅天下之利者則失天下 天有時 地有財 能與人共之者仁也 仁之所在天下歸之 免人之死 解人之難 救人之患 濟人之急者 德也 德之所在 天下歸之 與人同憂同樂 同好同惡¹⁶⁾ 義也 義之所在 天下赴之 凡人惡死而樂生 好德而歸利 能生利者道也 道之所在 天下歸之 文王再拜曰 允哉 敢不受天之詔命¹⁷⁾乎 乃載與俱歸 立爲師

1) 文王(문왕) : 은왕조(殷王朝) 주(周)의 제후(諸侯). 그의 아들인 무왕(武王)이 은(殷)의 주왕(紂王)을 토벌하고 주왕조(周王朝)를 세운 뒤에 왕으로 추존(追尊)하여 문왕(文王)이 되었다. 이름은 창(昌). 서백(西伯)이라고도 칭했다.
2) 田(전) : 전렵(田獵). 수렵(狩獵). 사냥.
3) 卜(복) : 점치는 일. 옛날에는 거북의 등껍질을 태워 그 갈라지는 것을 보고 길흉(吉凶)을 점쳤다.
4) 渭陽(위양) : 위수(渭水)의 북쪽. 양(陽)은 산의 경우는 남쪽을 가리키고, 물의 경우에는 북쪽을 가리키는 말이다.
5) 彲(치) : 용(龍)을 닮았으나 뿔이 없으며 색깔은 황색이라 한다.
6) 兆(조) : 징조. 점괘(占卦). 여기서는 귀갑(龜甲)을 태워 갈라진 자리.
7) 史(사) : 사관(史官).
8) 皐陶(고요) : 요(堯)임금 때부터 우(禹)임금 때까지의 신하로 법률과 제도를 담당한 관리. 순(舜)임금 때 많이 활동했다.
9) 太公(태공) : 성은 강(姜), 이름은 상(尙). 그의 조상이 여(呂)에 봉(封)해졌으므로 여상(呂尙)이라고도 한다. 태공망(太公望), 강태공(姜太公)으로 더 유명하다.
10) 權(권) : 저울의 추(錘)를 말한다. 권도(權道). 균형이 잡힌 처치(處置). 목적을 달성하기 위해 임기응변으로 취하는 방편.
11) 緡(민) : 낚시줄. 낚시줄을 드리운다는 뜻.

12) 家(가) : 제후 밑에서 나라의 일을 맡아서 하는 사람. 대부(大夫).
13) 國(국) : 국가. 제후의 나라.
14) 嘿嘿(묵묵) : 어두운 모양.
15) 次(차) : 숙사(宿舍)라는 뜻.
16) 同好同惡(동호동오) : 함께 좋아하고 함께 싫어하다.
17) 天之詔命(천지소명) : 사관(史官) 편(編)이 점을 치고 점괘를 풀이 하여 '하늘이 주군(主君)에게 스승을 보낸다'라고 한 말을 가리킴.

〔문왕(文王)이 장차 사냥하려 할 때 사관 편(編)이 점을 치고 가로되 위양(渭陽)에서 사냥하면 장차 크게 얻으리니 용(龍)도 치(彲)도 아니요, 호(虎)도 비(羆)도 아니요, 공후(公侯)를 얻을 조짐이라. 하늘이 그대에게 스승을 보내 써 보좌하여 빛나게 하리니 3왕(三王)에 미쳐 베푸리다.

문왕이 가로되 조짐이 이에 이르는가. 사관 편이 가로되 편의 조상인 사관 주(疇)가 우(禹)를 위해 점으로 고요(皐陶)를 얻었으니 조짐이 이와 비슷합니다. 문왕이 이에 3일 동안 재계하고 전거(田車)를 타고 전마(田馬)를 부려 위양에 사냥하여 마침내 태공(太公)이 띠풀에 앉아 낚시질 하는 것을 보았다. 문왕이 수고롭게 물어 가로되 그대는 낚시를 즐기시오. 태공이 가로되 군자는 그 뜻 얻음을 즐기고 소인은 그 일 얻음을 즐기나니 지금 내 낚시질은 매우 유사함이 있소. 문왕이 가로되 어찌 유사함이 있다 말하오. 태공이 가로되 낚시에 3가지 권도(權道)가 있으니 녹(祿)이 써 권도와 같음이요, 사(死)가 써 권도와 같음이요, 관(官)이 써 권도와 같으니 무릇 낚시는 써 얻음을 구하나니라. 그 정(情)이 심하여 가히 써 보는 것이 큼이라. 문왕이 가로되 원컨대 그 정(情)을 듣겠소. 태공이 가로되 근원이 깊으면 물이 흐르고 물이 흐르면 고기가 생(生)함이 정이요, 뿌리가 깊으면 나무가 자라고 나무가 자라면 열매가 생(生)함이 정이라. 군자 정(情)이 같으면 친합(親合)하고 친합하면 일이 생(生)함이 정이라. 언어로 응대하는 것은 정의 꾸밈이요, 지극한 정을 말함은 일의 극치라. 지금 신(臣)이 지극한 정을 꺼리지 않고 말하려 하니 임금은 그것을 싫어하시오? 문왕이 가로되 오직 어진 사람은 능히 바른 간언(諫言)을 받아들이고 지극한 정을 미워하지 않으니 어찌 그러하리오. 태공이 가로되 낚시줄이 미세하고 미끼가 밝으면 작은 고기가 먹고 낚시줄이 촘촘하고 미끼가 향기로우면 중간 고기가 먹고 낚시줄이 굵고 미끼가 풍성하면 큰 고기가 먹으니 무릇 고기는 그 미끼를 먹으면 이에 낚시줄에 걸리고 사람은 그 녹(祿)을 먹으면 이에 임금에게 복종합니다. 그러므로 미끼로써 고기를 취하면 고기를 죽이고, 녹봉으로 사람을 취하면 사람을 다하게 함이요, 집으로써 나라를 취하면 나라를 함락시키고, 나라로써 천하를 취하면 천하를 그물질하리니, 오호라. 무성하고 무성하나 그 취함이 반드시 흩어지고, 어둡고 어두우나 각각 그 차(次)로 귀의하니 거두어 들여 세우니라. 문왕이 가로되 거두어 들여 세움을 어찌해야 만약 천하가 귀의하는가. 태공이 가로되 천하는 한 사람의 천하가 아니요, 이에 천하의 천하니 천하의 이익을 함께 하는 자 곧 천하를 얻고, 천하의 이익을 멋대로 하는 자는 곧 천하를 잃나니 하늘에 때가 있고, 땅에 재물이 있으니 능히 사람과 더불어 함께 하는 것은 인(仁)입니다. 인의 있는 바에 천하가 귀의합니다. 사람의 죽음을 면하고 사람의 어려움을 풀고 사람의 환난을 구제하고 사람의 위급함을 도와주는 것은 덕(德)입니다. 덕의 있는 바에 천하가 귀의합니다. 더불어 사람과 함께 걱정하고 함께 즐거워하며 함께 좋아하고 함께 싫어하는 것은 의(義)라. 의의 있는 바에 천하가 이르릅니다. 무릇 사람이 죽음을 싫어하며 삶을 즐거워하고 덕을 좋아하고 이로운 곳으로 돌아감이라. 능히 이익을 생기게 하는 것은 도(道)라. 도의 있는 바에 천하가 귀의함이라. 문왕이 재배하고 가로되 마땅하도다. 감히 하늘의 소명(詔命)을 받지 않겠는가. 이에 더불어 타고 함께 돌아가 세워 스승을 삼으니라.]

제2장 가득하고 빈 것(盈虛第二)

가. 국가의 성쇠는 지도자의 자질에 좌우된다.
  문왕(文王)이 태공(太公)에게 자문하기를
  "천하는 넓고 큰데, 혹은 왕성해지고 혹은 쇠퇴해지며, 혹은 다스려지고 혹은 어지러워지니, 그 까닭은 대체 무엇 때문입니까. 군주가 현명한가 아니면 어리석은가 하는 데에 따르는 것입니까, 혹은 천운(天運)의 변화에 따르는 어쩔 수 없는 것입니까."
  하니, 태공이 말하기를
  "군주가 어리석으면 국가는 위태롭고 백성들은 어지러워지며 군주가 어질면 국가는 편안하고 백성은 다스려집니다. 화(禍)와 복(福)은 군주가 현명한가 어리석은가에 있는 것이지, 결코 하늘의 운세 따위에 좌우되는 것이 아닙니다."
  했다. 문왕이 또
  "옛날의 현명한 군주에 대해 들려 주십시오."
  하니, 태공은
  "옛날 요(堯)임금이 천하의 왕자(王者)가 된 것은 상고(上古)시대의 현군(賢君)이라 이를 것입니다."
  하니 문왕이
  "그의 정치는 어떠하였습니까."
  하여 태공이 말하기를
  "요임금이 천하의 왕자가 되었을 때에는 몸에 금은이나 주옥 따위로 장식하지 않고, 비단에 수놓은 옷이나 무늬 있는 고운 옷을 입지 않았으며, 진기(珍奇)한 것이나 이상한 것도 절대로 보지 않고, 실제 이용에 필요하지 않은 골동품이나 완구(玩具) 따위를 보배로 여기지 않았으며, 음란한 음악 따위도 듣지 않고, 궁전의 담이나 방의 벽에다가 희게 칠하는 일도 없었으며, 대들보나 기둥 같은 것을 깎아서 다듬거나 조각하는 등의 일도 하지 않고, 띠풀이나 가시나무 따위가 마당에 무성해도 베어 버리는 일이 없었습니다.

사슴의 가죽으로 추위를 막고, 거친 천으로 만든 의복을 몸에 걸쳤으며, 현미나 좁쌀로 지은 밥에 명아주나 콩잎을 끓인 국 등 거친 음식으로 만족했으며, 계획 없이 건축 사업을 벌여 아무 때에나 백성을 부려 백성의 경작이나 길쌈할 시기를 놓치게 하는 따위의 일은 하지 않았습니다. 그리고 자기 마음 속의 욕망이나 감정 따위를 힘써 억제하며, 하고자 해서 하지 않고 저절로 다스려지도록 하는 무위(無爲)의 정치를 했습니다.

충실하고 정직하여 법령을 잘 지키는 관리는 그 지위를 승진시키고, 청렴하고 결백하여 백성을 사랑하는 사람에게는 녹봉을 올려 주었습니다. 서민이라 하더라도 효자나 자부(慈父)가 있으면 친애하고 공경하며 농업이나 양잠에 부지런한 자는 잘 위로하고 장려하며, 사람의 좋은 행실과 나쁜 행실을 확실하게 구별하여 각각 그 집안이나 마을의 문에 표시하여 선을 권장하고 악을 징계하는 실(實)을 거두었습니다. 또 자기의 마음을 항상 평정(平靜)하게 지녀 예절을 바르게 하고, 그 위에 법률과 제도를 마련하여 사악(邪惡)함이나 사기(詐欺)를 금지하며, 아무리 밉다고 생각하던 사람이라도 공로가 있으면 반드시 상을 주고, 평소에 아끼던 사람이라도 일단 죄를 지으면 반드시 벌을 주며, 늙은 홀아비나 늙은 과부, 부모 없는 어린아이나 자식 없는 늙은이를 보호하고 양육하며, 재화(災禍)를 입어 결단이 난 집에는 재물을 베풀어 도와주었던 것입니다.
 요임금 자신의 의식주 생활은 지극히 소박하고 검소하였으며, 백성에게 세금이나 부역을 매기는 일은 매우 적게 하였습니다. 따라서 만백성은 부유하고 번영하며 생업을 즐겼고, 굶주림이나 추위로 괴로움을 겪는 일이 없었습니다. 그 백성들은 군주를 해와 달같이 우러러 공경하였고, 그 군주를 부모처럼 친근하게 여겼습니다."
 라고 했다. 이 이야기를 들은 문왕은
 "현명한 군주의 인덕(仁德)은 참으로 위대하구나."
 라며 감탄했다.

 文王問太公曰 天下熙熙[1] 一盈一虛[2] 一治一亂 所以然者何也 其君賢不肖不等乎 其天時變化自然乎 太公曰 君不肖 則國危而民亂 君賢聖 則國安而民治 禍福[3]在君 不在天時 文王曰 古之聖賢 可得聞乎 太公曰 昔者帝堯之王天下 上世所謂賢君也 文王曰 其治如何

 太公曰 帝堯王天下之時 金銀珠玉不飾 錦繡文綺不衣 奇怪珍異不視 玩好之器不寶 淫佚之樂不聽 宮垣屋宇不堊 甍桷椽楹不斲 茅茨徧庭不剪 鹿裘禦寒 布衣掩形 糲粱之飯 藜藿之羹 不以役作之故 害民耕織之時 削心約志 從事乎無爲 吏忠正奉法者 尊其位 廉潔愛人者 厚其祿 民 有孝慈者 愛敬之 盡力農桑者 慰勉之 旌別[4]淑慝[5] 表其門閭[6] 平心正節 以法度禁邪僞 所憎者 有功必賞 所愛者 有罪必罰 存養天下鰥寡孤獨 賑贍禍亡之家 其自奉也甚薄 其賦役也甚寡 故萬民富樂而無饑寒之色 百姓戴其君如日月 親其君如父母 文王曰 大哉 賢君之德也

1) 熙熙(희희) : 광대(廣大)하다는 뜻.
2) 一盈一虛(일영일허) : 영(盈)은 충만(充滿), 곧 성(盛)하다는 뜻이요, 허(虛)는 공허(空虛), 곧 쇠(衰)하다는 뜻이다. 일영(一盈)은 다음 구(句)의 일치(一治)에 해당하고, 일허(一虛)는 다음 구의 일란(一

亂)에 해당한다.
3) 禍福(화복) : 치란(治亂)의 뜻으로 볼 것이다.
4) 旌別(정별) : 정은 본래 기(旗)의 뜻이나 여기서는 '구별'이라는 뜻.
5) 淑慝(숙특) : 선과 악. 양부(良否).
6) 門閭(문려) : 문(門)은 집의 문, 여(閭)는 마을의 문.

〔문왕이 태공에게 물어 가로되 천하가 희희(熙熙)하며 한번 차고 한번 허하고 일치(一治)하고 일난(一亂)하나니 써 그러한 바는 무엇이오. 그 군(君)의 현불초(賢不肖)가 고르지 않은 것인가. 그 하늘의 때 변화의 자연스러움인가? 태공이 가로되 임금이 불초(不肖)하면 나라가 위태하고 백성이 어지럽고 임금이 어질면 나라가 편안하고 백성이 다스려지나니 화복이 임금에 있고 천시(天時)에 있지 않나이다.

문왕이 가로되 옛 현성을 가히 얻어 들었소? 태공이 가로되 옛날 제요(帝堯)가 천하에 왕(王)함에 상세의 현군이시라. 문왕이 가로되 그 다스림은 어떠했소. 태공이 가로되 제요가 왕천하(王天下)의 때에 금은주옥을 꾸미지 않고 금수문기(錦繡文綺)를 입지 않고 기괴진이(奇怪珍異)를 보지 않고 완호(玩好)의 기구를 보배로 여기지 않은지라. 음일(淫佚)의 음악을 듣지 아니하며 궁원옥우(宮垣屋宇)를 희게 바르지 않고 용마루, 서까래, 기둥을 새기지 않고 띠풀이 뜰을 두루 해도 베지 않고 사슴 가죽으로 추위를 막고 베옷으로 몸을 가렸으며 거친 기장밥과 명아주와 콩잎국을 먹고 부역을 핑계삼아 밭갈고 길쌈하는 시간을 빼앗지 않고 마음을 닦고 뜻을 약(約)하여 무위(無爲)에 종사한지라. 관리의 충정봉법(忠正奉法)한 자는 그 지위를 높이고 염결애인(廉潔愛人)한 자는 그 녹을 두텁게 하고 백성이 효자(孝慈)한 자는 애경하고 농상(農桑)에 진력한 자는 위면(慰勉)하고 숙특(淑慝)을 정별(旌別)하여 그 마을을 표(表)하고 평심정절(平心正節)하여 법도로써 사위(邪僞)를 금하고 미워하는 자라도 공이 있으면 반드시 상을 주고 아끼는 자라도 죄가 있으면 반드시 벌하고 천하의 환과고독을 존양(存養)하고 화망(禍亡)의 집안을 진섬(賑贍)하며 그 스스로 받드는 것은 심히 박하고 그 부역은 심히 적은지라. 고로 만민이 부락하고 기한(飢寒)의 색이 없어 백성이 그 군을 받들기를 일월같이 하며 그 임금 친함을 부모같이 한 것이니이다. 문왕이 가로되 크다 현군의 덕이여.〕

제3장 나라의 정무(國務第三)

가. 민중을 편안히 하는 것은

문왕(文王)이 태공(太公)에게 자문하기를
"나라를 다스림에 있어 가장 급하게 힘써야 할 일을 들려 주기 바랍니다. 군주를 존중하고, 백성을 편안하게 하고 싶습니다. 그렇게 하려면 어떻게 하는 것이 좋겠습니까."
하니, 태공이 말하기를
"백성 사랑하는 일을 다하실 뿐입니다."
했다. 문왕이 다시
"백성 사랑은 어떻게 해야 합니까."
하고 물었다. 태공은
"백성을 이롭게는 하되 해롭게 하는 일이 없게 하고, 그 생업(生業)을 이루게 하되 실패하는 일이 없게 하고, 살게 하되 죽이는 일이 없게 하고, 주되 빼앗는 일이 없게 하고, 즐겁게 해주되 괴롭게 하는 일이 없게 하고, 기쁘게 해주되 화나게 하는 일이 없게 해야 합니다."
했다. 이 말에 대해 문왕이
"그 점에 대해 좀더 자세히 풀어 말씀해 주십시오."
하니, 태공이 말했다.

"백성이 그 근본의 직무를 잃지 않도록 하는 것은 백성을 이롭게 하는 것입니다. 농민이 부역 따위로 인해 경작할 시기를 잃지 않도록 해주는 것은 이루게 하는 것입니다. 죄없는 사람은 처벌하지 않는 것은 살리는 것입니다. 세금을 가볍게 하는 것은 주는 것입니다. 군주의 궁전이나 누각 따위를 웅장하게 짓지 않고 검약(儉約)하는 것은 즐겁게 해주는 것입니다. 관리가 청렴결백하여 가혹(苛酷)하지 않은 것은 기쁘게 해주는 것입니다.

이에 반해 백성이 그 근본의 직무를 잃게 하는 것은 해롭게 하는 것입니다. 농민이 그 경작할 시기를 잃는 것은 실패인 것입니다. 죄가 없는데 벌을 주는 것은 죽이는 것입니다. 세금을 무겁게 매기는 것은 빼앗는 것입니다. 궁전이나 누각을 많이 지어서 백성을 피곤하게 하는 것은 괴롭히는 것입니다. 관리가 탐욕(貪慾)하고 가혹한 것은 백성을 화나게 하는 것입니다.

그런 까닭에 나라를 잘 다스리는 군주는 부모가 그 자식을 사랑하듯 형이 아우를 사랑하듯, 백성을 거느리는 것입니다. 백성이 굶주리고 추위에 떨고 있는 것을 보면 그들을 위해 근심하고, 백성이 수고하고 괴로워하는 것을 보면 그들을 위해 슬퍼하는 것입니다. 상벌(賞罰)에 있어서는 자기에게 주어지는 것처럼 생각하고, 세금을 매기는 데 있어서는 마치 자기의 것을 내는 것과 같이 생각해야 합니다. 이것이 백성을 사랑하는 정치의 도(道)인 것입니다."

文王問太公曰 願聞爲國之大務[1] 欲使主尊人安 爲之奈何 太公曰 愛民而已
文王曰 愛民奈何 太公曰 利而勿害 成而勿敗 生而勿殺 與而勿奪 樂而勿苦 喜而勿怒 文王曰 敢請釋其故 太公曰 民不失務則利之 農不失時[2]則成之 不罰無罪則生之

薄賦斂則與之 儉宮室臺榭³⁾則樂之 吏淸不苛擾則喜之 民
失其務則害之 農失其時則敗之 無罪而罰則殺之 重賦斂
則奪之 多營宮室臺榭以疲民力則苦之 吏濁苛擾則怒之
故善爲國者 馭⁴⁾民如父母之愛子 如兄之愛弟 見其饑寒則
爲之憂 見其勞苦則爲之悲 賞罰如加於身 賦斂如取於己
此愛民之道也

1) 務(무) : 경작(耕作), 양잠(養蠶) 따위. 업무(業務).
2) 時(시) : 농경(農耕)의 시기(時期).
3) 臺榭(대사) : 정자(亭子)나 누각(樓閣) 따위.
4) 馭(어) : 말을 부린다는 뜻이나 여기서는 통치(統治)한다는 뜻.

〔문왕이 태공에게 물어 가로되 원컨대 나라를 위한 대무(大務)를 듣고자 합니다. 임금을 존경하고 백성을 편안케 하고자 할진대 어떻게 해야 합니까. 태공이 가로되 민을 사랑할 따름이라. 문왕이 가로되 애민을 어떻게 하오. 태공이 가로되 위하되 해치 말며 이루되 패치 말며 생하되 살치 말며 주되 빼앗지 말며 즐겁게 하되 괴롭히지 말며 기쁘게 하되 성내지 말 것이니라.

문왕이 가로되 감히 청하건대 그 까닭을 풀이하시오. 태공이 가로되 민이 힘씀을 잃지 아니하면 이로움이요, 농사가 때를 잃지 아니하면 이루는 것이요, 무죄를 벌하지 아니하면 사는 것이요, 부렴을 얇게 하면 주는 것이요, 궁실과 대사(臺榭)를 검소하게 하면 즐거운 것이요, 관리가 맑고 까다롭지 아니하면 기뻐하는 것입니다. 백성이 그 힘씀을 잃으면 해치는 것이요, 농사가 때를 잃으면 패하는 것이요, 무죄를 벌하면 죽이는 것이요, 부렴을 무겁게 하면 빼앗는 것이요, 궁실대사를 많이 지어 민의 힘을 피로하게 하면 괴롭히는 것이요, 관리가 탁하고 까다로우면 성내는 것이다. 고로 나라를 잘 다스리는 자는 민을 어(馭)함이 부모의 자식 사랑과 같이 하고 형의 아우 사랑과 같이 하며 그 기한(饑寒)을 보면 위하여 근심하고 그 노고를 보면 위하여 슬퍼하며 상벌이 그 몸에 더함같이 하며 부렴은 자신에게 취함같이 하나니 이는 애민의 도라.〕

제4장 큰 예절(大禮第四)

가. 군주와 신하의 예의는
문왕이 태공에게 자문(諮問)하기를
"군주와 신하 사이의 예의(禮儀)는 어떠해야 합니까."
하니, 태공이 말하기를
"군주로서 높은 지위에 있는 것은 다만 아래 만백성의 위에 군림할 뿐입니다. 신하된 자는 순종하고 침억〔沈抑 : 스스로 낮추다〕할 뿐입니다. 군주는 신하에게 군림하는 것입니다만, 신하와 친숙해야 하고 멀리 하는 일이 있어서는 안 됩니다. 신하는 순종하고 침억해야 하지만 할 말을 하지 않고 숨겨 두는 일이 있어서는 안 됩니다. 솔직하게 아뢰 간언해야 합니다.
 군주는 백성에 대해 두루 은혜를 베풀고, 신하는 각자의 분수를 지키지 않으면 안 됩니다. 군주가 두루 은혜를 베푸는 것은 하늘이 두루 만물을 생육(生育)함에 있어 차별이 없는 것을 배워 이행하는 것입니다. 신하가 각자 자기의 분수를 지키는 것은 대지가 만물을 싣고도 변동이 없는 자세를 배우는 것입니다. 군주와 신하가 각기 그 직분을 지켜 혹은 하늘이 되고 혹은 땅이 되어 비로소 군주와 신하 사이의 큰 예의가 성립되는 것입니다."
 했다. 문왕이 또 묻기를
"군주로서 그 지위에 있을 때의 태도나 마음가짐은 어떠해야 합니까."
하니, 태공이 말하기를
"마음을 편안하게 가져 망령되이 동요하는 일이 없고,

부드러우면서도 스스로 절도를 지켜 안정되고, 은혜를 잘 베풀어 이(利)를 다투는 일이 없고, 그리고 심지(心志)를 맑고 공평하게 하여 남을 속이는 일이 없고, 모든 사물에 대해 일체의 편견을 버리고 공정하고 무사(無私)한 마음가짐을 지니는 것입니다."

했다. 문왕이 또 묻기를

"군주가 신하의 말을 들을 때의 마음 자세는 어떠해야 합니까."

하니, 태공이 말하기를

"신하의 말을 들을 때에는, 무턱대고 받아들이거나 덮어놓고 거절한다든지 해서는 안 됩니다. 무턱대고 받아들이면 군주 자신의 주관을 잃어 자주성이 없어지고, 덮어놓고 거절하면 신하가 상주(上奏)하는 길을 막아 버리는 것이 됩니다. 군주가 신하의 말을 받아들일 때는, 그 말을 어떻게 판단하고 살피는지를, 마치 높은 산을 우러러 보아도 그 정상을 다 볼 수가 없고, 깊은 못을 굽어보아도 그 깊이를 헤아릴 수 없는 것과 같이 하지 않으면 안 됩니다. 군주의 신명(神明)한 덕은 공정무사할 때에만 발휘되는 것이기 때문입니다."

했다. 문왕이 또 묻기를

"군주가 밝게 안다는 것은 무엇을 말하는 것입니까."

하니, 태공이 말했다.

"눈은 밝게 보는 것을 중요하게 여깁니다. 귀는 분명하게 듣는 것을 중요하게 여깁니다. 마음은 지혜의 활동을 중요하게 여깁니다. 그러므로 천하 만백성의 눈을 자신의 눈으로 삼아서 보면 모든 것이 밝게 보이지 않는 것이 없고, 천하 만백성의 귀를 자기의 귀로 삼아서 들으면 모든 것이 분명하게 들리지 않는 것이 없으며, 천하 만백성의 마음을 자기의 마음으로 삼아서 생각하면 만상(萬象)이 어떠한 것일지라도 알 수 없는 것이 없습니다.

군주 한 사람의 눈과 귀와 마음으로 시(視), 청(聽), 지(知)의 능력을 발휘하려 할 경우는 다하지 못하는 것이 있을지 모르지만, 이와 같이 천하 사람들의 보는 것과 듣는 것과 마음을 모아 밝은 지혜를 활동시키면, 군주의 밝음은 그 어느 것에도 가려지는 일이 없을 것입니다."

  文王問太公曰 君臣之禮如何 太公曰 爲上惟臨[1] 爲下惟沈[2] 臨而無遠 沈而無隱 爲上惟周[3] 爲下惟定 周則天也 定則地也 或天或地 大禮乃成
  文王曰 主位如何 太公曰 安徐而靜 柔節先定 善與而不爭 虛心平志 待物以正
  文王曰 主聽如何 太公曰 勿妄而許 勿逆而拒 許之則失守 拒之則閉塞 高山仰之 不可極也 深淵度之 不可測也 神明[4]之德 正靜其極
  文王曰 主明如何 太公曰 目貴明 耳貴聰 心貴智 以天下之目視 則無不見也 以天下之耳聽 則無不聞也 以天下之心慮 則無不知也 輻輳竝進 則明不蔽矣

1) 臨(임) : 높은 지위에서 밑을 내려다 보는 것.
2) 沈(침) : 스스로 자신을 억제하여 낮추는 것.
3) 周(주) : 널리 은혜를 베푸는 것.
4) 神明(신명) : 신령스러운 마음. 지극히 밝은 상태의 뜻.

〔문왕이 태공에게 물어 가로되 군신의 예는 어떠해야 하오. 태공이 가로되 상(上)이 되어서는 오직 임(臨)하고 하(下)가 되어서는 오직 침(沈)함이니 임하면 먼 것이 없고 침하면 숨기는 것이 없으며 상이 되어서는 오직 주(周)하고 하가 되어서는 오직 정(定)함이니 주(周)한 즉 하늘이요, 정하면 땅이라. 혹 하늘이요, 혹 땅하여 대례(大禮)가 이에 이루나이다.
  문왕이 가로되 군주의 지위는 어떠하오. 태공이 가로되 안서(安徐)하고 정하여 부드러운 절도로 먼저 정하고 선을 함께 하여 다

투지 않고 허심하고 지평(志平)하며 대물(待物)이 정(正)하나이다.

문왕이 가로되 군주의 듣는 것은 어떠하오. 태공이 가로되 망령되게 허락하지 말며 거슬러도 막지 말지니 허락하면 지킴을 잃고 막으면 폐색(閉塞)되니 고산(高山)을 우러러도 가히 다하지 아니하며 심연(深淵)을 헤아려도 가히 측량치 못하나니 신명(神明)의 덕이 정정(正靜)하며 그 극(極)입니다.

문왕이 가로되 군주의 밝음은 어떠한 것이오. 태공이 가로되 눈은 명(明)을 귀히 여기고 귀는 총명함을 귀히 하며 마음은 지혜를 귀히 함이니 천하의 눈으로써 보면 보지 못할 것이 없고 천하의 귀로써 들으면 듣지 못할 것이 없고 천하의 마음으로 생각하면 알지 못함이 없나니 폭주(輻輳) 병진(幷進)하면 명(明)이 가려지지 않나이다.〕

제5장 밝은 덕을 전하다(明傳第五)

가. 나라가 멸망하는 것은

문왕이 중병으로 자리에 누워 태공을 불러들였다. 그 때 태자(太子)인 발〔發 : 뒤에 무왕(武王)이 됨〕이 곁에서 시중을 들고 있었다.

문왕이 말하기를

"아아, 하늘이 나를 버리려고 하니, 나는 죽을 것이다. 주(周)나라는 너〔뒤의 무왕인 발(發)〕에게 귀속될 것이다. 지금 이 때를 당하여 나는 지극한 대도(大道)를 체득한 태사〔太師 : 태공(太公)〕의 말을 사범(師範)으로 하여 밝게 나의 자손에게 전하고자 한다."

하니, 태공이 묻기를

"대왕은 무엇을 물으시려는 것입니까."

했다. 문왕이 말하기를

"옛날 성인(聖人)의 도(道)는, 피폐하여 행해지지 않을 때도 있고 다시 일어나 왕성하게 행해질 때도 있는데, 대체 왜 그러했습니까. 그 까닭을 듣고 싶습니다."

하니, 태공이 말했다.

"좋은 일을 보면서도 행하지 않고 도리어 게으른 마음을 일으키고, 실행해야 할 시기가 왔음에도 불구하고 의심하여 망설이는 동안에 시기를 잃고, 해서는 안될 일이라는 것을 알면서도 끊지 못하고 슬슬 그 일을 계속합니다. 이 세 가지 이유로 해서 도는 피폐하여 행해지지 않은 것입니다.

유순하면서도 일을 당하면 침정(沈靜)하고, 태도와 용모는 공순하고 마음은 삼가고 깊으며, 강해야 할 때에는 강하고 유약(柔弱)해야 할 때는 유약하기도 하며, 강한 인내가 필요할 때는 끝까지 참지만 인내만 하는 것이 아니라 용기를 내야 할 때는 용기를 내는 것, 이 네 가지로 해서 도는 일어나 왕성하게 행해지는 것입니다.

그러므로 정의를 행함이 사욕(私慾)을 이길 때 나라는 창성(昌盛)하고 사욕이 정의를 이길 때 나라는 망하며, 공경하고 삼가는 마음이 게으른 마음을 이길 때는 길하고 게으른 마음이 공경하고 삼가는 마음을 이길 때는 나라가 멸망하는 것입니다."

　　文王寢疾 召太公望 太子發[1]在側 嗚呼 天將棄予 周之社稷 將以屬汝 今予欲師 至道之言 以明傳之子孫
　　太公曰 王何所問 文王曰 先聖之道 其所止 其所起 可得聞乎 太公曰 見善而怠 時至而疑 知非而處 此三者 道之所止也 柔而靜 恭而敬 强而弱 忍而剛 此四者 道之所起也 故義勝欲則昌 欲勝義則亡 敬勝怠則吉 怠勝敬則滅

1) 發(발) : 주나라 무왕(武王)의 이름.

〔문왕이 침질(寢疾)하여 태공망(太公望)을 소(召)하니 태자 발(發)이 곁에 있는지라. 가로되 오호라. 하늘이 장차 나를 버릴제 주(周)의 사직을 장차 너에게 속하나니 이제 나는 지도(至道)의 언(言)을 스승으로 삼아 써 자손에게 밝게 전하노라. 태공이 가로되 왕께서 무엇을 묻는 바이십니까. 문왕이 가로되 선성(先聖)의 도에 그 그치는 바라. 그 일어나는 바를 가히 들어 얻겠소.

태공이 가로되 선을 보고 게으르고 때 이르러도 의심하고 그른 것을 알고도 처함이니 이 세 가지는 도의 그치는 바요, 유(柔)하고 정(靜)하며 공(恭)하고 경(敬)하며 강(强)하고 약(弱)하며 인(忍)하고 강(剛)함이니 이 네 가지는 도의 일어나는 바라. 고로 의가 욕(欲)을 승하면 창성하고 욕심이 의를 승하면 망하고 공경이 게으름을 승하면 길하고 게으름이 공경을 이기면 멸하나이다.〕

제6장 여섯 가지 지키는 것(六守第六)

가. 여섯 가지 지키는 것과 세 가지의 보배

문왕이 태공에게 자문하기를

"국가와 만백성의 주인으로서 그 나라와 백성을 잃는 까닭은 무엇입니까."

하고 물으니, 태공이 말하기를

"그것은 함께 국가를 지킬 인물을 신중하게 선택하지 못해서입니다. 군주에게는 여섯 가지 지키는 것과 세 가지 보배가 있습니다."

했다. 이에 문왕이 묻기를

"여섯 가지 지키는 것이란 무엇입니까."

하니, 태공이 말하기를

"첫째가 인(仁)이요, 둘째가 의(義)요, 셋째가 충(忠)이요, 넷째가 신(信)이요, 다섯째가 용(勇)이요, 여섯 째가 모(謀)인데, 이것을 여섯 가지 지키는 것〔六守〕이라고 합니다."
 했다. 문왕이 또 묻기를
 "신하에게 이 여섯 가지 지키는 것이 있는지 없는지를 알아 신중히 선택하려면 어떻게 해야 합니까."
 하니, 태공이 말하기를
 "시험삼아 그들을 부하게 해주고 나서 그들이 그 부를 지니면서도 예(禮)를 제대로 갖추는지 어떤지를 살펴봅니다. 높은 벼슬자리를 맡기고 나서 교만해지는지 어떤지를 살펴봅니다. 높은 지위에 앉히고 나서 의지가 흔들려 반역하는 마음을 품지는 않는지를 봅니다. 등용(登用)한 후 무슨 일에나 조금이라도 숨기는 일이 있는지 없는지를 살펴봅니다. 위험한 처지에 놓이게 해서 두려워하는지 아닌지를 살펴봅니다. 각종 사변을 당하게 하여 그것을 처리하는 능력이 있는지 없는지를 살펴봅니다.
 부하게 되어서도 예를 제대로 갖추는 사람은 인(仁)이 있는 사람입니다. 높은 벼슬자리에 올랐으면서도 교만하지 않은 사람은 의(義)가 있는 사람입니다. 중요한 자리에 앉아 뜻이 변하는 일이 없는 사람은 충(忠)이 있는 사람입니다. 등용해 보아 아무것도 숨기는 일이 없는 사람은 신(信)이 있는 사람입니다. 위험한 처지에 놓였어도 두려워하지 않는 사람은 용(勇)이 있는 사람입니다. 각종 사변에 대응하여 막히는 일이 없는 사람은 임기응변의 모(謀)를 갖춘 사람입니다.
 그리고 군주는 세 가지 보배를 남에게 빌려 주어서는 안 됩니다. 그것을 남에게 빌려주면 군주로서의 위력(威力)을 잃고 맙니다."
 했다. 문왕이 또 묻기를
 "세 가지 보배는 무엇입니까."

하니, 태공이 말했다.

"농(農)·공(工)·상(商)을 세 가지 보배라고 합니다. 농민이 애향심(愛鄕心)을 가지고 일치단결한다면 곡식이 넉넉하고, 공인(工人)이 애향심을 가지고 일치단결하면 기구(器具)가 넉넉하고, 상인(商人)이 애향심을 가지고 일치단결하면 재화(財貨)가 넉넉해집니다. 이 세 가지 보배는 곧 농민, 공인, 상인이 각각 그 향리(鄕里)에 안주(安住)하면서 그 가업(家業)에 힘쓰면 백성은 아무런 근심이 없고, 그 향리도 어지러운 일이 없으며 그의 집안도 안정이 되는 것입니다. 이리하여 신하가 군주보다도 부유하고 영화로우며 위력을 휘두르는 일이 없고, 신하의 고을이 국도(國都)보다도 커져 나라를 어지럽히는 일이 없습니다. 이와 같이 여섯 가지 수(守), 곧 인(仁)·의(義)·충(忠)·신(信)·용(勇)·모(謀)가 신장되어 군주는 창성하고 세 가지 보배인 농(農)·공(工)·상(商)이 완전히 보전되면 국가는 편안해질 것입니다."

文王問太公曰 君國主民者 其所以失之者何也 太公曰 不謹所與也 人君有六守三寶

文王曰 六守何也 太公曰 一曰仁 二曰義 三曰忠 四曰信 五曰勇 六曰謀 是謂六守 文王曰 謹擇六守者何也 太公曰 富之而觀其無犯 貴之而觀其無驕 付[1]之而觀其無轉[2] 使之而觀其無隱 危之而觀其無恐 事之而觀其無窮 富之而不犯者仁也 貴之而不驕者義也 付之而不轉者忠也 使之而不隱者信也 危之而不恐者勇也 事之而不窮者謀也

人君無以三寶借人 借人則君失其威 文王曰 敢問三寶 太公曰 大農 大工 大商 謂之三寶 農一其鄕[3]則穀足 工一其鄕則器足 商一其鄕則貨足 三寶各安其處 民乃不慮 無亂其鄕 無亂其族 臣無富於君 都無大於國

六守長 則君昌 三寶全 則國安

1) 付(부) : 중요한 임무를 전권을 맡겨주는 것.
2) 轉(전) : 마음의 동요.
3) 一其鄕(일기향) : 마을과 일체가 되는 것.

〔문왕이 태공에게 물어 가로되 나라의 임금이요, 백성의 주인으로 그 써 잃는 바는 어떤 것이오. 태공이 가로되 더불어 하는 바를 삼가지 않는 것이니 인군(人君)에게 육수(六守)와 삼보(三寶)가 있나이다. 문왕이 가로되 육수란 것은 무엇이오. 태공이 가로되 첫째 인(仁)이요, 둘째 의(義)요, 셋째 충(忠)이요, 넷째 신(信)이요, 다섯째 용(勇)이요, 여섯째 모(謀)니 이를 육수라 이릅니다.
문왕이 가로되 삼가 육수를 가지려면 어찌해야 하오. 태공이 가로되 부하게 하여 그 범(犯)함 없음을 보며 귀하게 하여 그 교만함 없음을 보며 부(付)하여 그 전함 없음을 보며 사(使)하여 그 숨김 없음을 보며 위태하게 하여 그 두려움 없음을 보며 일을 시켜 그 다함 없음을 볼지니 부(富)하되 범하지 않는 자는 인이요, 귀하되 교만치 않는 자는 의요, 주되 변하지 않는 자는 충이요, 부려서 숨김이 없는 자는 신이요, 위태하되 두려워하지 않는 자는 용이요, 일에서 다함이 없는 자는 모(謀)다. 인군(人君)은 삼보(三寶)를 남에게 빌려주지 말 것이니 남에게 빌려주면 인군은 그 위엄을 잃느니라.
문왕이 가로되 감히 삼보를 묻노이다. 태공이 가로되 대농(大農), 대공(大工), 대상(大商)을 삼보라 이른다 하니 농사는 그 고을에서 전일하면 곡식이 족하고 장인(匠人)은 그 고을에서 전일하면 기물이 족하고 상인은 그 고을에서 전일하면 재화가 족하나니 삼보가 각각 그 곳에 편안하면 백성이 이에 근심치 않나니 그 고을에서 난이 없으며 그 가족에 어지러움이 없으며 신하가 임금보다 부함이 없고 도읍이 나라보다 큼이 없으니 육수(六守)가 장(長)하면 임금이 번창하고 삼보가 온전하면 나라가 편안하나이다.〕

제7장 국토를 지키다(守土第七)

가. 국토를 수비하는 방법은
문왕이 태공에게 자문하기를
"국토를 수비함에는 어떻게 하는 것이 좋겠습니까."
하니, 태공이 말하기를
"친족(親族)을 소외시켜서는 안 됩니다. 백성을 업신여겨서는 안 됩니다. 좌우(左右)의 측근들을 위무(慰撫)하고, 사방 국경의 이민족(異民族)을 잘 거느려 다스리지 않으면 안 됩니다.
 정권을 남에게 맡기면 안 됩니다. 정권을 남에게 맡기면 군주의 권한을 잃고 맙니다. 골짜기의 흙을 파다가 언덕을 더 높이 쌓아 올리듯 이미 권력을 쥐고 있는 고관(高官)에게 더욱 강한 권력을 갖게 하는 것과 같은 일을 해서는 안 됩니다. 근본인 농업을 버리고 말초(末梢)인 상공(商工)에 힘을 쏟아서는 안 됩니다.
 태양이 정오를 가리킬 때에는 반드시 젖은 것을 말려야 하는 것입니다. 자르기 위해 칼을 들었을 때는 반드시 자르고, 도끼가 손에 쥐어졌을 때는 반드시 쳐야합니다. 태양이 중천(中天)에 떠 있는데도 젖은 것을 말리지 않으면 그것은 때를 잃는다고 합니다. 일껏 칼을 빼들고서도 자르지 않는다면 그 칼은 아무 쓸모가 없는 것이고, 도끼를 손에 들고서도 치지 않으면 도리어 도둑에게 습격을 당하게 될 것입니다.
 물도 적게 흐를 때 막지 않으면 마침내 큰 물이 되어 막지 못합니다. 불도 모락모락 타오를 때 끄지 않으면 큰 불이 됩니다. 풀도 떡잎일 때 뽑아버리지 않으면 결국 낫을 사용하지 않으면 안 되게 됩니다.
 이런 까닭으로 해서 군주는 반드시 힘써 부(富)를 축적하지 않으면 안 됩니다. 부하지 못하면 인혜(仁惠)를 베풀 수 없고, 인혜를 베풀지 못하면 친족(親族)을 화합(和合)시킬 수 없습니다. 친족을 소원(疏遠)하게 하면 해(害)를 부르게 되고, 백성을 잃으면 국가는 패망합니다. 군주의 이기(利器)인 군권(軍權)을 남에게 맡겨서는 안 됩니다. 군권을 남에게 맡기면 도리어 자신이 해를 당하고, 생애를 온전하게 마칠 수 없게 됩니다."
 했다. 문왕이 묻기를
 "인의(仁義)라는 것은 대체 어떤 것을 이르는 말입니까."
 하니, 태공이 말했다.
 "백성을 공경하여 업신여기지 않고 친족을 화합시키는 일입니다. 백성을 업신여기지 않으면 사람들은 왕 밑에서 서로 화합하고 친족을 화합하게 하면 사람들은 기쁘게 왕을 따라 천하의 인심을 얻게 됩니다. 이것이 바로 인의(仁義)를 실천하는 강기(綱紀)라고 하는 것입니다. 그렇지만 어디까지나 위엄(威嚴)을 잃어서는 안 됩니다. 스스로 밝은 지혜에 의해 군주로서의 도리를 따라 행해야 할 것입니다. 그 군주에게 귀순하는 사람에게는 은덕(恩德)을 베풀어 중하게 임용하고, 거슬리는 자에게는 군주의 위력으로 단죄해야 합니다. 군주로서 의심하는 일이 없이 삼가 이 인의(仁義)의 기강(紀綱)을 공경히 행하면 천하는 평화롭게 되고, 백성은 군주에게 마음으로 복종하게 될 것입니다."

　文王問太公曰 守土奈何 太公曰 無疏其親 無怠其衆 撫其左右 御其四旁

無借人國柄 借人國柄 則失其權 無掘壑而附丘 無舍本而治末 日中必慧 操刃必割 執斧必伐 日中不彗 是謂失時 操刃不割 失利之期 執斧不伐 賊人將來 涓涓不塞 將爲江河 熒熒不救 炎炎奈何 兩葉不去 將用斧柯
是故人君必從事於富 不富 無以爲仁 不施 無以合親 疏其親則害 失其衆則敗 無借人利器 借人利器 則爲人所害而不終於世
文王曰 何謂仁義 太公曰 敬其衆 合其親 敬其衆則和 合其親則喜 是爲仁義之紀 無使人奪汝威 因其明 順其常 順者 任之以德 逆者 絶之以力 敬之勿疑 天下和服

〔문왕이 태공에게 물어 가로되 수토(守土)는 어떠하오. 태공이 가로되 그 친족을 소원하지 말며 그 백성을 게으르게 말며 그 좌우를 어루만지며 그 사방을 어거하며 국병(國柄)을 남에게 빌려주지 말 것이니 국병을 남에게 빌려주면 그 권세를 잃는지라. 구덩이를 파 언덕에 붙이지 말 것이며 근본을 놓고 끝을 다스리지 말며 일중(日中)에는 반드시 말리며 칼을 잡으면 반드시 베며 도끼를 잡으면 반드시 칠 것이니 일중에 말리지 않으면 이것을 일러 때를 잃음이요, 칼을 잡고 베지 않으면 이로운 시기를 잃을 것이요, 도끼를 잡고 치지 않으면 도둑이 장차 올 것이라. 연연(涓涓)할 때 막지 않으면 장차 강하(江河)가 되고 형형(熒熒)할 때 구하지 않으면 염염(炎炎)한 것을 어찌하리오. 두 잎일 때 제거하지 않으면 장차 도끼를 쓰는지라. 시고로 인군은 반드시 일마다 부(富)를 따르는 것이니 부(富)하지 않으면 써 인으로 할 수 없고 베풀지 못하면 써 합친(合親)함이 없나니 그 친척을 소홀히 하면 해롭고 그 무리를 잃으면 패하므로 남에게 이기(利器)를 빌려주지 말 것이니 남에게 이기를 빌려주면 남의 해치는 바 되어 그 세상을 마치지 못하나이다.

문왕이 가로되 어찌 인의라고 이르오. 태공이 가로되 그 무리를 공경하고 그 친척을 합하나니 그 무리를 공경하면 화합하고 그 친

척을 화합하면 기뻐하나니 이것이 인의의 기(紀)라. 사람으로 하여
금 당신의 위엄을 빼앗김이 없을 것이니 그 명을 인(因)하여 그
떳떳함을 순하게 하며 순한 자는 맡기되 덕으로써 하고 거스른 자
는 끊되 힘으로써 하여 공경하고 의심치 말면 천하가 화복(和服)
하리이다.]

제8장 나라를 지킴(守國第八)

가. 목욕재계하고 스승에게 묻다.
문왕이 태공에게 묻기를
"국가를 지키는 데 있어 군주는 어떻게 해야 합니까."
하니, 태공이 말하기를
"먼저 재계(齋戒)하여 몸과 마음을 맑게 해 주십시오.
그러한 뒤에 주군께 천지의 영원불변(永遠不變)한 도리,
네 계절이 만물을 생성(生成)하는 모습, 인자(仁者)와 성
인의 도(道), 백성의 마음이 발동하는 진실한 정태(情態)
에 대해 설명해 드리겠습니다."
했다. 이에 문왕은 이레 동안 목욕재계(沐浴齋戒)하여
마음과 몸을 맑게 한 뒤 태공에게 북면(北面)하고 재배
(再拜)하여 스승에 대한 예(禮)를 갖추고 나서 물었다.
태공이 말했다.
"하늘은 운행하여 춘하추동 네 계절을 만듭니다. 대지
는 네 계절의 운행에 따라 만물을 낳는 것입니다. 천하에
는 만백성이 있으며, 성인은 군주가 되어 만백성을 길러
거느립니다. 성인이라도 천지 네 계절의 도리를 벗어나
만백성을 거두어 기르고 거느릴 수는 없는 것입니다. 봄
의 도리는 태어나게 하는 것으로 만물이 발육하는 것입

니다. 여름의 도리는 성장시키는 것으로 만물이 성장하는 것입니다. 가을의 도리는 거두어 들이는 것으로 만물이 결실하여 가득 차는 것입니다. 겨울의 도리는 엎드려 감추는 것으로 초목이 조락(凋落)하고 벌레는 땅 속에 숨어 만물이 조용해지는 것입니다. 만물이 결실할 때는 곧 대지에 엎드려 감추게 되고, 대지에 엎드려 감추면 어느새 또 일어나 발생하고, 이렇게 계속 되풀이 되어 언제 끝나는 것도 아니고, 언제 시작되는 것도 아닙니다.

성인은 이와 같이 천지불변(天地不變)의 네 계절이 순환하는 도리를 본받아 정치를 하는 것입니다. 그런 까닭으로 천하가 평화롭게 다스려질 때는 별로 할 임무가 없기 때문에 인자(仁者)나 성인이 세상에 나타나지 않고, 천하가 어지러워질 때야말로 어지러움을 다스려 태평한 세상으로 되돌리고자 하여 인자나 성인이 왕성하게 활동하는 것입니다. 군주가 취해야 할 지극한 도리가 이와 같은 것입니다.

성인이 이 천지간에 존재한다는 것은 그 중요함이 진실로 큰 것입니다. 성인이 천지의 상도(常道)에 의해 천하를 다스릴 때에는 만백성은 편안해집니다. 그러나 만약 백성의 마음이 동요한다면 어지러움의 기틀이 만들어지고, 그 심기(心機)가 동요하면 이해 득실(得失)의 다툼이 시작됩니다. 따라서 성인은 때로는 음성적(陰性的)인 형벌로써 백성에게 군림하고, 그리고 때로는 양성적(陽性的)인 은덕으로써 백성을 모이게 하는 것입니다. 여기에서 성인이 위에 있으면서 수창(首唱)하면 천하의 만백성은 다 거기에 순응하여 창화(唱和)하는 것입니다.

만물은 모두 극단에 이르면 반드시 평상(平常)의 상태로 돌아가는 것입니다. 그러므로 나아가 다투어도 안 되며, 물러나 피하려 해도 안 되는 것입니다. 곧 지나치게 적극적이거나 지나치게 소극적이어서는 좋지 않습니다.

중정(中正)의 도(道)를 얻어야만 합니다. 이와 같이 하여 국가를 지킨다면, 군주의 덕(德)은 천지에도 뒤지지 않는 광명을 발하는 것입니다."

　　文王問太公曰　守國奈何　太公曰　齋　將語君天地之經 四時所生　仁聖之道　民機之情　王齋七日　北面[1]再拜而問之
　　太公曰　天生四時　地生萬物　天下有民　聖人牧之　故春道生　萬物榮　夏道長　萬物成　秋道斂　萬物盈　冬道藏　萬物靜　盈則藏　藏則復起　莫知所終　莫知所始　聖人配之　以爲天地經紀　故天下治　仁聖藏　天下亂　仁聖昌　至道其然也
　　聖人之在天地間也　其義固大矣　因其常而視之　則民安夫民動而爲機　機動而得失爭矣　故發之以其陰　會之以其陽　爲之先倡　而天下和之　極反其常　莫進而爭　莫退而遜　守國如此　與天地同光

1) 北面(북면) : 앞을 북쪽으로 향한다는 뜻이니, 군주는 앞을 남쪽으로 향하여, 곧 남면(南面)하여 앉는 것이므로, 신하로서 군주를 섬기는 것을 이르는 말이다. 그런데 여기서 군주인 문왕(文王)이 신하인 태공(太公)을 북면(北面)하여 재배(再拜)하였다는 말은, 문왕이 태공을 예사 신하로 여기지 않고 스승으로 섬겨 우러른다는 뜻이다.

〔문왕이 태공에게 물어 가로되 나라 지키는 것은 어떠하오. 태공이 가로되 재(齋)하소서. 장차 임금께 천지의 경(經)과 사시(四時)의 생하는 바와 인성(仁聖)의 도(道)와 민기(民機)의 정을 말하리다. 왕이 7일을 재계하고 북면(北面) 재배하여 물으니 태공이 가로되 하늘이 사시를 생(生)하고 땅이 만물을 낳고 천하가 백성을 두어 성인(聖人)이 목(牧)하는지라. 고로 춘도(春道)는 생(生)함이라. 만물이 번창하고 하도(夏道)는 장(長)한지라. 만물이 성장하고 추도(秋道)는 렴(斂)함이라. 만물이 가득 차고 동도(冬道)는

장(藏)함이라. 만물이 정(靜)하나니 차면 감추고 감추면 다시 일어나 종(終)한 바를 알지 못하고 시(始)한 바를 알지 못하는지라. 성인을 배(配)하샤 천지의 경기(經紀)를 삼으시니 고로 천하를 다스림에 인성이 장(藏)하고 천하가 어지러움에 인성이 번성하나니 지도(至道)가 그러함이라.

성인(聖人)이 천지의 사이에 있음에 그 의(義)는 진실로 크다. 그 떳떳함을 인하여 보면 백성이 편안함이니 대저 백성이 움직이면 기틀이 되고 기틀이 움직이면 득실을 다투는지라. 고로 그 음(陰)으로써 발(發)하고 그 양(陽)으로써 모아 위하여 먼저 창하면 천하가 화(和)함이라. 지극함이 그 상(常)으로 되돌아오면 나아가되 다툼이 없고 물러나되 사양함이 없으니 나라를 지킴을 이와 같이 하면 천지와 더불어 광채를 한 가지로 하리이다.]

제9장 어진이를 높이다(上賢第九)

가. 여섯 가지 도적과 일곱 가지 해악

문왕이 태공에게 자문하기를

"군주된 자가 정사를 관장함에 있어, 무엇을 높이고 무엇을 낮추며 무엇을 취하고 무엇을 버리며, 무엇을 금하고 무엇을 막아야 하는 것입니까."

하니 태공이 말하기를

"군주는 마땅히 현명한 사람을 윗자리에 앉혀서 높이고 어리석은 자를 아랫자리에 둘 것이며, 성의 있고 신의가 있는 선비를 취하여 중용(重用)하고 거짓되고 위선적인 무리를 추방할 것이며, 난폭과 사치를 금하고 막아야 할 것입니다. 그러므로 군주는 항상 주의하지 않으면 안될 여섯 가지 도적과 일곱 가지 해로운 것이 있다는 것을 알아야 합니다."

했다. 문왕이 말하기를

"그것에 대해 자세히 들려 주시기 바랍니다."

하니, 태공이 말하기를

"여섯 가지 도적이란, 첫째로 신하 중에 광대한 저택과 정원을 만들고 가무(歌舞)에 심취되어 놀아나는 자가 있으면 이 자는 왕의 덕을 손상시킵니다. 둘째로 백성 중에 농사와 양잠(養蠶)에 힘쓰지 않고 혈기(血氣)에 의존해 호협(豪俠)한 기상이 있는 척하면서 법률과 금령(禁令)을 어기고 관리의 지시에 따르지 않는 자가 있으면, 이 자는 왕의 교화를 손상시킵니다. 셋째로 신하 중에 도당(徒黨)을 꾸며 현인(賢人)이나 지자(智者)를 배척하고, 군주의 밝은 지혜를 막는 자가 있으면 이 자는 왕의 권위를 손상시킵니다. 넷째로 선비 중에 그 기품(氣品)이나 절의(節義)만을 뽐내 기세를 펴면서 외국(外國)의 제후(諸侯)와 교제하고는 그 주군을 가벼이 여기는 자가 있으면, 이 자는 왕의 위엄(威嚴)을 손상시킵니다. 다섯째로 신하 중에 작위(爵位)를 가벼이 여기고, 관리를 천하게 보며 주군을 위해 위험을 무릅쓰는 일을 부끄럽게 여기는 자가 있으면 이 자는 공신(功臣)이 이룬 노고를 손상시킵니다. 여섯째로 강대한 호족(豪族)이 빈약(貧弱)한 자를 침략하고 능욕하는 등의 일이 있으면, 이 자는 서민의 생업(生業)을 손상시킵니다.

그리고 일곱 가지 해로움이라는 것은, 첫째로 지혜도 사려도 없고, 임기응변하는 꾀도 없는 자에게 무거운 상(賞)을 주고 벼슬을 높여주면, 다만 만용(蠻勇)을 믿고 무모한 전쟁을 일으켜 요행을 바랍니다. 왕은 이러한 자를 장군(將軍)으로 삼는 일이 없도록 주의하지 않으면 안 됩니다.

둘째로는 평판은 높으면서 실력은 없고, 안의 의견과

밖의 의견을 바꾸고, 남의 좋은 일은 가리고 좋지 않은 일만을 들치면서 자기의 나아가고 물러나는 것만을 교묘하게 하는, 이른바 교언영색(巧言令色)하는 무리와는 왕은 절대로 상의하는 것과 같은 일을 해서는 안 됩니다.

셋째로는 자신의 질박(質朴)함을 보이기 위해 일부러 거친 의복을 걸치고 무위무욕(無爲無慾)한 듯이 말하면서, 실은 명예나 이익을 바라는 자는 빛 좋은 개살구입니다. 왕은 절대로 이런 위선자(僞善者)를 가까이 해서는 안 됩니다.

넷째로는 기이한 관(冠)이나 띠, 의복 따위를 입고서 사람들의 눈을 끌며, 되지도 않은 학문을 늘어놓아 공론(空論)을 펴면서 외면을 장식하고, 스스로는 한적하고 조용한 데 들어박혀 세상 풍속을 헐뜯거나 하는 자는 사악한 무리입니다. 왕은 이런 무리를 절대로 총애하거나 등용해서는 안 됩니다.

다섯째로는 사람을 참소(讒訴)하거나 교묘한 말로써 형편에 맞추어 벼슬자리를 구하고 과감하게 나서며 목숨을 가볍게 여겨 봉록(俸祿)을 탐하고, 원대한 계획을 생각하는 일이 없이 다만 작은 이익을 탐하여 행동하고, 언뜻 들어서는 고상(高尙)한 듯하면서 실은 공허한 이론으로 군주를 설득하려고 하는 자는 왕이 절대로 써서는 안 됩니다.

여섯째로는 각종 모양으로 조각하여 금은(金銀)으로 아로새겨 꾸미는 등 화려한 장식으로 치장하면서 농업을 손상시키는 자가 있으면 왕은 그것을 반드시 금지시키지 않으면 안 됩니다.

일곱째로는 괴상한 방술(方術)이나 색다른 기술, 주문이나 사교(邪敎) 또는 불길한 예언 따위로 양민(良民)을 현혹시키는 자가 있으면 왕은 반드시 그것을 금해야 합니다.

백성이라고 해도 각자 생업(生業)에 힘쓰지 않는 자는 양민(良民)이 아닙니다. 선비라고 하더라도 성신(誠信)하지 않은 자는 양사(良士)가 아닙니다. 신하라고 해도 충간(忠諫)하지 않는 자는 충신(忠臣)이 아닙니다. 관리라고 하더라도 공평하고 결백(潔白)하여 사람을 사랑해야 하는데 그렇지 못한 자는 관리가 아닙니다. 재상(宰相)이라고 하더라도 국가를 부(富)하게 하고 군대를 강하게 하며 음양(陰陽)을 고르게 하여 기후를 순조롭게 해서 한발(旱魃)이나 냉해(冷害)가 없도록 하여 천자의 마음을 편안하게 하고, 여러 신하로 하여금 사악하거나 허위가 없게 하며, 평판(評判)과 실력이 일치하고 상벌을 분명하게 하며, 만백성을 안락하게 해주지 못하는 자는 신임할 만한 재상이 아닌 것입니다.

 대저 왕자(王者)가 취해야 할 도리라는 것은, 용의 머리와 같이 높은 곳에 있어 멀리까지 바라보고, 깊이 간파하며, 들어서 세밀하게 판단하고, 용모에는 위엄을 보이며 그 속마음은 하늘이 높아서 다 볼 수가 없는 것과 같이, 또는 호수가 깊어서 헤아릴 수가 없는 것과 같이 끝까지 숨겨서 남이 눈치채지 않게 해야 합니다. 성낼 때 성내지 않으면 간신들이 판을 칩니다. 죽여야 할 때 죽이지 않으면 큰 역적(逆賊)이 나오게 됩니다. 자기 나라의 병사(兵事)가 다스려지지 않으면 적국이 강해지는 것입니다."

 했다. 이에 문왕이 말했다.
 "좋은 가르침을 받았습니다."

　　文王問太公曰 王人者 何上何下 何取何去 何禁何止 太公曰 上賢 下不肖 取誠信 去詐僞 禁暴亂 止奢侈 故王人者 有六賊七害
　　文王曰 願聞其道 太公曰 夫六賊者

一曰 臣有大作宮室池榭 遊觀倡樂者 傷王之德
二曰 民有不事農桑 任氣遊俠 犯陵法禁 不從吏敎者 傷王之化
三曰 臣有結朋黨 蔽賢智 障主明者 傷王之權
四曰 士有抗志高節 以爲氣勢 外交諸侯 不重其主者 傷王之威
五曰 臣有輕爵位 賤有司 羞爲上犯難者 傷功臣之勞
六曰 强宗侵奪 陵侮貧弱 傷庶人之業
七害者 一曰 無智略權謀 而重賞尊爵之 故强勇輕戰 儌倖於外 王者謹勿使爲將
二曰 有名無實 出入異言 掩善揚惡 進退爲巧 王者謹勿與謀
三曰 樸其身躬 惡其衣服 語無爲以求名 言無欲以求利 此僞人也 王者謹勿近
四曰 奇其冠帶 偉其衣服 博聞辯辭 虛論高議 以爲容美 窮居靜處 而誹時俗 此奸人也 王者謹勿寵
五曰 讒佞苟得 以求官爵 果敢輕死 以貪祿秩 不圖大事 貪利而動 以高談虛論 悅於人主 王者謹勿使
六曰 爲雕文刻鏤 技巧華飾 而傷農事 王者必禁
七曰 僞方異技 巫蠱左道 不祥之言 幻惑良民 王者必止之
故民不盡力 非吾民也 士不誠信 非吾士也 臣不忠諫 非吾臣也 吏不平潔愛人 非吾吏也 相不能富國強兵 調和陰陽[1] 以安萬乘之主 正群臣 定名實 明賞罰 樂萬民 非吾相也
夫王者之道 如龍首 高居而遠望 深視而審聽 示以形 隱其情 若天之高不可極也 若淵之深不可測也 故可怒而不怒 奸臣乃作 可殺而不殺 大賊乃發 兵勢不行 敵國乃强 文王曰 善哉

1) 調和陰陽(조화음양) : 옛날에는 음양(陰陽)을 조화(調和)시키고, 기후

(氣候)를 순조롭게 하는 일이 재상(宰相)의 직분(職分)이라고 했다.

〔문왕이 태공에게 물어 가로되 사람의 왕된 자는 무엇을 위로 하고 무엇을 아래하며 무엇을 취하고 무엇을 버리며 무엇을 금하고 무엇을 그치게 해야 하오. 태공이 가로되 현자를 위로 하고 불초(不肖)를 아래하며 성신(誠信)을 취하고 사위(詐僞)를 버리며 폭난(暴亂)을 금지하고 사치를 그치게 합니다. 고로 사람의 왕된 자에게는 육적(六賊)과 칠해(七害)가 있습니다.

문왕이 가로되 원컨대 그 도를 듣고자 하나이다. 태공이 가로되 대저 육적이라는 것은 첫째 신하가 궁실(宮室)과 지사(池榭)를 크게 짓고 창락(倡樂)을 즐기는 자면 왕의 덕을 손상시키는 것이요, 둘째 백성이 농상(農桑)의 일을 하지 않고 기를 맡기고 유협하여 금지한 법령을 범릉(犯陵)하고 관리의 교화를 좇지 않는 자면 왕의 교화를 상하게 하는 것이요, 셋째 신하로 붕당을 결성하여 현지(賢智)를 가리고 임금의 총명을 막는 자가 있으면 왕의 권위를 손상시키는 것이요, 넷째 사(士)가 항지고절(抗志高節)로써 기세(氣勢)를 삼아 밖으로 제후와 사귀고 그 임금을 존중하게 여기지 않는 자가 있으면 왕의 위세를 상하는 것이요, 다섯째 신하가 작위(爵位)를 가벼이 하고 유사(有司)를 천히 여기고 상(上)을 위하여 범란(犯難)자 됨을 부끄럽게 여기면 공신(功臣)의 노고를 손상시키는 것이요, 여섯째 강종(强宗)으로 약탈하고 빈약자를 능멸하면 서인(庶人)의 업을 손상시키는 것입니다.

칠해(七害)란 첫째 지략(智略)과 권모가 없는데 후한 상과 높은 작위를 주는 것이라. 고로 강용하고 경전하여 밖에 요행(僥倖)하면 왕자(王者)는 삼가서 장수로 삼지 말 것이라. 둘째 유명무실하여 출입 때의 말이 다르며 선을 가리고 악을 들쳐 진퇴가 교묘하면 왕자는 삼가서 더불어 꾀하지 말 것이라. 셋째 그 신궁(身躬)을 질박하게 하며 그 의복을 거칠게 하며 말로는 무위(無爲)라고 하고 이름을 구하며 말로는 무욕(無欲)이라고 하면서 써 이익을 구하면 이는 위인(僞人)이니 왕자는 삼가서 가까이 하지 말 것이라. 넷째 그 관대(冠帶)를 기이하게 하고 그 의복을 장엄하게 하고 박문변사(博聞辯辭)하며 허론고의(虛論高議)하여 써 모양을 꾸미며 궁거정처(窮居靜處)하며 시속을 비방하거든 이는 간인(奸人)이니 왕자는 삼가 총애하지 말 것이라. 다섯째 참영(讒佞)하고 구차하게 얻어 써 관작을 구하며 가벼이 죽음을 과감하게 써 녹질(祿秩)을 탐내며 대사를 도모하지 않고 이익을 탐하여 움직임에 고담허론(高談虛論)으로써 인주(人主)를 기쁘게 하면 왕자는 삼가서 부리지 말 것이라. 여섯째 무늬를 새기고 조각함과 기교화식(技巧華飾)하여 농사를 손상하면 왕자는 반드시 금지시킬 것이라. 일곱째 속임수와 이상한 기술과 무고좌도(巫蠱左道)와 불상(不祥)의 말로 양민을 환혹(幻惑)시키거든 왕자는 반드시 중지시킬 것이라.

고로 민이 진력치 않으면 나의 백성이 아니요, 사(士)가 성신(誠信)하지 않으면 나의 사가 아니요, 신하가 충간(忠諫)하지 않으면 나의 신하가 아니요, 관리가 평결(平潔)하고 애인(愛人)치 않으면 나의 관리가 아니요, 상(相)이 부국강병(富國强兵)하고 음양을 조화하여 써 만승(萬乘)의 군주를 편안하게 하며 모든 신하를 바르게 하고 명실(名實)을 정하여 상벌을 밝히고 만민을 즐겁게 하는데 능하지 못하면 나의 재상이 아니라.

대저 왕자(王者)의 도는 용수(龍首)와 같으니 높은 데 거하여 멀리 바라보며 깊이 보고 살펴 들으며 그 형상을 보이나 그 정(情)을 숨기되 하늘의 높은 것 같이 하여 가히 다하지 않고 못의 깊은 것 같이 하여 가히 예측하지 못하는지라. 고로 가히 노(怒)할 곳에 성내지 아니하면 간신이 이에 일어나고 가히 죽일 자를 죽이지 않으면 대적(大賊)이 이에 발하고 병의 세력이 행하지 않으면 적국(敵國)이 이에 강성하는 것입니다. 문왕이 가로되 선(善)한지라.]

제10장 어진이의 등용(擧賢第十)

가. 어진이를 쓰지 못하고 멸망하는 까닭
문왕이 태공에게 자문하기를
"군주는 현인(賢人)을 거용(擧用)하는 일에 힘쓰지만 좀처럼 그 실(實)을 거둘 수가 없고, 세상은 점점 어지러워져 마침내 국가가 위망(危亡)으로 기울어지는 것은 무슨 까닭입니까."
하니, 태공이 말하기를
"현인을 등용하였다 하더라도 그의 정책(政策)을 쓰지 않는다면, 현인을 거용했다는 말뿐이지, 현인의 정책을 쓴 실효(實效)가 없기 때문입니다."
했다. 이에 문왕이 묻기를
"그 잘못된 원인은 어디에 있습니까."
하니, 태공이 말하기를
"그 잘못은 군주에게 있는 것으로 세속의 사람들이 칭찬하는 인물만을 좋아하여 채용하고, 참된 현인은 구하지 않는 데에 있습니다."
했다. 이에 문왕이 묻기를
"그것은 어떤 뜻입니까."
하니, 태공이 말하기를
"군주가 세상 사람들이 칭찬하는 인물을 현인이라 생각하고, 세상 사람들이 좋게 생각하지 않는 인물을 어리석은 사람이라고 생각하기 때문에, 사람을 많이 거느리고 있는 사람은 승진되고 그렇지 못한 사람은 물러나게 되는 것입니다. 이와 같은 악풍(惡風)을 조장하면, 다수의 악인들이 도당(徒黨)을 지어 현인을 가려버리고 충신은 죄없이 죽임을 당하며 간신들은 거짓된 이름으로 고위고관(高位高官)이 되는 것입니다. 이런 까닭으로 해서 세상의 어지러움은 점점 심해지고 나아가 국가는 위험에 직면하게 되며, 결국은 멸망에 이르게 되는 것입니다."
했다. 문왕이 또 묻기를
"그렇다면 현인을 거용하려면 어떻게 해야 되겠습니까."
하니, 태공이 했다.
"무관(武官)과 문관(文官)이 그 주어진 업무를 나눠 각각 그 관명(官名)에 적합한 인재를 추천하고 등용된 사람이 그 관명에 상당하는 책임을 수행하여 실적을 올리고 있는지 어떠한지를 조사하고 감독하여 재능을 시험하고 능력을 참고하여 실적을 관명에 상당하게 하도록 하고 관명이 실적에 합당하면 현인을 거용하는 도를 얻었다고 할 것입니다."

　　　文王問太公曰 君務擧賢 而不能獲其功 世亂愈甚 以致危亡者 何也 太公曰 擧賢而不用 是有擧賢之名而無用賢之實也
　　　文王曰 其失安在 太公曰 其失在君好用世俗之所譽 而不得其賢也 文王曰 何如
　　　太公曰 君以世俗之所譽者爲賢 以世俗之所毀者爲不肖 則多黨者進 少黨者退 若是則群邪比周而蔽賢 忠臣死於無罪 姦臣以虛譽取爵位 是以亂愈甚 則國不免於危也
　　　文王曰 擧賢奈何 太公曰 將相分職 而各以官名擧人 按名督實 選才考能 令實當其能 名當其實 則得擧賢之道也

〔문왕이 태공에게 물어 가로되 군(君)이 거현(擧賢)에 힘쓰되

능히 그 공을 얻지 못하고 난세가 더욱 심하여 써 위망(危亡)에 이룬 자는 어떠하오. 태공이 가로되 거현하고 쓰지 않으면 이는 어진 이를 천거한 이름만 있고 어진 이를 쓴 실상은 없는 것이니이다. 문왕이 가로되 그 과실이 어디에 있소. 태공이 가로되 그 과실이 군주에게 있나니 세속의 칭찬하는 바를 좋아하고 참 어진이를 얻지 않는 것이니이다.

문왕이 가로되 어떠한 것이오. 태공이 가로되 임금이 세속의 칭찬하는 자로써 현명함을 삼고 써 세속의 비방하는 자로 불초(不肖)를 삼으면 무리가 많은 자는 나아가고 무리가 적은 자는 물러나리니 이와 같으면 군사(群邪)는 떼를 지어 어진이를 가리며 충신이 무죄로 죽고 간신이 허예(虛譽)로써 작위를 취하리니 이로써 세난이 더욱 심하여 나라는 위망에서 면하지 못하리이다.

문왕이 가로되 어진 이 등용함을 어찌해야 하오. 태공이 가로되 장상(將相)이 직분을 나누며 각각 써 관명(官名)으로 사람을 등용하여 안명독실(按名督實)하고 선재고능(先才考能)하여 실상이 그 이름에 상당하고 이름이 그 실상에 합당하면 어진 이를 등용한 도를 얻은 것입니다.]

제11장 포상과 단죄(賞罰第十一)

가. 상은 권장하고 벌은 징계하는 것

문왕이 태공에게 자문하기를

"상(賞)은 선을 권장하고, 벌(罰)은 악을 징계하기 위한 것임은 알고 있습니다. 나는 한 사람을 상주어 백 사람에게 선을 권장하고, 한 사람을 벌하여 많은 사람의 악을 징계하고자 생각하고 있습니다. 어떻게 하면 되겠습니까."

하니, 태공이 말했다.

"모든 상은 상응(相應)하고 적절하게 행해지지 않으면 안 되는 것으로 믿음을 귀하게 여깁니다. 벌은 반드시 결행(決行)해 정(情)에 흐르는 일이 있어서는 안 되는 것으로 반드시 행하는 것을 귀하게 여깁니다. 상에 믿음이 있고 벌에 반드시 하는 것을 사람들이 귀로 듣고 눈으로 보는 곳에서 행한다면 직접 보고 듣지 못하는 곳에 있는 사람들도 반드시 소문을 듣고 교화되어 남모르게 악을 고쳐 선으로 돌아가지 않는 사람이 없습니다. 대체로 진실이라고 하는 것은 하늘과 땅에도 창달하고 신명(神明)에게까지도 통하는 것입니다. 하물며 사람의 마음에 통하지 않는 일이 있을 수 있겠습니까."

文王問太公曰 賞所以在勸 罰所以示懲 吾欲賞一 以勸百 罰一以懲衆 爲之奈何

太公曰 凡用賞者 貴信 用罰者 貴必 賞信罰必於耳目之所聞見 則所不聞見者 莫不陰化矣 夫誠 暢於天地 通於神明 而況於人乎

〔문왕이 태공에게 물어 가로되 상은 써 권하는데 있는 바요, 벌은 써 징계함을 보이는 바니 나는 하나를 상주어 써 백을 권하고 하나를 벌하여 써 무리를 징계하려고 하는데 어떠합니까?

태공이 가로되 무릇 상을 쓰는 자는 신을 귀히 여김이요. 벌을 쓰는 자는 필(必)을 귀히 여김이니 상신벌필(賞信罰必)이 이목의 듣고 보는 바면 듣고 보지 아니한 자라도 음화(陰化)치 아니치 못하리니 대저 성(誠)은 천지에서 창달하여 신명에게 통하거늘 하물며 사람에게입니까.〕

제12장 용병의 도(兵道第十二)

가. 무력은 마지못할 경우에만 사용한다.
무왕(武王)이 태공에게 자문하기를
"병(兵)을 쓰는 도(道)는 어떠해야 합니까."
하니, 태공이 말하기를
"병(兵)을 쓰는 도는 전일(專一)하다는 것을 최상으로 칩니다. 전일하다는 것은 홀로 가고 오는 것을 자유로이 할 수 있습니다. 황제(黃帝)가 말하기를 '일(一)은 도(道)의 계단이며 신에 가까워서 변화무극하다. 이것을 잘 쓰는 것은 기회를 선택함에 있고 이것을 잘 나타내는 것은 형세를 타는 것에 있으며 이것을 성취하는 것은 군주에게 있다.'라고 하였습니다. 그러므로 성왕(聖王)은 병(兵)을 흉기(凶器)라 생각하여 마지못할 경우에만 사용한 것입니다.
은(殷)나라의 주왕(紂王)은 국가가 무사(無事)하다는 것만을 알고 멸망이 있다는 것을 알지 못하였으며 한 몸의 즐거움만을 알고 재앙이 닥친다는 것을 알지 못하였던 것입니다. 국가의 무사함은 우연히 존속(存續)되는 것이 아닙니다. 국왕(國王)이 항상 멸망할 것을 우려하고 대비하기 때문에 존속되는 것입니다.
즐거움이란 그냥 즐기는 것이 아닙니다. 참다운 즐거움은 백성의 근심에 앞서서 때 아니게 닥쳐오는 재앙을 근심하는 데에 있는 것입니다. 지금 왕께서는 이미 이러한 근원적인 문제를 생각하고 계시니 어찌 말초적인 문제까지 근심할 필요가 있겠습니까?"

했다. 무왕이 또 태공에게 자문하기를
"양쪽 군대가 대치하여, 적이 공격해 오지도 못하고 이쪽에서 공격할 수도 없어 각각 수비를 견고하게 할뿐 쉽게 손을 쓸 수가 없는 상황입니다. 이런 때 우리측에서 습격하고자 해도 유리한 기회가 얻어지지 않을 경우에는 어떻게 하면 좋겠습니까."
하니, 태공이 말하기를
"겉보기에 어지러운 듯이 보이면서 내실(內室)은 정비하고, 굶주리는 기색을 보이면서 실은 충분한 군량을 저장하고, 정예(精銳)를 안에 숨겨 두면서 둔병(鈍兵)만을 밖에 내보이고 모였다가 흩어졌다가 하면서 절제(節制)가 없고 거느리는 기강(紀綱)도 없는 듯이 보이고, 그 계략을 감추고, 공격할 기회를 숨기고, 보루(堡壘)를 높이고, 정예를 복병(伏兵)시키고, 쥐죽은 듯이 아무 소리도 내지 않으면, 적은 우리 군의 정비가 어떻게 되어 있는지 모를 것입니다. 적의 서쪽을 습격하고자 생각하면 적도 이쪽의 형편을 살펴 서쪽의 방비를 굳게 할 것이므로 반대로 그 동쪽을 향해 기습하여 적으로 하여금 동쪽을 방비하게 하여 서쪽의 방비가 허술해지는 틈을 타 서쪽을 공략하는 것입니다."
했다. 무왕이 또 묻기를
"적이 우리 군대의 내정(內情)을 살펴서 알고, 우리가 공격할 계략을 다 알고 있다면 어떻게 해야 합니까."
하니, 태공이 말했다.
"전쟁에서 승리하는 방법은 비밀리에 적이 공격해 올 기회를 살펴 알고, 기회를 살펴 알았으면 적이 유리하다고 생각하여 마음놓고 있는 틈을 타 재빨리 공격하여 적을 기습하는 것입니다."

　　武王問太公曰 兵道何如 太公曰 凡兵之道 莫過於一

一者能獨往獨來 黃帝[1]曰 一者 階於道 幾於神 用之在於機 顯之在於勢 成之在於君 故聖王號兵爲凶器 不得已而用之[2]

今商王[3]知存而不知亡 知樂而不知殃 夫存者非存 在於慮亡 樂者非樂 在於慮殃 今王已慮其源 豈憂其流乎

武王曰 兩軍相遇 彼不可來 此不可往 各設固備 未敢先發 我欲襲之 不得其利 爲之奈何 太公曰 外亂而內整 示饑而實飽 內精而外鈍 一合一離 一聚一散 陰[4]其謀 密其機 高其壘 伏其銳士[5]寂若無聲 敵不知我所備 欲其西襲其東

武王曰 敵知我情 通我謀 爲之奈何 太公曰 兵勝之術 密察敵人之機而速乘其利 復疾擊其不意

1) 黃帝(황제): 중국의 전설상의 제왕(帝王). 복희씨(伏羲氏), 신농씨(神農氏)와 더불어 삼황(三皇)이라 일컬어진다. 천하를 통일하여 문자, 수레, 배 등을 만들고, 도량형(度量衡), 역법(曆法), 음악(音樂), 잠업(蠶業) 등 많은 문물과 제도를 확립하여, 인류에게 문화 생활을 전해 주었다고 한다.
2) 號兵爲凶器不得已而用之(호병위흉기부득이이용지): 병(兵)을 이름하여 흉기(凶器)라 하고, 마지못해 이것을 사용한다.『노자(老子)』31장에 '병(兵)은 상서롭지 못한 기(器)로, 군자(君子)의 기가 아니다. 마지못해 이것을 쓰며, 명예를 탐내지 않는 것을 상(上)으로 한다.' 라고 했다.
3) 商王(상왕): 은왕(殷王). 곧 은(殷)나라의 주왕(紂王)을 가리킨다. 주왕은 은왕조(殷王朝) 최후의 왕으로 폭군(暴君)이었다. 그래서 무왕(武王)은 그를 토벌하고, 주왕조(周王朝)를 세웠다.
4) 陰(음): 가리다. 숨어있다의 뜻.
5) 銳士(예사): 날랜 군사. 정예병.

〔무왕이 태공에게 물어 가로되 병도(兵道)는 어떠하오. 태공이 가로되 무릇 병의 도는 하나에 지나지 아니하나니 하나라는 것은

능히 독왕독래(獨往獨來)라. 황제(黃帝) 가로되 하나는 도에 계단하고 신(神)에 거의하는 것이니 쓰임이 기틀에 있으며 나타남이 세력에 있으며 이룸이 군주에 있는 것이라고 하였으니 고로 성왕(聖王)이 호병(號兵)을 흉기라 하며 부득이 쓰는 것이라. 이제 상왕(商王)이 존(存)을 알고 망(亡)을 알지 못하고 악(樂)을 알고 앙(殃)을 알지 못하나니. 대저 존(存)자는 존함이 아니라 여망(慮亡)에 있음이요. 낙(樂)한 자는 즐거움이 아니라 여앙(慮殃)에 있음이니 이제 왕이 그 근원을 생각하시니 어찌 그 흐름을 걱정할 것입니까.

무왕이 가로되 양군(兩軍)이 서로 만남에 저는 가히 오지 못하고 이도 가히 가지 못하여 각각 굳게 방비를 갖추고 감히 먼저 발(發)하지 못하는지라. 내가 습격하고자 하나 그 이로움을 얻지 못하면 어찌해야 하오. 태공이 가로되 밖은 어지럽고 안은 정비하며 배고픔을 보이고 실상은 배부르며 안으로 정밀하고 밖으로 노둔하고 한 번 합하고 한 번 분산하며 한 번 집합하고 한 번 흩어져 그 꾀를 숨기고 그 기틀을 숨겨 그 보루를 높이 하며 그 정예병을 숨겨 적막하고 소리가 없으면 적이 우리의 방비를 알지 못하리니 그 서쪽을 치고자 하거든 그 동쪽을 습격하소서.

무왕이 가로되 적이 우리의 실정을 알고 우리의 계략을 통하면 어떻게 해야 하오. 태공이 가로되 병승(兵勝)의 술(術)은 적인(敵人)의 기밀을 밀찰(密察)하고 그 이로움을 신속히 타 다시 그 불의(不意)를 빨리 공격하는 것입니다.]

제 2 편 무도(武韜)

덕을 쌓아 민중에게 은혜를 베풀고
민중들의 생활을 편안하게 하며
나라를 안정시키는 도(道)는
적국을 토벌하는데
있는 것을 설명했다.

제13장 슬기와 지혜를 열다(發啓第十三)

가. 죄없는 자를 구원하는 길

문왕이 주(周)나라의 도읍인 풍(酆)에 있으면서 태공을 불러 자문하기를

"아아, 상왕조(商王朝)의 주왕(紂王)은 극도로 포악해서 죄없는 사람에게 죄를 뒤집어씌워 죽이고 있습니다. 선생께서는 나를 도와 천하 백성의 일을 근심하고 계십니다만, 저 죄없는 사람들을 구원하려면 어떻게 해야 합니까."

하니, 태공이 말했다.

"대왕은 인덕(人德)을 잘 닦으시어, 겸손하게 현인(賢人)을 존경하고 백성에게 은혜를 베풀고 사랑하시면서 천도(天道)가 향하는 바를 살피십시오. 천명(天命)이 은왕(殷王)을 버리기 전에 은(殷)을 토벌하겠다는 생각을 입밖에 내시면 안 됩니다. 인재(人災)가 나타나기도 전에 군대를 출동시키겠다는 생각을 하면 안 됩니다. 반드시 하늘이 재앙을 내리는 것을 보고, 그리고 인재가 일어나는 것을 보고 나서 비로소 토벌할 것을 생각해야 합니다. 적을 토벌하는 데에는 반드시 상대방의 겉으로 드러난 것과 감추어진 행동을 보아 그 마음을 살펴 알고, 또 외양과 내면 세계를 보아 상대의 의향을 알며, 그리고 그가 가까이 하는 것과 멀리 하는 것을 보아 그 진정(眞情)을 아는 것입니다.

이렇게 사리를 바르게 통하면 그 어떤 먼 길이라도 가닿을 수가 있습니다. 바른 문으로 쫓아가면 반드시 문 안

으로 들어갈 수 있는 것입니다. 예도(禮道)를 바로 세우면 예를 완성시킬 수 있습니다. 바른 도로 강(强)함과 다투면 강적에게도 승리할 수 있습니다. 완전한 승리라는 것은 싸우지 않고 이기는 것이며, 왕자(王者)의 위대한 군대는 상처를 입는 일이 없습니다. 이것은 귀신과도 통하는 것입니다. 진실로 미묘하고 또 미묘한 것입니다.

국민과 마음을 하나로 하여 어려운 처지에 있는 사람끼리 서로 돕고, 마음을 같이 하는 사람끼리 서로 도와 이루며, 미워함을 같이 하는 사람이 힘을 서로 빌리고, 좋아함을 같이 하는 사람이 서로 손을 잡고 나아가면 이것은 갑옷이나 무기가 없어도 승리하고 공격할 무기가 없어도 적을 공격할 수 있으며, 참호(塹壕)가 없어도 적의 공격에서 굳게 지켜낼 수 있는 것입니다. 곧 군주와 백성이 마음을 같이 한다면 백성은 군주를 위해 죽을 힘을 다해 싸우는 것입니다.

큰 지혜는 보기에 지혜로 보이지 않지만 실은 진실한 지혜인 대지(大智)요, 거대한 계략은 보기에 계략(計略)으로 생각되지 않지만 실은 진실한 계략인 대모(大謀)요, 큰 용기는 보기에 용기라고 생각되지 않지만 실은 진실한 용기인 대용(大勇)이요, 큰 이익은 보기에 이익으로 보이지 않지만 실은 진실한 이익인 대리(大利)라는 것을 마음에 두어야 합니다. 천하를 이롭게 하려고 하는 자에게 천하는 그 길을 열어 주는 것이며 천하를 해롭게 하는 자에게 천하는 스스로 그 길을 차단하는 것입니다.

천하는 군주 한 사람만을 위한 천하가 아닙니다. 천하는 천하의 것으로서 그 누구의 것도 아닙니다. 천하를 차지한다는 것은 마치 야수(野獸)를 모는 것과 같은 것으로, 천하의 사람들은 모두 잡은 동물의 고기를 나누어 받고자 하는 것입니다. 예를 들면, 같은 배를 타고 강을 건너는 것과 같은 것으로, 잘 건넌다면 함께 탄 사람들이 모두 이로움을 얻는 것이지만 실패할 경우에는 모두가 해를 당하게 되는 것입니다. 천하의 모든 사람은 다 이와 같이 이로움으로 이끌어 주는 사람을 위해서 길을 열어 줍니다. 단 한 사람이라도 길을 가로막는 사람은 없는 것입니다.

백성의 이익을 빼앗아 갖지 않고 백성의 생활을 안정시키는 일에 마음을 쓰는 사람이야말로 민심을 얻어서 백성을 자기의 것으로 만들 수가 있는 것입니다. 한 나라의 이익을 빼앗아 갖지 않고 한 나라가 안정되는데 마음을 쓰는 사람이야말로 실은 그 나라를 손에 넣을 수가 있는 것입니다. 천하의 이익을 빼앗아 갖지 않고 천하가 안정되도록 마음을 쓰는 사람이야말로 천하의 마음을 얻어서 실은 천하를 차지할 수가 있는 것입니다.

백성에게서 그 이익을 빼앗아 갖지 않는 사람은 백성이 유리(有利)하다고 생각합니다. 한 나라에서 그 이익을 빼앗아 갖지 않는 사람은 백성이 그것을 유리하다고 생각합니다. 천하의 이익을 빼앗아 갖지 않는 사람은 천하의 백성이 그것을 유리하다고 생각합니다. 이렇게 볼 때 도라는 것은 보통 사람의 눈에는 보이지 않고, 일이라는 것은 들을 수 없고, 승리라는 것은 생각도 할 수 없는 데에 있는 것입니다. 참으로 미묘하고 미묘한 일입니다.

억세고 사나운 새가 일격을 가하고자 할 때에는 우선 낮게 날면서 날개를 접고, 맹수가 잡아먹을 동물을 습격하고자 할 때에는 귀를 아래로 내리고 낮게 몸을 숙입니다. 성인이 행동을 시작하고자 할 때에도 이와 같이 반드시 먼저 어리석은 사람인 듯한 태도를 보이는 것입니다.

지금 저 상(商)나라에서는 사람이 모두 각각 이런 말 저런 말을 퍼뜨리면서 서로 미혹되게 하여, 여색(女色)에 빠져 수습할 방도가 없을 만큼 어지럽고 또 어지러우며, 풍속도 퇴폐되어 있습니다. 이것은 국가가 멸망할 징조입니다. 제가 은나라의 밭과 들을 관찰해보니 잡초가 곡식 보다 더 많았습니다. 상나라의 백성들을 관찰해보니 사악한 자와 부정한 자가 도리어 세력을 얻고 정직한 사람은 억눌려 있었습니다. 그 관리들을 관찰해보니 그들은 포악하고 잔혹하며 법률과 형벌을 함부로 써서 질서를 어지럽히고 있건만, 윗자리에 있는 사람이나 아랫자리에 있는 사람들이 그것을 깨닫지 못하고 있습니다. 이것은 국가의 멸망할 시기가 닥쳐오고 있는 것입니다.

　태양이 빛나고 있으면 만물은 모두 광채를 받습니다. 성인의 대의(大義)가 발동하면 만물은 모두 그 은혜를 받고, 성인이 큰 군대를 발동하면 만물은 모두 심복(心服)합니다.

　성인의 덕은 진실로 위대합니다. 성인만이 보통 사람에게는 들리지도 않고 보이지도 않는 것을 홀로 듣고 볼 수가 있는 것이니 진실로 즐거운 일입니다."

　　文王在酆 召太公曰 嗚呼 商王虐極 罪殺不辜 公尙[1]助予憂民 如何
　　太公曰 王其修德 以下賢惠民 以觀天道 天道無殃 不可先倡 人道無災 不可先謀 必見天殃 又見人災 乃可以謀 必見其陽 又見其陰 乃知其心 必見其外 又見其內 乃知其意 必見其疏 又見其親 乃知其情
　　行其道 道可致也 從其門 門可入也 立其禮 禮可成也 爭其強 強可勝也 全勝不鬪 大兵無創 與鬼神通 微哉微哉 與人同病相救 同情相成 同惡相助 同好相趣 故無甲兵而勝 無衝機[2]而攻 無溝塹而守
　　大智不智 大謀不謀 大勇不勇 大利不利 利天下者 天下啓之 害天下者 天下閉之 天下者 非一人之天下 乃天下之天下也 取天下者 若逐野獸 而天下皆有分肉之心 若同舟而濟 濟則皆同其利 敗則皆同其害 然則皆有以啓之

無有閉之也
　無取於民者 取民者也 無取民者民利之 無取國者國利之 無取天下者天下利之 故道在不可見 事在不可聞 勝在不可知 微哉微哉 鷙鳥將擊 卑飛斂翼 猛獸將搏 弭耳俯伏 聖有將動 必有愚色
　今彼有商 衆口相惑 紛紛渺渺 好色無極 此亡國之徵也 吾觀其野 草菅勝穀 吾觀其衆 邪曲勝直 吾觀其吏 暴虐殘賊 敗法亂刑 上下不覺 此亡國之時也
　大明發而萬物皆照 大義發而萬物皆利 大兵發而萬物皆服 大哉 聖人之德 獨聞獨見 樂哉

1) 公尙(공상) : 태공망(太公望) 여상(呂尙)의 경칭(敬稱).
2) 衝機(충기) : 충(衝)은 충거(衝車), 곧 적의 성이나 진지를 공격하는 전차(戰車)요, 기(機)는 노(弩), 곧 쇠뇌를 발사하는 장치가 되어 있는 부분으로 아울러 병기(兵器)를 뜻한다.

〔문왕이 풍(酆)에 있어 태공을 불러 가로되 오호(嗚呼)라. 상왕(商王)이 학극(虐極)하여 불고(不辜)를 죄살(罪殺)하나니 공상(公尙)은 나를 도와 민성을 근심함이 어떠하오. 태공이 가로되 왕은 덕을 닦으셔 써 어진이에 아래하시고 민에 은혜롭게 하여 써 천도를 보하소서. 천도는 앙이 없으면 가히 먼저 창(倡)하지 말고 인도(人道)는 재앙이 없으면 가히 먼저 꾀하지 마소서. 반드시 천앙을 보고 또 인재(人災)를 보아 이에 가히 써 꾀하소서. 반드시 그 양을 보고 또 음을 보아야 이에 그 인심을 알며 반드시 그 밖을 보고 또 그 안을 보아야 그 뜻을 알 것이며 반드시 그 소원한 것을 보고 또 그 친함을 보아야 이에 그 진정을 알 것입니다. 그 도를 행하면 도가 가히 이르고 그 문(門)을 따르면 문으로 가히 들어가고 그 예가 서면 예를 가히 이루고 그 강(强)을 다투면 강함이 가히 이기는 것이라. 전승(全勝)은 싸우지 않고 대병(大兵)을 창(創)함이 없는지라. 귀신으로 더불어 통하나니 미묘하고 미묘한 것이라.

사람으로 더불어 동병상구(同病相救)하며 동정상성(同情相成)하며 동악은 상조(相助)하며 동호는 상추(相趨)라. 고로 갑병(甲兵)이 없고 승리하며 충기(衝機)가 없이 공격하며 구참(溝塹)이 없이 지키는지라. 대지(大智)는 지(智)가 아니요, 대모(大謀)는 모가 아니요, 대용(大勇)은 용이 아니요, 대리(大利)는 이가 아니니 천하를 이롭게 하는 자는 천하를 열고 천하를 해치는 자는 천하를 닫나이다. 천하라는 것은 1인의 천하가 아니요, 이에 천하의 천하라. 천하를 취하는 자는 야수(野獸)를 쫓는 것과 같아 천하가 다 고기를 나누어 가지려는 마음을 두며 한 배에 타고 건너는 것 같아 건너면 다 그 이익을 한 가지로 하고 실패하면 다 그 해로움을 한 가지로 하나니 그러한즉 모두 열려고 함이 있고 써 닫으려고 함이 있지 않나이다.

백성에게 취함이 없는 자는 백성을 취하는 자니 백성에게 취함이 없는 자는 백성이 이롭다 하고 나라를 취함이 없는 자는 국(國)이 이롭다 하고 천하를 취함이 없는 자는 천하가 이롭다 하는지라. 고로 도는 가히 보지 못하는데 있고 일은 가히 듣지 못하는데 있고 승리는 가히 알지 못하는데 있으니 미묘하고 미묘하도다. 지조(鷙鳥)가 장차 칠 때 낮게 날아 날개를 거두고 맹수가 장차 덮칠 때에는 귀를 내리고 엎드리고 성인이 장차 움직임에는 반드시 우색(愚色)이 있나이다.

이에 저 상(商)이 중구(衆口)가 서로 의혹하여 분분묘묘(紛紛渺渺)하며 호색하고 극이 없나니 이는 망국의 증거라. 내 그들을 보니 초관(草菅)이 곡식을 이기고 내 그 무리를 보니 사곡(邪曲)이 곧은 것을 이기고 내 그 관리를 보니 포악하고 잔적(殘賊)하며 패법(敗法)하고 난형(亂刑)한데 상하가 깨닫지 못하나니 이는 망국의 때라. 대명(大明)이 발하면 만물이 다 비치고 대의(大義)가 발하면 만물이 다 이롭고 대병(大兵)이 발하면 만물이 다 복종하니 크다. 성인의 덕이여. 홀로 듣고 홀로 봄이니 낙(樂)한 것이라.〕

제14장 문덕을 열다(文啓第十四)

가. 무엇을 지켜야 합니까.
문왕이 태공에게 자문하기를
"성인은 무엇을 지켜야 합니까."
하니, 태공이 말했다.
"성인에게는 아무런 근심거리도 아까워할 것도 없습니다. 무엇을 얻고자 생각하지 않아도 만물이 다 저절로 얻어지는 것입니다. 만물이 저절로 모여드는데 무엇을 아까워하고 무슨 근심이 있겠습니까. 성인이 정치를 시행함으로써 덕의 은혜를 받은 사람들은 언제인지 모르게 감화되어 있으면서도 자기 자신은 그것을 의식하지 못하는 것입니다. 그것은 마치 네 계절이 어느 사이에 바뀌었는데도 그것을 의식하지 못하는 것과도 같은 것입니다. 성인이 이 자연의 도를 지키고 있는 것으로서 만물은 감화를 받는 것입니다. 성인의 도에는 궁극(窮極)이라는 것이 없습니다. 네 계절이 한 계절이 끝나면 어느새 또 다른 계절이 시작되는 것처럼 돌고 돌아 멈추는 일이 없기 때문입니다.

유연(悠然)하고 서서히 하며, 반복하고 반복하여 계속 구하는 것입니다. 구하여 얻으면 깊이 마음에 거두어 들이는 것은 물론입니다만, 마음에 거두어 들이면 반드시 실행에 옮기지 않으면 안 됩니다. 그리고 실행에 옮기더라도 그것을 자랑하여 세상에 알려서는 안 되는 것입니다. 천지는 만물을 생육(生育)하면서도 그 공을 스스로 밝히지 않으므로 만물이 깊이 자라날 수 있는 것입니다.

성인도 스스로 그 공덕(功德)을 밝히지 않으므로 해서 그 명성이 저절로 드러나는 것입니다.
 고대의 성인은 사람을 모아 집을 이루게 하고, 집을 모아 국가를 만들고, 국가를 모아 천하를 열었습니다만, 다시 분할하여 현인(賢人)에게 봉하여 만국(萬國) 제후(諸侯)의 제도를 정하였습니다. 이 봉건제도를 천하의 큰 기강(紀綱)이라고 하는 것입니다.
 정치와 교육을 보급하고, 민속의 풍습에 순응하여 개혁을 진행시켰으므로, 많은 사악한 것들이 정직해져 얼굴의 모습마저 바뀌었습니다. 만국의 백성들은 서로 오고가는 일이 없이, 각각 마음으로부터 즐겨 그 나라에 살면서 그 지방의 상관을 친애하게 되었습니다. 이것을 큰 안정(安定)이라고 합니다.
 아아, 성인은 민생을 안정시키는 데 힘쓰고, 현인도 민심을 정직하게 하는 데 힘씁니다. 그러나 후세(後世)의 어리석은 군주는 민심을 바로잡을 수가 없으므로 힘에 의하여 남과 다툴 뿐입니다.
 위에 있는 사람이 그 마음의 피로에 견딜 수 없게 되어 정치를 등한히 하게 되면 형벌이 번거로워지고 많아집니다. 형벌이 번거롭고 많아지면 백성은 근심과 괴로움이 생길뿐입니다. 근심스럽고 괴로워지면 백성은 그것을 피해 유랑하거나 도망합니다. 이렇게 되면 위에 있는 사람이나 아랫사람이 다 그 생업(生業)에 편안히 있을 수 없게 되어, 안심하고 휴식을 취할 수조차 없게 됩니다. 이것을 바로 큰 실정(失政)이라고 합니다.
 천하의 백성들은 마치 흐르는 물과 같은 존재입니다. 흐르는 것을 막으면 멈추어 흐르지 않고, 장애물을 치워 버리면 다시 흐르고, 휘젓지 않고 가만히 놓아 두면 물이 맑아집니다. 곧 윗자리에 있는 사람의 지도하는 방법에 따르는 것입니다. 얼마나 신묘한 일입니까. 성인은 그 시작을 보면 그 끝이 어떻게 될 것인가를 미리 알아 대처할 수가 있는 것입니다."
　문왕이 또 묻기를
"백성을 안정시키려면 어떻게 해야 합니까."
하니, 태공이 말하기를
"하늘에는 일정불변(一定不變)의 원칙이 있습니다. 백성에게도 일정불변하는 생활이 있습니다. 군주가 공평무사(公平無私)한 하늘의 법칙에 따라 만백성과 함께 생업을 영위하듯이 마음을 쓰면 천하는 안정이 됩니다. 최상의 정치는 만백성이 있는 그대로의 상태로 태평한 정치를 이루는 것입니다. 그 다음으로 백성을 교화하여 다스리는 일입니다. 백성은 교화되어 정치에 따르는 것입니다. 그런 까닭에 하늘은 무위자연(無爲自然)이면서 정사(政事)를 성취합니다. 백성은 저절로 얻어지는 것 밖에 아무것도 주지 않아도 저절로 부유해지는 것입니다. 이런 것이야말로 성인의 덕이라고 하는 것입니다."
　하니, 이 이야기를 듣고 문왕이 말했다.
"공의 말은 나의 생각과 꼭 들어맞습니다. 밤낮으로 이것을 마음에 두어 잊지 않고, 천하를 다스리는 불변의 도로 이용할 것입니다."

　　文王問太公曰　聖人何守　太公曰　何憂何嗇　萬物皆得　何嗇何憂　萬物皆遒　政之所施　莫知其化　時之所行　莫知其移　聖人守此而萬物化　何窮之有　終而復始　優而游之　展轉求之　求而得之　不可不藏　旣已藏　不可不行　旣以行之　勿復明之　夫天地不自明　故能長生　聖人不自明　故能名彰
　　古之聖人　聚人而爲家　聚家而爲國　聚國而爲天下　分封[1] 賢人　以爲萬國　命之曰大紀　陳其政敎　順其民俗　群曲化直　變於形容　萬國不通　各樂其所　人愛其上　命之曰大定

嗚呼 聖人務靜之 賢人務正之 愚人不能正 故與人爭 上
勞則刑繁 刑繁則民憂 民憂則流亡 上下不安其生 累世不
休 命之曰大失

天下之人 如流水 障之則止 啓之則行 靜之則淸 嗚呼
神哉 聖人見其始 則知其終

文王曰 靜之奈何 太公曰 天有常形[2] 民有常生[3] 與天
下共其生 而天下靜矣 太上[4]因之 其次化之 夫民化而從
政 是以天無爲而成事 民無與而自富 此聖人之德也 文王
曰 公言 乃協予懷[5] 夙夜念之不忘 以用爲常

1) 分封(분봉) : 영토를 나누어 제후로 봉함.
2) 常形(상형) : 떳떳한 모습. 곧 불변의 법칙.
3) 常生(상생) : 떳떳한 생활. 일상생활.
4) 太上(태상) : 절정에 이른 정치.
5) 協予懷(협여회) : 자신의 뜻과 일치함.

〔문왕이 태공에게 물어 가로되 성인이 어떤 것을 지키오. 태공
이 가로되 무엇을 근심하고 무엇을 아끼리오. 만물이 다 얻는 것이
니 무엇을 아끼고 무엇을 근심하리오. 만물이 다 따르는지라 정사
의 베푸는 바에 그 변화를 앎이 없고 때의 행하는 바에 그 옮김을
앎이 없는지라. 성인이 이를 지켜 만물로 화하나니 무엇이 궁함이
있으리오. 종(終)하면 다시 비롯되는 것이니이다.

넉넉하면 유(游)하며 전전(展轉)하여 구하며 구하여 얻으면 가
히 감추지 아니치 못하며 이미 감추면 가히 행하지 아니치 못하며
이미 행하면 다시 밝히지 말 것이라. 대저 천지가 스스로 밝지 아
니한 것으로 능히 오래 생하고 성인은 스스로 밝지 아니한 것으로
능히 이름이 빛나는 것이니이다.

옛날의 성인은 사람을 모아 집을 삼고 집을 모아 나라를 삼고
나라를 모아 천하를 삼아 현인(賢人)을 분봉(分封)하여 만국(萬
國)을 삼아 명하여 대기(大紀)라 합니다. 그 정치와 교육을 베풀고
그 민속(民俗)을 순하게 하여 모든 굽은 것이 곧게 변화하여 형용

(形容)이 변하고 만국이 통하지 않아 각각 그 곳에서 즐기고 사람들이 그 위를 사랑하여 명하여 이르기를 대정(大定)이라 합니다.

오호라. 성인은 고요함을 힘쓰고 현인은 바른 것을 힘쓰고 우인(愚人)은 바른 것에 능하지 못한지라. 고로 사람과 더불어 다투나니 상이 수고로우면 형벌이 번성하고 형벌이 번성하면 백성이 근심하고 백성이 근심하면 망(亡)으로 흐르고 상하가 그 삶에 불안하여 누세(累世) 동안 쉬지 못하니 명하여 이르기를 대실(大失)이라 합니다. 천하의 사람은 흐르는 물과 같아 막으면 그치고 열어놓으면 행하고 고요하면 맑게 되나니 오호라. 신성하다. 성인이 그 시(始)를 보면 그 종(終)을 아는 것입니다.

문왕이 가로되 고요케 하려면 어찌해야 하오. 태공이 가로되 천(天)은 상형(常形)이 있고 백성은 상생(常生)이 있으니 천하로 더불어 그 생을 한 가지로 하면 천하가 정(靜)합니다. 태상(太上)은 인(因)하고 그 다음은 화(化)하나니 대저 민이 화하면 정(政)이 따르는지라. 이로써 천(天)은 무위(無爲)로 일을 이루고 민은 무여(無與)로 스스로 부(富)하나니 이는 성인(聖人)의 덕입니다. 문왕이 가로되 공(公)의 말은 이에 나의 생각과 같습니다. 숙야(夙夜)로 잊지 않고 생각하여 써 떳떳함으로 쓰겠습니다.]

제15장 문덕으로 정벌함(文伐第十五)

가. 무력을 쓰지 않고 적을 정벌하는 법
　문왕이 태공에게 자문하기를
　"무력을 쓰지 않고 문덕(文德)에 의해 적을 치는 방법은 어떻게 하는 것이 좋습니까."
　하니, 태공이 말했다.
　"문덕에 의해 적을 토벌하는데는 12가지 방법이 있습

니다.
 첫째 적의 군주가 좋아하고 바라는 대로 그의 뜻에 순종하여 다투는 일이 없으면 그는 반드시 교만한 마음이 생겨 더욱 자신이 좋아하는 것에 탐닉하게 되어 흉한 일이 있을 것입니다. 그의 성향(性向)을 이용하여 계략을 꾸며 치면 반드시 적을 제거할 수 있을 것입니다.
 둘째 적 군주가 총애하는 신하를 가까이 하여 친하게 지내면서 그 신하의 위세와 권력을 군주와 양분시켜 총애받는 신하가 두 마음을 품게 하면, 그 나라는 반드시 쇠약해질 것이며 조정에는 충신이 없게 될 것이니, 그 나라는 반드시 위태로워지는 것입니다.
 셋째 비밀리에 적 군주의 측근 신하에게 뇌물을 주어 그의 마음을 매수해 두면, 그의 몸은 적국(敵國) 안에 있으면서 마음은 우리 나라로 기울고 있을 것이므로, 그 나라에는 반드시 해로운 일이 생겨 망할 것입니다.
 넷째 적국의 군주로 하여금 음란한 짓을 좋아하게 조장하여 그 정욕(情慾)을 더하도록 많은 주옥(珠玉)을 보내고, 미인을 바쳐 정치를 잊도록 하며, 말씨를 정중하게 하여 거스르지 말며, 하라는 대로 따라 주면 그는 싸울 것도 없이 스스로 멸망의 악운(惡運)을 부를 것입니다.
 다섯째 사자로 온 적국의 충신(忠臣)을 후하게 대우하며 그 군주에게 보낼 예물은 도리어 적게 함으로써 군주로 하여금 충신이 예물을 빼돌리지 않았나 하는 의심을 품게 하고, 그 사자를 되도록 오래 머물러 있게 하여 돌려 보내지 않으며 짐짓 그의 제의를 들어주지 않고 적국의 군주로 하여금 사자를 무능하다고 여기게 합니다. 그리하여 다른 사자를 속히 파견하도록 하며 새사자에게는 이쪽의 성의를 전하도록 하여 친밀하고도 신의가 있는듯이 보이면, 적국의 군주는 더욱 먼저 보낸 사자를 의심하고 새로운 사자를 신임하게 될 것입니다. 이와 같이 적의 충신을 후하게 대우하면서 우리의 계략에 빠지게 할 수 있다면, 계략으로 적국을 차지할 수 있는 것입니다.

여섯째 적국의 내신(內臣)을 매수하여 회유하고, 외신(外臣)을 이간시켜, 재능과 지혜가 있는 관리는 밖에 있으면서 비밀리에 우리 나라를 돕게 해 적국을 내부로부터 침략한다면 멸망하지 않는 나라가 없습니다.

일곱째로 적국 군주의 마음을 사로잡아 움직이지 못하게 하고자 하면, 후한 뇌물을 보내 그 충군애국(忠君愛國)하는 측근 신하를 비밀리에 이(利)로써 매수하여, 그들이 각자 그 본업을 가벼이 여기게 하고, 나아가 그들의 축적(蓄積)마저도 다 없애게 하는 것입니다.

여덟째 적에게 국가의 중요한 보물을 예물로 보내 그것으로 그와 서로 계략을 통하고 계략으로는 그에게 이익을 주는 듯이 합니다. 이익을 주는 듯이 하면 그는 반드시 이쪽을 믿습니다. 이것을 친밀을 쌓는 것이라고 합니다. 이러한 친밀이 쌓이고 거듭되면 그는 반드시 우리를 위하여 움직이게 됩니다. 한 국가를 소유하는 군주이면서 외국을 위해 마음을 기울이게 된다면, 그 나라는 반드시 패망할 것입니다.

아홉째 적국의 군주를 허영과 허명(虛名)으로 치켜세움으로써 안심시키고, 그 위세의 광대(廣大)함을 들려 주면서 그의 마음에 들도록 순종한다면, 그는 반드시 우리를 믿을 것입니다. 그의 허영과 허명을 치켜세워 교만한 마음을 일으키게 하고, 얼마만큼 자기를 성인인 듯이 생각하도록 하면, 그는 나라의 정사를 게을리하여 점차로 쇠망의 길을 걷게 될 것입니다.

열번째로 그에게 몸을 낮춰 겸손함으로 신용을 얻고, 다시 그의 마음을 얻어, 모든 일을 그의 뜻에 따라 순응하여 생사를 함께 하려는 사람으로 생각하게 만듭니다. 신용을 획득했으면 그가 깨닫지 못하도록 비밀리에 적국

제 2 편 무도(武韜) 75

을 빼앗을 계략을 짜놓고 기다리는 것입니다. 그리하여 때가 오면 하늘이 그를 멸망시킨 것처럼 하여, 우리의 힘을 수고롭게 하는 일도 없이 하늘이 적을 쓰러뜨릴 수 있는 것입니다.
 열한번째로는 적국의 군주를 속박하여 적을 치는 것입니다. 남의 신하된 자는 누구나 부귀를 중히 여기고, 죽음과 재난을 싫어하지 않는 자가 없습니다.
 이같은 약점을 이용하여 비밀리에 그와 같은 신하에게 존귀한 미끼를 보이고 남모르게 많은 보배를 보내 그 나라의 호걸들과 친해 두는 것입니다. 그리고 국내의 저축이 충분하더라도 외국에게는 퍽 궁핍한 것처럼 보여 적을 안심시키고, 그동안에 슬그머니 지모(智謀) 있는 사람을 보내 모략을 꾸미게 하고, 용사(勇士)를 보내 적의 기풍(氣風)을 고만(高慢)하게 만드는 것입니다. 적의 호걸이 항상 호화롭게 지내기에 충분한 부귀에 만족하게 된다면, 적국 안에 우리와 한패가 되는 무리가 있는 것이 됩니다. 이것을 적을 막히게 하는 것이라 합니다. 한 국가의 군주임에도 불구하고 이와 같이 막혀 버린다면 어떻게 국가를 보전해 가겠습니까.
 열두번째 적국의 난신(亂臣)을 양성하여 그 군주의 마음을 미혹되게 하고, 미인이나 음란한 음악을 진헌(進獻)하여 그 군주의 마음을 어지럽게 하고, 좋은 개와 좋은 말을 보내 노는 것과 사냥하기에 지치게 하고, 때로는 권세와 위력을 갖도록 하여 적이 안심하도록 유도해 두었다가, 위로는 천시(天時)의 도래(到來)를 살피고 아래로는 천하의 모든 사람과 한뜻이 되어 적 토벌을 도모하는 것입니다.
 이상의 12가지 방법이 충분히 갖추어진 뒤에 비로소 무력을 사용합니다. 곧 위로 천시(天時)를 살피고, 아래로 지리(地利)를 살펴 적이 멸망할 조짐이 분명하게 나타난 뒤에 토벌하면, 반드시 적을 멸망시킬 수 있습니다."

　　　　文王問太公曰 文伐之法奈何 太公曰 凡文伐有十二節
　　　　一曰 因其所喜 以順其志 彼將生驕 必有奸事 苟能因之 必能去之
　　　　二曰 親其所愛 以分其威 一人兩心 其中必衰 廷無忠臣 社稷¹⁾必危
　　　　三曰 陰賂左右 得情甚深 身內情外 國將生害
　　　　四曰 輔其淫樂 以廣其志 厚賂珠玉 娛以美人 卑辭委聽 順命而合 彼將不爭 奸節乃定
　　　　五曰 嚴其忠臣 而薄其賂 稽留²⁾其使 勿聽其事 亟爲置代 遺以誠事 親而信之 其君將復合之 苟能嚴之 國乃可謀
　　　　六曰 收其內 間其外 才臣外相 敵國內侵 國鮮不亡
　　　　七曰 欲錮其心 必厚賂之 收其左右忠愛 陰示以利 令之輕業 而蓄積空虛
　　　　八曰 賂以重寶 因與之謀 謀而利之 利之必信 是謂重親 重親之積 必爲我用 有國而外 其地必敗
　　　　九曰 尊之以名 無難其身 示以大勢 從之必信 致其大尊 先爲之榮 微飾聖人 國乃大偸³⁾
　　　　十曰 下之必信 以得其情 承意應事 如與同生 旣以得之 乃微收之 時及將至 若天喪之
　　　　十一曰 塞之以道 人臣無不重貴與富 惡危與咎 陰示大尊 而微輸⁴⁾重寶 收其豪傑 內積甚厚 而外爲乏 陰內智士 使圖其計 納勇士 使高其氣 富貴甚足 而常有繁滋 徒黨已具 是謂塞之 有國而塞 安能有國
　　　　十二曰 養其亂臣以迷之 進美女淫聲以惑之 遺良犬馬以勞之 時與大勢以誘之 上察而與天下圖之
　　　　十二節備 乃成武事 所謂上察天 下察地 徵已見 乃伐之

1) 社稷(사직) : 사(社)는 토지의 신, 직(稷)은 곡식의 신. 고대의 천자(天子)나 제후(諸侯)는 이 두 신을 궁전의 오른쪽에, 종묘(宗廟)를 왼쪽에 모시고 제사를 지냈다. 뒤에 사직의 뜻이 전하여 국가의 뜻을 나타낸다.
2) 稽留(계류) : 오래 머물도록 하다.
3) 偷(투) : 안락에 탐닉하여 정치를 등한히 하는 것.
4) 微輸(미수) : 은밀히 남몰래 보내 주는 것.

〔문왕이 태공에게 물어 가로되 문벌(文伐)의 법은 어떠하오. 태공이 가로되 무릇 문벌(文伐)이 12절이 있으니 첫째는 그 기뻐하는 바로 인하여 써 그 뜻을 순히 하면 저가 장차 교만을 낳아 반드시 간사(奸事)가 있으리니 진실로 능히 인하면 반드시 능히 거(去)할 수 있습니다.

둘째는 그 사랑하는 바를 친하여 써 그 위엄을 나누는 것이니 인이 두 마음이면 그 중(中)이 반드시 쇠하고 조정에 충신이 없으면 사직이 반드시 위태합니다.

셋째는 음(陰)으로 좌우에 뇌물을 주어 뜻을 얻는 것을 심심(甚深)케 함이니 몸은 안에, 정은 밖에 하면 나라에 장차 재앙이 생할 것입니다.

넷째는 그 음악(淫樂)을 보(輔)하여 써 그 뜻을 광(廣)하고 후히 주옥(珠玉)을 뇌물로 주고 써 미인으로 즐겁게 하고 말을 낮추고 자세히 들으며 명을 따라 합하면 저쪽이 장차 싸우지 않아 간절(奸節)이 이에 정해질 것입니다.

다섯째는 그 충신을 엄숙하게 하고 그 뇌물은 박하게 하며 그 사신을 계류(稽留)하고 그 일을 듣지 말며 빨리 대치(代置)하고 성사(誠事)로써 유(遺)하며 친하고 믿게 하면 그 군(君)이 장차 부합하리니 진실로 능히 엄하면 나라를 이에 가히 도모할 것입니다.

여섯째는 그 내(內)를 수(收)하고 그 밖을 간(間)하며 재주있는 신하는 밖으로 도와 적국(敵國)을 안으로 침범하면 나라가 망하지 않을 것이 드뭅니다.

일곱째는 그 마음을 막고자 할진대 반드시 후히 뇌물하고 그 좌우의 충애(忠愛)를 거두며 음(陰)으로 써 이로움을 보이고 경업(輕業)하도록 명하여 축적이 공허하도록 합니다.

여덟째는 중보(重寶)로써 뇌물하여 인하여 더불어 꾀하고 꾀하여 이롭게 하나니 이롭게 하면 반드시 믿을 것이니 이를 중친(中親)이라 합니다. 중친의 쌓임은 반드시 나의 소용이 되리니 나라가 있어 밖에 하면 그 땅은 반드시 패할 것입니다.

아홉째는 높이되 이름으로 써 하여 그의 몸은 어지러움이 없고 보이되 대세(大勢)로써 하여 좇으면 반드시 믿어 그 대존(大尊)을 이루고 먼저 영화롭게 하여 성인으로 꾸미면 나라는 이에 대투(大偸)할 것입니다.

열번째는 아래하여 반드시 믿게 하여 써 그 정을 얻고 뜻을 이어 일에 응하여 더불어 동생(同生)함 같이 하고 이미 써 얻었거든 이에 거둘 것이니 때에 미쳐 장차 이르면 하늘이 상(喪)하는 것과 같습니다.

열한번째는 색(塞)의 도로써 하니 인신(人臣)이 귀와 부를 중히 여기지 아니치 못하고 위태함과 허물을 미워하고 음(陰)으로 대존(大尊)을 보이고 은밀히 중보(重寶)를 보내 그 호걸을 거둡니다. 안으로 심히 두텁게 쌓았으나 밖으로 핍(乏)하고 음으로 지사(智士)를 받아들여 하여금 그 계(計)를 도모하고 용사를 받아들여 하여금 그 기세를 높이는지라. 부귀가 심히 족하고 항상 번자(繁滋)함이 있으면 도당이 이미 갖추니 이것을 이른 색(塞)이라 한다. 나라를 두었어도 막힌다면 어찌 능히 나라가 있겠습니까.

열두번째는 그 난신(亂臣)을 길러 써 미혹하고 미녀와 음란한 음악을 진상하여 써 유혹하고 좋은 개와 말을 보내 써 수고롭게 하고 때에는 대세(大勢)로써 유혹하여 위를 살펴 천하와 더불어 도모하나니 12절이 갖춰져 이에 무사(武事)가 이루어지나니 이른바 위로 하늘을 살피며 아래로 땅을 살펴 미세한 징조가 이미 나타나면 이에 치는 것입니다.〕

제16장 순응하여 계발함(順啓第十六)

가. 천하를 포용할 수 있는 사람은
문왕이 태공에게 자문하기를
"어떻게 하면 천하를 다스릴 수 있겠습니까."
하니, 태공이 말했다.
"천하를 가리기에 족할 만큼 광대한 도량(度量)이 있어야 비로소 천하를 포용할 수 있습니다. 천하를 가리기에 족할 만큼의 광대한 신의(信義)가 있어야 비로소 천하를 약속받을 수 있습니다. 천하를 가리기에 족할 만큼 광대한 인애(仁愛)가 있어야 비로소 천하를 회유할 수 있습니다. 천하를 가리기에 족할 만큼 광대한 은혜를 베풀어야 비로소 천하를 보전할 수 있습니다. 천하를 가리기에 족할 만큼 광대한 권력이 있어야 비로소 천하를 잃지 않을 수 있습니다. 정사(政事)를 실행함에 있어 의혹하는 일이 없이 과단성 있게 하면, 하늘의 운행도, 때의 변화도, 그의 신념을 동요시킬 수가 없습니다. 도량(度量)·신의(信義)·인애(仁愛)·은혜(恩惠)·권력(權力)·신념(信念)의 이 여섯 가지가 완전히 갖추어져야 비로소 천하를 다스릴 수 있는 것입니다.

그런 까닭에 천하의 백성에게 이로움을 주는 것은 백성이 나아갈 길을 열어 주는 일이고, 천하의 백성에게 해로움을 주는 것은 백성들이 나아갈 길을 막는 일입니다.

천하의 백성을 살리는 것은 백성들이 그 혜택에 감사하게 하는 것이고, 천하의 백성을 죽이고자 하는 것은 백성들이 모두 도적이 되어 반항하게 하는 것입니다. 천하

백성의 의지를 관철시켜 주고자 하는 것은 백성들이 모두 그의 의지를 수행하도록 해주는 일이고, 천하의 백성을 곤궁하게 해주는 것은 백성들이 모두 원수로 삼게 하는 일입니다. 천하 백성을 편안하게 해주는 것은 백성들이 모두 의지하여 마음을 붙이게 하는 것이지만, 천하의 백성을 위험한 상태로 내버려 두는 것은 백성들이 모두 재해(災害)를 피해 멀리 물러나게 하는 것입니다. 천하는 한 사람의 사유물(私有物)이 아닙니다. 성덕(聖德)을 갖춘 사람만이 영원히 그 지위를 유지할 수 있는 것입니다."

　　文王問太公曰 何如而可爲天下 太公曰 大蓋天下 然後能容天下 信蓋天下 然後能約天下 仁蓋天下 然後能懷天下 恩蓋天下 然後能保天下 權蓋天下 然後能不失天下 事而不疑 則天運不能移 時變不能遷 此六者備 然後可以爲天下政
　　故利天下者 天下啓之 害天下者 天下閉之 生天下者 天下德之 殺天下者 天下賊之 徹天下者 天下通之 窮天下者 天下仇之 安天下者 天下恃之 危天下者 天下災之 天下者 非一人之天下 惟有道者處之

〔문왕이 태공에게 물어 가로되 어떠해야 가히 천하를 위하는 것이오. 태공이 가로되 큰 것이 천하를 덮은 연후에 능히 천하를 포용하고 신(信)이 천하를 덮은 연후에 능히 천하를 약(約)하고 인(仁)이 천하를 덮은 연후에 능히 천하를 회(懷)하고 은(恩)이 천하를 덮은 연후에 능히 천하를 보(保)하고 권(權)이 천하를 덮은 연후에 능히 천하를 잃지 않나니 일하되 의심하지 아니하면 천운(天運)이 능히 옮기지 않고 시변(時變)이 능히 옮기지 않나니 이 여섯 가지가 갖춰진 연후에 가히 써 천하 정(政)이라.
　　고로 천하를 이(利)한 자는 천하가 계(啓)하고 천하를 해한 자는 천하가 폐(閉)하고 천하를 생(生)한 자는 천하가 덕을 하고 천하를 살(殺)한 자는 천하가 적(賊)으로 하고 천하를 철(徹)한 자는 천하가 통(通)하고 천하를 궁(窮)한 자는 천하가 구(仇)로 하고 천하를 편안하게 한 자는 천하가 시(恃)로 하고 천하를 위(危)한 자는 천하가 재앙으로 한 것이라. 천하라는 것은 1인의 천하가 아니요, 오직 도(道)가 있는 자라야 처(處)할 것입니다.]

제17장 세 가지 의문점(三疑第十七)

가. 세 가지의 의문점이란
 무왕(武王)이 태공에게 자문하기를
 "나는 천하를 평정(平定)하는 공훈을 세우고자 하는데, 세 가지 의문점이 있습니다. 곧 나의 힘이 모자라서 강한 적을 공격할 수가 없고, 적의 군신(君臣) 사이의 친밀함을 이간시킬 수가 없으며, 적의 백성들을 분산시킬 수가 없는 것이 아닌가 하는 의심을 품고 있습니다. 어찌하면 좋겠습니까."
 하니, 태공이 말했다.
 "그런 까닭으로 도리어 적을 안심시키며, 우리쪽의 계략은 신중히 하여 새나가지 않게 하고, 재화(財貨)는 아끼지 말고 뇌물(賂物)로 써야 합니다. 강한 적을 공격하는 데에는 반드시 먼저 적의 힘을 더욱 강대해지도록 하여 세력을 더욱 확장하게 하는 것입니다. 지나치게 강하면 반드시 꺾어지고, 지나치게 확장되면 반드시 줄어드는 데가 있게 마련입니다. 강적을 공격하는 데에는 그 상대의 강함을 역으로 이용하고, 친밀한 신하를 이간시키는 데에는 그 친밀함을 역으로 이용하며, 그 백성들을 분산시키는 데에는 그 많음을 역으로 이용하는 것입니다.
 계략이란 용의주도하고도 비밀로 하는 것이 가장 중요합니다. 그러면서 짐짓 일을 벌여서 이익됨을 내세워 낚으면 반드시 다툴 마음이 생기는 것입니다.
 군주의 신하에 대한 친밀한 마음을 이간시키고자 하면, 군주가 총애하는 사람에게 접근해 그들이 바라는 것을 주고, 또 이익됨을 내세워 유인하는 데에 따라 군신간의 사이를 멀게 하여 서로의 뜻이 잘 통하지 않도록 하는 것입니다. 그리고 그가 이익을 탐하여 기뻐하는 나머지 군주에 대한 일을 잊어버리는 듯하면 대왕의 의심스러워하는 생각은 어느새 제거된 것입니다.
 모든 적을 공격하는 방법은 반드시 먼저 적의 눈을 어둡게 하고 나서 적의 급소(急所)를 공격하여 백성의 재해(災害)를 제거하는 것입니다. 그렇게 하는 데는 여색에 빠지게 하고, 이익으로 유혹하고, 맛있는 음식을 제공해 양생(養生)을 생각하게 하고, 풍악을 즐기는 데에 빠지게 하는 것입니다. 군주와 신하의 신뢰관계를 끊어놓고 백성을 소원(疏遠)하게 하되 이런 계략은 결코 적이 깨닫도록 해서는 안 됩니다. 적을 이쪽의 술수(術數) 속에 빠지게 하면서도 조금도 의식하지 못하게 하면 그것은 성공입니다.
 그리고 적국의 백성에게는 아낌없이 재물을 베풀어서 은의(恩義)를 입게 합니다. 백성은 말하자면 소나 말같은 존재입니다. 때때로 먹을 것을 주어 귀여워하십시오.
 마음이 지혜로워지는 길을 계발(啓發)하고, 지혜가 재산을 얻는 길을 열고, 재산이 백성을 모여들게 하는 길을 열고, 많은 백성이 현자(賢者)를 발견하는 길을 열고, 현자가 천하의 왕자(王者)가 되는 길을 열어 주는 것입니다."

武王問太公曰 予欲立功 有三疑 恐力不能攻强 離親
散衆 爲之奈何 太公曰 因之 愼謀 用財 夫攻强 必養之
使强 益之使張 太强必折 太張必缺 攻强以强 離親以親
散衆以衆
　　凡謀之道 周密爲寶 設之以事 玩之以利 爭心必起
　　欲離其親 因其所愛 與其寵人 與之所欲 示之所利 因
以疏之 無使得志 彼貪利甚喜 遺疑乃止
　　凡攻之道 必先塞其明 而後攻其强 毁其大 除民之害
淫之以色 啗之以利 養之以味 娛之以樂 旣離其親 必使
遠民 勿使知謀 扶而納之 莫覺其意 然後可成
　　惠施於民 必無愛財 民如牛馬 數餧食之 從而愛之
　　心以啓智 智以啓財 財以啓衆 衆以啓賢 賢之有啓 以
王天下

〔무왕이 태공에게 물어 가로되 내 입공(立功)하고자 하되 삼의(三疑)가 있습니다. 힘으로 굳센 것을 공격하고 친함을 멀리하며 무리를 해산하는데 능하지 못할 것을 두려워하나니 어떻게 해야 하오. 태공이 가로되 인하여 꾀를 삼가하고 재물을 씀이니 대저 굳센 것을 공격할진댄 반드시 길러서 강하게 해야 하고 더하여 하여금 확장함이니 태강(太强)은 반드시 절(折)하고 태장(太張)은 반드시 결(缺)함이니 강을 공(攻)하되 강으로써 하고 친을 멀리하되 친함으로써 하고 무리를 흩으되 무리로써 하는 것입니다. 무릇 모(謀)의 도는 주밀(周密)이 보(寶)가 되니 설(設)함을 일로써 하며 완(玩)함을 이로움으로써 하면 쟁심(爭心)이 반드시 일어나는지라. 그 친함을 멀리하고자 할진댄 그 사랑하는 바와 다만 그 총애하는 자와 인연하여 하고자 하는 바를 주고 이로운 바를 보여 인하여써 소원하게 하여 하여금 뜻을 얻지 못하게 하나니 저가 이를 탐함을 심히 기뻐하면 의심을 남기고 이에 그칠 것입니다.
　　무릇 공격의 도는 반드시 먼저 그 명(明)을 색(塞)한 후에 그 굳센 것을 공격하고 그 큰 것을 헐어 민의 해(害)를 제거합니다.

음란은 색으로써 하고 빠지게 하는데는 이로써 하며 양(養)하는데는 맛으로써 하며 즐겁게는 악(樂)으로써 합니다. 이미 그 친이 떠나면 반드시 백성은 멀리하여 하여금 꾀를 알지 못하게 하며 부(扶)하여 납(納)케 합니다. 그 뜻을 깨닫지 못하게 한 연후에 가히 이룹니다. 은혜를 백성에게 베풀되 반드시 재물을 아끼지 말 것입니다. 백성은 우마(牛馬)와 같습니다. 자주 먹을 것을 주고 따라 사랑하십시오. 마음은 써 지혜를 열고 지혜는 써 재물을 열고 재물은 써 무리를 열고 무리는 써 어진이를 엽니다. 어진이가 여는 것이 있으면 써 천하의 왕자가 됩니다.〕

제 3 편   용도(龍韜)

용은 변화가 무쌍하고
신명(神明)하여 가히 측량할 수 없는 것을
한 실례로 들어 군대를
이동하는데 있어서는
기기묘묘(奇奇妙妙)해야
하는 것을 설명했다.

제18장 왕의 날개(王翼第十八)

가. 군은 임기응변에 능해야 한다.

무왕이 태공에게 자문하기를

"왕자(王者)가 군대를 통솔하는 데에는 반드시 수족(手足)이나 우익(羽翼)이 되어 보좌하는 신하가 있어야 비로소 신통한 위력(威力)을 발휘할 수 있는데, 그러려면 어떻게 해야 좋습니까."

하니, 태공이 말하기를

"모든 군대를 움직이는 것은 장군의 명(命)입니다. 그 명은 만사에 통달하는 데에 있습니다. 오직 하나의 술(術)만을 지키는 것이 아니라, 임기응변(臨機應變)으로 부하의 재능에 따라서 직무를 주고, 각자의 장점을 취하여 적재(適材)를 적소(適所)에 등용하며, 때의 정세에 따라 자유자재로 변화시켜 군의 기율(紀律)을 세우는 것입니다. 그러므로 대장(大將)에게는 수족도 되고 우익(羽翼)도 되어 보좌하는 신하가 72인이 있어서 천도(天道)의 72후(候)에 따르는 것입니다. 법칙에 따라 72인의 수를 갖추고, 천명(天命)의 이법(理法)을 상세히 살펴서 알고, 여러 가지 재능이나 기술이 있는 자를 망라해 등용해야 비로소 만사가 완비되는 것입니다."

했다. 이에 무왕이 또 묻기를

"그 세목(細目)을 듣고 싶습니다."

하니, 태공이 말하기를

"마음으로 복종하는 사람을 둡니다. 그의 직무는 계획을 수립하여 돕게 하고, 급변하는 상황에 응하고, 천문

(天文)을 관측하여 이변(異變)을 해소하고 모든 계획과 책략을 총괄하여 백성의 생명을 보전하는 일을 주관합니다.

지모(智謀)있는 사람을 다섯 사람 둡니다. 그들은 항상 안녕과 위험을 생각하고, 일이 일어나기 전에 가지가지의 생각을 하고, 병(兵)의 행동이나 재능을 논의하고, 상벌(賞罰)을 분명히 하고, 관위(官位)를 주고, 혐의(嫌疑)를 결정하는 등 논공행상(論功行賞)을 행합니다.

천문(天文)에 달통한 사람 세 사람을 둡니다. 그들은 별의 현상과 역수(曆數)를 관측하고, 바람의 방향이나 기후의 순역(順逆)을 보고 시일(時日)을 추정하고, 그 날의 길흉을 고찰하고, 천재이변을 살피고, 하늘이 움직이는 기미를 알아내는 일을 관장합니다.

땅의 고저(高低)와 광협(廣狹) 등의 상태에 능통한 사람 세 사람을 둡니다. 그들은 삼군(三軍)을 나아가게 하고 멈추게 할 만한 지세(地勢)의 판정(判定), 그 장소의 해로움과 유리함, 멀고 가까운 것과 지세의 험난함과 평탄함, 물의 깊이나 산의 험준함 등을 조사하여 지형의 이로움을 잃지 않도록 하는 일을 관장합니다.

병법(兵法)에 밝은 사람 아홉 사람을 둡니다. 그들은 형세의 같고 다름을 논의하고, 일이 성취될 것인가 실패할 것인가를 생각하고, 병기(兵器)를 선정하고, 군율(軍律)을 위반한 자를 검거하는 일을 관장합니다.

군량(軍糧) 수송관(輸送官) 네 사람을 둡니다. 그들은 음식물의 필요한 양을 미루어 헤아리고, 예비 식량을 비축하고, 군량의 수송로를 확보하여 곡물을 운반하고, 삼군의 군량이 모자라지 않도록 하는 일을 관장합니다.

위무(威武)에 뛰어난 사람 네 사람을 둡니다. 그들은 병사들중 재능과 역량이 있는 사람을 선택해 무기나 갑주(甲胄) 등의 적부(適否)를 논하고, 기회를 보아 전광

석화와 같이 기습공격하되, 어디에서 공격하는가를 적이 알아채지 못하도록 합니다.

정찰기습대장(偵察奇襲隊長) 세 사람을 둡니다. 아군의 표식인 깃발이나 종, 북 따위를 감추고 눈과 귀를 곤두세워 적의 정보를 모으고, 할부(割符) 따위를 위조한다던가, 암호를 도용하여 거짓으로 호령(號令)을 발한다던가 하여 적을 혼란에 빠뜨리고, 또 어둠을 이용하여 신출귀몰(新出鬼沒)하는 기습공격을 감행하는 등의 일을 합니다.

팔, 다리와 같은 사람 네 사람을 둡니다. 그들은 힘들게 참호(塹壕)를 구축한다거나, 성벽이나 보루(堡壘)를 정비하는 등 수비에 만전을 기하는 일을 담당합니다.

지략(智略)이 뛰어난 사람 두 사람을 둡니다. 장군의 생각이 미치지 못하는 점을 수습(收拾)하고, 과실(過失)을 보완하며 외국 사신을 응대하고 여러 가지를 의논하고 절충하여 국가의 환난(患難)이나 분쟁을 해결하는 일을 주관합니다.

권모(權謀)에 능한 사람 세 사람을 둡니다. 그들은 기계(奇計)를 세우고, 특이한 수단을 써서 남이 알아채지 못하도록 임기응변의 계책을 세우는 일을 담당합니다.

귀와 눈의 구실을 할 사람 일곱 사람을 둡니다. 그들은 여러 곳으로 다니면서 세간의 풍설을 듣고, 세상 돌아가는 형편을 주의 깊게 살펴보고, 사방의 사정이나 군중(軍中)의 사정과 동태(動態)를 관찰하는 일을 담당합니다.

손톱이나 이빨에 해당하는 사람 다섯 사람을 둡니다. 그들은 군의 위세나 무용(武勇)을 고양(高揚)하고, 삼군(三軍)을 격려하며 어려움을 무릅쓰고 적의 정예병을 공격하면서, 의심하는 마음을 품거나 우물쭈물하는 자가 생기지 않도록 하는 일을 담당합니다.

수족(手足)과 같은 사람 네 사람을 둡니다. 그들은 우리 군의 명성을 들쳐 빛나게 하여 먼 곳에 있는 나라들 에게까지 울려 퍼지게 하고, 사방의 국경을 동요시켜서 적의 투지(鬪志)를 약하게 하는 일을 담당합니다.

유세(遊說)하는 사람 여덟 사람을 둡니다. 그들은 적의 내우(內憂)나 일의 변화를 엿보아, 자신 있는 변설(辯舌)로 인심을 동요하게 하고, 적의 의향(意向)을 관찰하여 간첩 활동을 하는 일을 담당합니다.

방술(方術)하는 사람 두 사람을 둡니다. 그들은 주문(呪文)을 외고, 신(神)에게 고하는 등의 행사로 적국의 많은 사람들의 마음을 미혹시키는 일을 담당합니다.

의약(醫藥)을 다루는 사람 세 사람을 둡니다. 갖가지 약을 조제하여 상처를 치료하고, 모든 병을 고쳐주는 일을 담당합니다.

회계관(會計官)을 두 사람 둡니다. 전군(全軍)의 진영(陣營) 수축비(修築費), 양식의 많고 적음과 재화(財貨)의 들고 나는 것을 계산하는 일을 담당합니다."

武王問太公曰 王者帥師 必有股肱羽翼 以成威神 爲之奈何 太公曰 凡擧兵師 以將爲命 命在通達 不守一術 因能授職 各取所長 隨時變化 以爲綱紀 故將有股肱羽翼七十二人[1] 以應天道 備數如法 審知命理 殊能異技 萬事畢矣

武王曰 請問其目 太公曰

腹心一人 主潛謀應卒 揆天消變 摠攬計謀 保全民命

謀士五人 主圖安危 慮未萌 論行能 明賞罰 授官位 決嫌疑 定可否

天文三人 主司星曆 候風氣 推時日 考符驗 校災異 知天心去就之機

地利三人 主三軍行止形勢 利害消息 遠近險易 水涸山阻 不失地利

兵法九人 主講論異同 行事成敗 簡練兵器 刺擧非法
通糧四人 主度飮食 備蓄積 通糧道 致五穀 命三軍不困乏
奮威四人 主擇才力 論兵革 風馳電擊 不知所由
伏旂鼓三人 主伏旂鼓 明耳目 詭符印 謬號令 闇忽[2]往來 出入若神
股肱四人 主任重持難 修溝壍 治壁壘 以備守禦
通才二人 主拾遺補過 應對賓客 論議談語 消患解結
權士三人 主行奇譎 設殊異 非人所識 行無窮之變
耳目七人 主往來聽言視變 覽四方之事 軍中之情
爪牙五人 主揚威武 激勵三軍 使冒難攻銳 無所疑慮
羽翼四人 主揚名譽 震遠方 搖動四境 以弱敵心
遊士八人 主伺姦候變 開闔人情 觀敵之意 以爲間諜
術士二人 主爲譎詐 依託鬼神 以惑衆心
方士二人 主百藥以治金瘡 以痊萬病
法算二人 主計會三軍營壘糧食 財用出入

1) 七十二人(칠십이인) : 음력(陰曆)으로, 자연 현상에 바탕을 둔 72후(候)의 계절 구분의 수와 일치하게 한 수(數). 『예기(禮記)』월령편(月令篇)에 의하면, 5일(五日)을 1후(一候), 3후(三候)를 1기(一氣), 6후(六候)를 1월(一月)로 하여 72후(七十二候)를 1년(一年)으로 한다.

2) 闇忽(암홀) : 남몰래, 소리없이의 뜻.

〔무왕이 태공에게 물어 가로되 왕자(王者)가 군사를 거느림에 반드시 고굉우익(股肱羽翼)이 있어 써 위신(威神)을 이루는데 어찌해야 하오. 태공이 가로되 무릇 병사(兵師)를 거(擧)함에 장수로써 명(命)을 삼습니다. 명은 통달함에 있고 한 술책만 지키지 않습니다. 능력에 의하여 직책을 주고 각각 장점을 취하고 때에 따라 변화하여 써 강기(綱紀)를 삼는지라 고로 장수는 고굉우익의 72인을 두어 써 천도(天道)에 응합니다. 수(數)를 갖춤이 법과 같이 하

여 살펴 명리(命理)를 알고 능(能)을 달리하고 기능을 다르게 하면 만사(萬事)는 마칩니다.

무왕이 가로되 청컨대 그 세목을 묻습니다. 태공이 가로되 심복 1인으로 모(謀)를 잠(潛)하고 졸(卒)을 응하며 천을 헤아리고 변화를 소(消)하게 하며 계모를 총람하여 백성의 목숨을 보전함을 주관케 하고 모사(謀士) 5인은 안위를 도모하며 미맹(未萌)을 생각하여 행능(行能)을 논하고 상벌을 밝히고 관위(官位)를 주어 혐의(嫌疑)를 결단하고 가부(可否)를 정하는 것을 주관합니다.

천문(天文)의 3인은 성력(星曆)을 맡고 풍기(風氣)를 후(候)하며 시일을 추정하며 부험(符驗)을 고찰하며 재이(災異)를 교정하여 천심(天心)의 거취의 기(機)를 아는 것을 주관합니다. 지리에 능한 3인은 삼군(三軍)의 행지(行止)와 형세(形勢)와 이해의 소식(消息)과 원근험이(遠近險易)와 수학(水涸)과 산저(山阻)하여 지리(地利)를 잃지 않게 합니다. 병법(兵法)의 9인은 이동(異同)을 강론하고 성패를 행사하고 병기를 간련(簡練)하고 비법(非法)을 자거하는 것을 주관합니다.

통량(通糧)의 4인은 음식을 헤아리고 축적(蓄積)을 갖추고 양도(糧道)를 통하고 오곡(五穀)을 이루고 삼군이 곤핍치 않도록 명령하는 것을 주관합니다. 분위(奮威)의 4인은 재력(才力)을 가리고 병혁(兵革)을 논하며 풍치전격(風馳電擊)하여 말미암는 바를 알지 못하게 하는 것을 주관합니다. 복기고(伏旂鼓)의 3인은 기고(旂鼓)를 복(伏)하고 이목을 밝게 하고 부절(符節)을 위조하며 호령(號令)을 속이고 암홀(闇忽)히 왕래하고 출입을 귀신같이 하는 것을 주관합니다. 고굉(股肱)의 4인은 중책을 맡기고 어려운 일을 맡기는데 구참(溝塹)을 닦게 하고 벽루(壁壘)를 닦게 하여 방비를 갖추는 일을 주관하게 합니다. 통재(通才)의 2인은 빠진 것을 수습하고 과오를 보충하고 빈객을 응대하고 논의담어(論議談語)하고 근심을 삭이고 맺힌 것을 푸는 일을 주관하게 합니다. 권사(權士)의 3인은 기휼(奇譎)을 행하고 수이(殊異)를 설계하며 사람의 아는 바가 아닌 것으로 무궁한 변화를 행하는 것을 주관합니다. 이목(耳

目)의 7인은 왕래(往來)에서 언(言)을 듣고 변화를 보고 사방의 일과 군중(軍中)의 실정을 관찰하는 것을 주관합니다. 조아(爪牙)의 5인은 위무를 들치며 삼군(三軍)을 격려하고 어려움을 무릅쓰고 정예를 공격하여 근심되는 바가 없는 것을 맡아 합니다. 우익(羽翼)의 4인은 명예를 선양하고 원방(遠方)을 진동하며 사경(四境)을 요동시켜 써 적심(敵心)을 약하게 하는 일을 맡아 합니다. 유사(遊士)의 8인은 간(姦)을 사(伺)하고 변을 살펴 인정을 개합(開闔)하고 적의 뜻을 관찰하며 간첩이 하는 일을 맡아 합니다. 술사(術士)의 2인은 휼사(譎詐)를 하고 귀신을 의탁하여 써 중심(衆心)을 의혹되게 하는 일을 맡아 합니다. 방사(方士)의 2인은 백약(百藥)으로써 금창(金瘡)을 다스리고 만병(萬病)을 낮게 하는 일을 맡아 합니다. 법산(法算)의 2인은 삼군의 영루양식(營壘糧食)과 재용(財用)의 출입을 회계하는 일을 맡아 합니다.〕

제19장 장수를 논함(論將第十九)

가. 다섯 가지 재능과 열 가지 과실.

무왕이 태공에게 자문하기를

"장수(將帥)를 논평하는 데는 무엇을 기준으로 하는 것이 좋겠습니까."

하니, 태공이 말하기를

"장수된 사람에게는 다섯 가지 재능과 열 가지 과실(過失)이 있습니다."

했다. 이에 무왕이 또 묻기를

"그 세목(細目)을 듣고 싶습니다."

하니, 태공이 말하기를

"다섯 가지 재능이라는 것은 용(勇)·지(智)·인(仁)·

신(信)・충(忠)입니다. 용기가 있으면 무슨 일이나 과감하게 행동하므로 누구라도 이 장수를 범할 수 없습니다. 지혜가 있으면 사물의 옳고 그름의 판단을 분명하게 하여 아무것에도 미혹되는 일이 없으므로 누구라도 그 장수를 혼란에 빠뜨리지 못합니다. 어진 마음이 있으면 사람들을 사랑하게 되므로 아랫사람들이 단결합니다. 신의가 있으면 남을 속이는 일이 없으므로 남들도 또한 장수를 속이지 않습니다. 충성스러우면 마음을 다하여 군주를 섬길뿐, 결코 두 마음을 가지는 일이 없습니다.

열 가지 과실이라는 것은, 지나치게 용감하여 죽음을 가벼이 여기는 일, 성급하여 무엇이나 속단해 버리는 일, 탐욕스러워 이익만을 생각하는 일, 헤아리는 일이 많아서 결전(決戰)을 하지 못하는 일, 지략(智略)이 있고 전술(戰術)에는 밝으면서도 겁이 많은 일, 자기의 성신(誠信)에 맞추어 누구나 믿어 버리는 일, 청렴하고 결백함이 지나쳐서 도량(度量)이 좁고 사람을 용서하지 않는 일, 지혜와 사려(思慮)는 있으나 정신이 느슨하게 되는 일, 강직하고 자신이 넘쳐 남을 쓰지 않고 무엇이나 자기가 해치우려고 하는 일, 자기가 나약하기 때문에 무엇이나 곧 남에게 맡겨 버리는 일입니다.

용감함이 지나쳐 죽음을 죽음으로 생각하지 않는 사람은, 그를 격노하게 하여 무모한 싸움을 하게 할 수가 있습니다. 성급하여 속단하기를 좋아하는 사람은 지구전(持久戰)에 대항하지 못합니다. 탐욕스러워 이익에 밝은 사람은 뇌물(賂物)에 의해 꾀어낼 수 있습니다. 생각하는 일이 너무 많아 결전(決戰)을 하지 못하는 사람은 피로하기를 기다리는 것이 좋습니다. 지략이 있고 전술에는 밝으나 겁이 많은 사람에게는 괴롭히고 모욕을 당하게 하여 앞뒤를 분간할 수 없도록 만들 수 있습니다. 자기의 성신(誠信)에 맞추어 누구라도 믿어 버리는 사람은 속임수를 써서 공격할 수 있습니다. 청렴함과 결백함이 지나쳐 도량이 좁고 남을 용서하지 못하는 사람은 모욕을 주어 성을 내게 할 수 있습니다. 지혜가 있고 사려는 깊으면서도 정신이 느슨한 사람은 기습할 수가 있습니다. 강직하고 자신이 넘쳐 남을 쓰지 않고 무엇이나 자신이 해치우려고 하는 사람은 조금씩 건드려서 피로하게 만들 수 있습니다. 자신이 나약하기 때문에 무엇이나 곧 남에게 맡겨 버리는 사람은 참된 사정을 모르므로 모략으로 속일 수 있습니다.

이와 같이 군대는 국가의 큰 일이며, 국가가 존속하느냐 멸망하느냐의 갈림길이기도 합니다. 국가의 운명은 장군에게 달려 있습니다. 장군은 국가의 보좌(輔佐)로서, 옛날의 성왕(聖王)도 소중하게 여겼습니다. 그러므로 장군을 임명하는 일은 신중하게 생각하지 않으면 안 됩니다. 그래서 '전쟁은 양쪽이 다 승리하는 일이 없다. 또한 양쪽이 다 패망하는 일도 없다. 군대를 출동시켜 국경을 넘은 지 열흘을 넘기기 전에 적국을 멸망시키지 않으면 반드시 이쪽이 패전하여 장군을 전사시키고 말 것이라.' 고 했습니다."

했다. 이에 무왕이 말했다.
"진실로 지당한 말씀입니다."

　　武王問太公曰 論將之道奈何 太公曰 將有五材十過 武王曰 敢問其目 太公曰 所謂五材者 勇智仁信忠也 勇則不可犯 智則不可亂 仁則愛人 信則不欺 忠則無二心
　　所謂十過者 有勇而輕死者 有急而心速者 有貪而好利者 有仁而不忍者 有智而心怯者 有信而喜信人者 有廉潔而不愛人者 有智而心緩者 有剛毅而自用者 有懦而喜任人者
　　勇而輕死者 可暴也 急而心速者 可久也 貪而好利者

可賂也 仁而不忍人者 可勞也 智而心怯者 可窘也 信而喜信人者 可誑也 廉潔而不愛人者 可侮也 智而心緩者 可襲也 剛毅而自用者 可事也 懦而喜任人者 可欺也

故兵者 國之大事 存亡之道 命在於將 將者 國之輔 先王之所重也 故置將不可不察也 故曰 兵不兩勝 亦不兩敗 兵出踰境 不出十日 不有亡國 必有破軍殺將 武王曰 善哉

〔무왕이 태공에게 물어 가로되 논장(論將)의 도(道)는 어찌하오. 태공이 가로되 장수는 오재(五材)와 십과(十過)가 있습니다. 무왕이 가로되 감히 그 조목을 묻습니다. 태공이 가로되 이른바 오재(五材)라는 것은 용지인신충(用智仁信忠)입니다. 용맹하면 가히 범(犯)치 못하고 지혜로우면 가히 어지럽히지 못하고 인자하면 사람을 사랑하며 믿음직스러우면 속이지 않으며 충성스러우면 두 마음이 없습니다.

이른바 10과(十過)라는 것은 용맹하여 죽음을 가볍게 여기는 자가 있고 급하여 마음이 서두르는 자가 있으며 탐하여 이로움을 좋아하는 자가 있고 어질어 남에게 차마 하지 못하는 자가 있으며 지혜롭되 마음에 겁이 있는 자가 있으며 믿음이 있어 남을 잘 믿는 자가 있으며 청렴하되 남을 사랑하지 않는 자가 있고 지혜롭되 게으른 자가 있고 강의(剛毅)하되 자용(自用)하는 자가 있으며 나약하여 남에게 맡기기를 즐거워하는 자가 있습니다.

용맹하고 죽음을 가볍게 여기는 자는 가히 사나우며 급하고 마음이 서두르는 자는 가히 오래하며 탐하고 이익을 좋아하는 자는 가히 뇌물하며 인하고 차마 못하는 자는 가히 노(勞)하며 지(智)하고 심겁(心怯)한 자는 가히 군(窘)하며 신(信)하고 남을 잘 믿는 자는 가히 광(誑)하며 청렴하고 남을 사랑하지 않는 자는 가히 모(侮)하며 지(智)하고 마음이 게으른 자는 가히 습(襲)하며 굳세고 자용(自用)한 자는 가히 사(事)하며 나약하고 남에게 맡기기를 좋아하는 자는 가히 기(欺)합니다. 그러므로 병(兵)은 나라의 대사요, 존망(存亡)의 도라. 명(命)은 장수에 있습니다. 장수는 나라의 보좌이며 선왕(先王)의 중히 여기는 바입니다. 그러므로 장수를 둘 때에는 가히 살피지 아니치 못할 것입니다. 고로 가로되 병(兵)은 양쪽을 이길 수 없고 또한 양쪽이 패할 수 없다. 병사가 출정하여 국경을 넘어 10일을 넘지 않고 적국을 깨뜨리지 못하면 군대를 파산하고 장수를 죽이는 일이 있다 라고 했습니다. 무왕이 가로되 선(善)하다.〕

제20장 장수를 선발함(選將第二十)

가. 장수를 임명하는 절차는…

무왕이 태공에게 자문하기를

"왕자(王者)가 군사를 일으키려면 먼저 많은 사람 가운데서 영웅(英雄)을 가려내 훈련시켜 그 영웅들의 기량(器量)을 알아서 임명해야 할텐데, 그렇게 하기 위해서는 어떻게 하는 것이 좋겠습니까."

하니, 태공이 말하기를

"영웅〔士〕에게는 외견(外見)과 내실(內實)이 일치하지 않는 것으로 열다섯 가지가 있습니다. 겉보기로는 근엄하고 현명한 듯이 보이지만 속마음은 참으로 어리석은 자가 있습니다. 겉보기로는 온화하고 선량한 듯이 보이지만 내실(內實)은 남의 것을 탐내는 버릇이 있는 자가 있습니다. 겉보기로는 그 태도가 공경심(恭敬心)이 깊은 듯이 보이지만 속마음은 태만한 자가 있습니다. 겉보기로는 청렴하고 신중한 듯이 보이지만 속마음은 실로 공경심이 없는 자가 있습니다. 겉보기로는 심히 자상한듯 보이지만 속마음은 참으로 냉혈적인 자가 있습니다. 겉보기로는 담담(湛湛)하여 진정(眞情)이 넘치는 듯이 보이지만 내실(內實)은 성의 없는 자가 있습니다. 겉보기로는 언뜻 지모(智謀)가 있는 듯이 보이지만 실은 결단력이 없는 자가 있습니다. 겉보기로는 과감한 듯이 보이지만 실은 무능한 자가 있습니다. 겉보기로는 정성스럽고 성실한 듯이 보이지만 내실은 믿을 수 없는 자가 있습니다. 겉보기로는 멍청하여 모자라는 듯이 보이지만 실은 도리어 충실한 자가 있습니다.

기이하고 과격한 말과 행동을 하지만 실제에 있어서는 효과를 거두는 자가 있습니다. 겉보기로는 용감한 듯이 보이지만 속으로는 겁쟁이가 있습니다. 겉보기로는 삼가하고 엄숙한 듯이 보이지만 실은 도리어 남을 업신여기며 가볍게 여기는 자가 있습니다. 겉보기로는 호호(嗃嗃)하여 엄격하고 가혹한 듯이 보이지만 실은 도리어 냉정하고 성실한 자가 있습니다. 겉보기로는 위세(威勢)나 풍채가 열악해 보이지만 일단 사자(使者)로 다른 나라에 가서는 반드시 그 사명(使命)을 완수하는 자가 있습니다.

천하의 모든 사람들이 모두 대수롭지 않게 여겨 푸대접을 하는 사람이라도 성인만은 그 사람의 본바탕을 꿰뚫어보고 높이 여기는 일이 있습니다. 이런 일은 범인(凡人)으로서는 도저히 알 수 없는 일입니다. 뛰어나게 밝은 지혜를 갖춘 사람이 아니고는 분간할 수가 없는 일입니다. 이상이 호걸〔士〕에게는 외견(外見)과 내실(內實)이 일치하지 않는 점이라는 것입니다."

했다. 이에 무왕이 다시 묻기를
"무엇으로써 그 내실을 알 수 있겠습니까."
하니, 태공이 말했다.
"그것을 아는 데에는 여덟 가지 징험(徵驗)이 있습니다. 첫째는 질문하여 그 답변하는 말로써 관찰하는 것입니다. 둘째로는 언론(言論)에 의해 추구(追究)하여 그의

응변(應變)하는 정도로써 관찰하는 것입니다. 셋째는 그에게 아무도 모르게 사람을 붙여서 그가 성실한지 어떠한지를 관찰하는 것입니다. 넷째는 정면으로 확실하게 질문하여 그 사람의 덕(德)을 관찰하는 것입니다. 다섯째는 재화(財貨)를 관장하는 직분을 주어 그가 청렴한지 어떤지를 관찰하는 것입니다. 여섯째로는 여색(女色)으로 시험해 보아 그가 정조(貞操)한지 어떤지를 관찰하는 것입니다. 일곱째로는 어려운 일이 생겼다고 알려주고 용기가 있는지 어떤지를 관찰하는 것입니다. 여덟째로는 술에 취하도록 해보아 그의 태도를 관찰하는 것입니다.

이 여덟 가지 징험에 의해 관찰하면 그 사람이 현명한 사람인지 어리석은 사람인지 그러한 사실을 확실하게 분간할 수 있습니다."

　　武王問太公曰　王者擧兵　簡練[1]英權　知士[2]之高下　爲之奈何

　　太公曰　夫士外貌不與中情相應者十五　有賢而不肖者　有溫良而爲盜者　有貌恭敬而心慢者　有外廉謹而內無恭敬者　有精精[3]而無情者　有湛湛[4]而無誠者　有好謀而無決者　有如果敢而不能者　有悾悾[5]而不信者　有恍恍惚惚[6]而反忠實者　有詭激而有功效者　有外勇而內怯者　有肅肅[7]而反易人者　有嗃嗃而反靜愨者　有勢虛形劣而出外　無所不至　無所不遂者　天下所賤　聖人所貴　凡人不知　非有大明　不見其際　此士之外貌　不與中情相應者也

　　武王曰　何以知之　太公曰　知之有八徵　一曰問之以言　以觀其詳　二曰窮之以辭[8]　以觀其變　三曰與之間諜　以觀其誠　四曰明白顯問[9]　以觀其德　五曰使之以財　以觀其廉　六曰試之以色　以觀其貞　七曰告之以難　以觀其勇　八曰醉之以酒　以觀其態　八徵皆備　則賢不肖別矣

1) 簡練(간련) : 뽑아 단련시키다.

2) 士(사) : 호걸스런 무사(武士)를 지칭함.
3) 精精(정정) : 극히 자세하다.
4) 湛湛(담담) : 진실하고 중후하다.
5) 悾悾(공공) : 성실한 모양.
6) 恍恍惚惚(황황홀홀) : 정신이 흐리멍텅한 상태.
7) 肅肅(숙숙) : 공손하고 삼가하는 모습.
8) 辭(사) : 언론과 같은 뜻.
9) 明白顯問(명백현문) : 모든 것을 드러내 놓고 직설적으로 묻는 것.

〔무왕이 태공에게 물어 가로되 왕자(王者)의 거병(擧兵)에서는 영웅을 가려뽑아 훈련시키고 사(士)의 고하를 알고자 하는데 어찌 해야 하오. 태공이 가로되 대저 사(士)의 외모는 중정(中情)과 상응하지 않는 자 15가지가 있습니다. 현(賢)하면서 불초(不肖)한 자가 있고 온량(溫良)하고 도둑질하는 자가 있고 외양은 공경스럽되 심만(心慢)한 자가 있고 밖으로 염근(廉謹)하되 안으로 공경치 않는 자가 있고 정정(精精)하되 정이 없는 자가 있고 담담(湛湛)하되 성의가 없는 자가 있고 모(謀)를 좋아하고 결단하지 못하는 자가 있고 과감한 것 같으면서 능하지 못하는 자가 있고 공공(悾悾)하되 믿지 못할 자가 있고 황황홀홀(恍恍惚惚)하면서 도리어 충실한 자가 있습니다. 괴이하고 과격하면서도 공효(功效)가 있는 자가 있고 외용(外勇)하고 내겁(內怯)한 자가 있으며 숙숙(肅肅)하고 도리어 사람을 업신여기는 자가 있으며 호호(嗃嗃)하고 도리어 침착한 자가 있으며 세(勢)는 허하고 형(形)은 용렬하되 밖에 나가 이르지 않는 곳이 없고 이루지 못하는 바가 없는 자가 있습니다. 천하가 천히 여기는 바와 성인이 귀히 여기는 바와 범인(凡人)이 알지 못하는 것은 대명(大明)이 있지 않으면 그 즈음을 보지 못합니다. 이것은 사(士)의 외모로 중정(中情)의 상응(相應)과 더불어 하지 못하는 것입니다.
무왕이 가로되 무엇으로써 아는 것이오. 태공이 가로되 아는 것에 8징(八徵)이 있습니다. 첫째는 질문하되 말로써 하여 써 그 상

(詳)을 관찰하고 둘째는 궁하게 하되 사(辭)로써 하여 그 변화를 관찰하고 셋째는 간첩을 여(與)하여 써 그 성실을 관찰하고 넷째는 명백하게 현문(顯問)하여 써 그 덕을 관찰하고 다섯째는 그를 부리되 재물로써 하여 그 청렴을 관찰하고 여섯째는 그를 시험하되 여색으로써 하여 그 정절을 관찰하고 일곱째는 그에게 고함을 어려움으로써 하여 그 용맹을 관찰하고 여덟째는 그를 취하게 하되 술로써 하여 써 그 태도를 관찰합니다. 8징(八徵)이 다 갖춰지면 현불초(賢不肖)가 분별됩니다.〕

제21장 장수를 세움(立將第二十一)

가. 장수는 어떤 절차로 임명받는가
무왕이 태공에게 자문하기를
"장군을 임명하는데 어떠한 절차를 밟아야 합니까."
하니, 태공이 말하기를
"무릇 국가에 환난(患難)이 일어나면, 군주는 그것이 자신의 부덕한 소치라고 생각하고 정전(正殿)을 피하여 별전(別殿)으로 옮깁니다. 장군을 불러 조서(詔書)를 내리기를 '국가의 안위(安危)는 모두 장군의 어깨에 달려있다. 지금 모국(某國)이 신하의 예(禮)를 지키지 않는다. 장군이여! 군대를 이끌고 나가 응전(應戰)하여 정벌하라.'라고 명(命)하십시오.
장군이 임금의 명령을 받으면 임금께서는 곧 태사(太史)에게 명하여 거북점을 칠 준비를 시킵니다. 왕께서는 사흘 동안 목욕재계하여 몸과 마음을 깨끗이 하신 뒤 조상의 영묘(靈廟)로 나가시어, 신령스러운 거북의 등껍질을 태워 그 갈라진 자리를 살펴 점을 쳐 길일(吉日)을 택하시고, 부월(斧鉞)을 장군에게 주시면서 군사의 모든 권한을 위임하십시오.

　그 의식은 왕께서 영묘의 문을 들어서면서 서쪽을 향해 서시고 장군은 영묘에 들어서면서 북면(北面)하여 섭니다. 거기서 왕께서는 친히 월(鉞)을 손에 들어 그 머리 부분을 잡으시고 장군에게는 그 자루를 건네면서 '여기서부터 위로는 하늘에 이르기까지 모든 것을 장군에게 일임한다.'라고 명하시고,

　다시 부(斧 : 도끼)의 자루를 잡으시고 장군에게 그 날이 있는 쪽을 주시면서 명하시기를 '여기서부터 아래로는 땅밑에 이르기까지 모든 것을 장군에게 일임한다. 적군의 허점(虛點)을 보거든 진격하고, 적군의 방비가 빈틈이 없거든 멈추어라. 우리 군대가 대군(大軍)이라는 것만 믿고 적을 가벼이 보아 마음을 놓아서는 안 된다. 군명(君命)만을 소중하게 여긴 나머지 꼭 죽기를 기약하는 일이 있어서는 안 된다. 자신의 신분이 높다고 해서 남을 업신여겨서는 안 된다. 어디까지나 독단에 치우쳐 많은 사람의 의견을 무시해서는 안 된다. 언뜻 조리가 닿는 교묘한 변설(辯舌)을 처음부터 믿어 버리는 일이 없도록 하라. 병사(兵士)들이 숨을 돌리기 전에 먼저 숨을 돌려서는 안 된다. 병사들이 식사를 하기 전에 먼저 식사를 해서는 안 된다. 더위와 추위는 반드시 병사들과 함께 하지 않으면 안 된다. 장군이 이와 같이 하면, 병사들은 반드시 죽을 힘을 다하여 싸울 것이다.'라고 하십시오.

　장군은 임금의 명령을 받으면 배례(拜禮)하고 군주에게 고하기를 '신(臣)이 듣기로는 나라는 밖에서 다스릴 수 없고, 출정(出征)한 군(軍)은 국도(國都) 안에서 제어할 수 없으며, 나라를 생각하는 마음과 자신을 아끼는 두 마음이 있어서는 군주를 섬길 수 없고, 군주가 장수를 의심하고 장수가 군주에게 의심을 품고 있으면 적국에 응

전(應戰)할 수 없다고 했습니다. 신이 지금 명령을 받고 군중(軍中)에게 형벌을 행할 수 있는 부월(斧鉞)을 받아 모든 권한을 위임받은 이상 결코 살아서 돌아오려고는 생각지 않습니다. 부디 왕께서도 출정한 군대의 모든 것을 간섭하지 않는다는 한 마디 말씀을 내려주시기를 바랍니다. 만약 왕께서 이것을 허락하지 않으신다면 신은 장군으로서의 영광을 누려 받지 못하겠습니다.' 라고 합니다. 그러면 군주는 그것을 허락하고, 장군은 여기서 말미를 받아서 출발하게 되는 것입니다.

군중의 일은 일일이 군주에게 물어서 행하는 것이 아니고, 모두가 장군으로부터 명령이 발해지는 것입니다. 따라서 일단 적과 맞부딪쳐 결전(決戰)을 함에 있어서 군주의 명에 따를 것인가, 자기 판단에 따를 것인가의 두 마음이 헷갈리는 일이 없는 것입니다. 이런 사정은 위로 하늘에게 제약(制約)을 받는 일도 없고, 아래로 땅에게 제약을 받는 일도 없고, 앞에 있는 적에게 제약을 받는 일도 없고, 뒤에 있는 군주에게 제약을 받는 일도 없는 것입니다.

그리하여 지략이 있는 사람은 장군을 위해 마음으로 도모하고, 용기 있는 사람은 장군을 위해 힘을 다해 싸워, 그 의기(意氣)는 하늘을 찌를 듯이 격렬하고 신속하여 무기로 접전(接戰)할 것도 없이 적은 항복하게 되는 것입니다. 밖으로는 전쟁에 승리하고, 안으로는 공업(工業)을 수행하면, 장관(將官)은 승진하고, 병사(兵士)는 상과 상품을 받고, 백성은 모두 기뻐하고, 장군은 아무런 허물이나 재앙이 없이 임무를 완수하게 되는 것입니다. 이와 같이 모든 것이 순조로운 승리에는 천지의 기운도 순조로워, 풍우(風雨)는 시절을 어기지 않고, 오곡(五穀)은 풍성하게 결실을 맺으며, 국가는 편안하게 되는 것입니다."

했다. 이에 무왕이 말했다.
"진실로 좋은 말을 들었습니다."

　　武王問太公曰　立將[1]之道奈何　太公曰　凡國有難　君避正殿[2] 召將而詔之曰　社稷安危　一在將軍　今某國不臣　願將軍帥師應之　將旣受命　乃命太史鑽靈龜　卜吉日　齋三日至太廟以授斧鉞[3]

　　君入廟門　西面而立　將入廟門　北面而立　君親操鉞　持首　授將其柄　曰　從此上至天者　將軍制之　復操斧　持柄授將其刃　曰　從此下至淵者　將軍制之　見其虛則進　見其實則止　勿以三軍爲衆而輕敵　勿以受命爲重而必死　勿以身貴而賤人　勿以獨見而違衆　勿以辯說爲必然　士未坐勿坐　士未食勿食　寒暑必同　如此　士衆必盡死力

　　將已受命　拜而報君曰　臣聞國不可從外治　軍不可從中御　二心不可以事君　疑志不可以應敵　臣旣受命　專斧鉞之威　臣不敢生還　願君亦垂一言之命於臣　君不許臣　臣不敢將　君許之　乃辭[4]而行

　　軍中之事　不聞君命　皆由將出　臨敵決戰　無有二心　若此　則無天於上　無地於下　無敵於前　無君於後　是故智者爲之謀　勇者爲之鬪　氣厲靑雲　疾若馳騖　兵不接刃　而敵降服　戰勝於外　功立於內　吏遷士賞　百姓歡悅　將無咎殃　是故風雨時節　五穀豊登　社稷安寧　武王曰　善哉

1) 立將(입장) : 장수를 임명하는 것.
2) 正殿(정전) : 왕이 나와 조회를 받는 곳.
3) 斧鉞(부월) : 작은 도끼와 큰 도끼. 왕조시대에 장수를 임용할 때 그 징표로 임금이 직접 하사한 무기.
4) 辭(사) : 하직을 고하는 뜻.

〔무왕이 태공에게 물어 가로되 입장(立將)의 도(道)는 어떠하오. 태공이 가로되 무릇 나라가 어려움이 있으면 임금은 정전(正

殿)을 피하고 장수를 불러 조서하여 가로되 사직의 안위가 하나같이 장군에게 있다. 이제 모국(某國)이 신하가 되지 않으니 원컨대 장군은 군사를 이끌고 응징할지어다. 장군이 이미 명을 받으면 이에 태사에게 명하여 영구(靈龜)를 찬(鑽)하고 길일(吉日)을 복(卜)하고 3일간 재계하고 태묘(太廟)로 가 부월(斧鉞)을 줍니다. 임금은 묘문(廟門)에 들어가 서면(西面)하고 서며 장수는 묘문에 들어가 북면하고 섭니다. 임금이 친히 도끼를 잡아 그 머리를 들어 장수에게 그 자루를 주어 이르기를 이로부터 위로 하늘에 이르기까지 장군은 제어하라. 다시 작은 도끼를 잡아 자루를 들어 장수에게 그 날을 주며 이르기를 이로부터 아래로 연못에 이르기까지 장군은 제어하라. 그 허를 보면 나아가고 그 실상을 보면 그쳐라. 삼군(三軍)으로 무리를 삼아 적을 가볍게 여기지 말라. 명을 받은 것으로 중(重)을 삼아 반드시 죽지 말라. 몸이 귀하다고 남을 천히 여기지 말라. 독견(獨見)으로 무리를 어기지 말고 변설로써 필연(必然)을 삼지 말라. 사(士)가 앉지 아니하면 앉지 말고 사(士)가 먹지 아니하면 먹지 않는다. 한서(寒暑)를 반드시 함께 한다. 이와 같이 하면 사중(士衆)들은 반드시 사력(死力)을 다할 것이다.

　장수가 이미 명을 받으면 절하고 임금에게 보고하여 가로되 신이 듣건대 나라는 밖으로부터 다스리지 못하고 군대는 안으로부터 거하지 못하며 이심(二心)으로 가히 써 임금을 섬기지 못하고 의지(疑志)로써 가히 적을 대응하지 못합니다. 신하가 이미 명을 받았으면 부월의 위엄을 오로지하여 신은 감히 살아서 돌아오지 않겠습니다. 원컨대 임금께서도 한 마디의 명을 신에게 내려주십시오. 임금께서 신에게 허락치 않으시면 신은 감히 장수가 되지 못합니다 한다. 임금이 허락하면 이내 사(辭)하고 행합니다.

　군중(軍中)의 일은 군명(君命)을 듣지 않고 다 장수에게서 나오나니 적을 임(臨)하여 결전(決戰)할 때에는 두 마음이 있지 아니합니다. 이와 같으면 위로 하늘이 없고 아래로 땅이 없으며 앞에는 적이 없고 뒤에는 임금이 없습니다. 그러므로 지자(智者)는 위하여 꾀하고 용자(勇者)는 위하여 싸우며 기(氣)가 청운(靑雲)을

여(厲)하고 빠르기가 치무(馳騖)와 같으며 병(兵)이 인(刃)을 접하지 않아도 적이 항복하는지라. 싸움은 밖에서 이기고 공은 안에서 세워 이(吏)는 옮기고 사(士)는 상을 받아 백성이 기뻐하고 장수는 허물이 없습니다. 그러므로 풍우시절(風雨時節)과 오곡이 풍등(豊登)하고 사직이 안녕합니다. 무왕이 가로되 선(善)하다.]

제22장 장수의 위엄(將威第二十二)

가. 장수가 위엄을 세우는 방법.
무왕이 태공에게 자문하기를
"장수된 자는 어떻게 해야 그 빛나는 위세를 전군(全軍)에게 보이고, 어떻게 해야 그 밝은 지혜를 보이며, 어떻게 해야 금지나 명령을 철저하게 행할 수 있습니까."
하니, 태공이 말했다.
"장군은 아무리 신분이 높은 사람이라 하더라도 죄가 있으면 반드시 주벌(誅罰)함으로써 빛나는 위세를 보이고, 아무리 신분이 미천한 사람이라도 공적이 있으면 반드시 상(賞)을 내림으로써 밝은 지혜가 있음을 보이며, 벌이 상세히 조사되어 타당하게 행해지는가에 의해 금지하면 곧 멈추고, 명령하면 곧 행해지게 되는 것입니다.
그러므로 한 사람을 죽임으로써 전 군대가 두려워할 만한 자는 단호하게 사형에 처하고, 한 사람에게 상을 줌으로써 전 군대가 기뻐할 만한 사람에게는 아낌없이 상을 내리는 것입니다. 사형은 고귀한 사람일수록 효과적이고, 상을 내리는 것은 미천한 사람일수록 효과적입니다. 사형이 요로(要路)의 고관(高官)이나 현신(顯臣)에게까지 미친다는 것은, 형벌이 윗자리에 있는 사람에게까지도 미칠 수 있다는 말입니다. 상을 내리는 것이 소먹이는 사람이나 마부 또는 마굿간에서 잡역(雜役)하는 사람에게까지 미친다는 것은, 상사(賞事)가 아랫자리에 있는 사람에게까지도 행해진다는 것입니다. 형벌이 윗자리에 있는 사람에게까지 미치고 상사(賞事)가 아랫자리에 있는 사람에게까지 행해진다는 것은 곧 장군의 빛나는 위세가 행해지고 있다는 것을 뜻하는 것입니다."

  武王問太公曰 將何以爲威 何以爲明 何以禁止而令行 太公曰 將以誅大爲威 以賞小爲明 以罰審爲禁止而令行 故殺一人而三軍震者 殺之 賞一人而萬人悅者 賞之 殺貴大 賞貴小 殺其當路貴重之人 是刑上極也 賞及牛豎馬洗廐養之徒 是賞下通也 刑上極 賞下通 是將威之所行也

〔무왕이 태공에게 물어 가로되 장수가 무엇으로써 위엄을 삼고 무엇으로써 명(明)을 삼고 무엇으로써 금(禁)을 그치고 영(令)을 행하게 합니까. 태공이 가로되 장수는 대(大)를 주(誅)함으로써 위(威)를 삼고 소(小)를 상줌으로써 명(明)을 삼고 벌을 살핌으로써 금이 지(止)하고 영을 행하는 것입니다.
 고로 1인을 살(殺)하여 삼군(三軍)이 두려워할 자는 죽이고 1인을 상주어 만인(萬人)이 기뻐할 자는 상줍니다. 죽이는 것은 대(大)를 귀히 여기고 상을 주는 것은 소(小)를 귀히 여기는 것입니다. 죽이는 것이 당로귀중(當路貴重)의 사람에게 미치는 것은 이는 형벌이 위에 다한 것이요, 상이 우수(牛豎) 마세(馬洗) 구양(廐養)의 무리에 미치는 것은 이는 상이 아래로 통한 것입니다. 형벌이 위에 다하고 상이 아래로 통하면 이것이 장수의 위엄이 행해지는 바입니다.〕

제23장 병사를 격려함(勵軍第二十三)

가. 승리를 얻는 세 가지 계략

무왕이 태공에게 자문하기를

"나는 전군(全軍)으로 하여금, 적의 성(城)을 공격할 때는 앞을 다투어 성으로 기어오르고, 야전(野戰)에서는 앞을 다투어 진격하며, 퇴각의 신호인 금속 울림소리가 나면 분개하고, 진군의 신호인 북소리가 나면 기뻐하도록 만들고자 하는데, 그렇게 만들려면 어떻게 해야 합니까."

하니, 태공이 말하기를

"장군에게는 반드시 승리를 취할 수 있는 길이 세 가지가 있습니다."

했다. 이에 무왕이 또 묻기를

"그 세 가지 세목(細目)을 듣고 싶습니다."

하니, 태공이 말했다.

"장군이면서 겨울에 따뜻한 가죽으로 만든 옷을 입지 않고, 여름에 부채를 사용하지 않으며, 비가 내려도 도롱이를 덮어 쓰지 않는 사람을 예장(禮將)이라 합니다. 장군 자신이 예를 지키지 않으면 병사의 춥고 더운 괴로움을 모르게 됩니다. 험악한 산길을 행군하거나 진흙길을 진군할 때 장군이 반드시 먼저 수레에서 내려 걸어가는 장군을 역장(力將)이라고 합니다. 장군 자신이 힘드는 일을 하지 않으면 병사들의 수고와 괴로움을 모릅니다. 전군의 병사가 모두 숙박할 수 있는 자리가 정해진 뒤에 장군이 숙사(宿舍)로 들어가고, 식사가 다 준비된 뒤에 장군이 식사를 하며, 군대 안에서 누구도 불을 피우지 않으면 장군도 불을 피우지 않는 장군을 지욕(止欲)의 장군이라고 합니다. 장군 자신이 욕망을 억제해 보지 않으면 병사들이 굶주리는지 배가 부른지를 알 수 없는 것입니다.

장군이 병사들과 함께 춥고 더운 것, 수고스럽고 괴로운 것, 배고프고 배부른 것을 함께 할 때 전군의 병사는 진군의 북소리를 들으면 기뻐하고, 퇴군의 금속 울림소리를 들으면 분개하고, 적의 높은 성벽이나 깊은 참호(塹壕)에서 화살과 돌이 내리 퍼붓는 속을 아무렇지도 않은 듯이 내딛고 앞을 다투어 성벽을 기어오르고, 번득이는 칼날 가운데로도 앞다투어 뛰어드는 것입니다.

병사들이 죽는 것을 좋아하고 부상(負傷)하는 것을 즐거워해서가 아닙니다. 병사들이 따르는 것은 그 장군이 병사들의 추위와 더위, 배고픔과 배부름, 또는 가지가지 괴로움과 수고로움의 일단(一端)까지도 밝게 알아줄 뿐 아니라 평소부터 그 괴로움과 수고로움을 함께 한 것을 알기 때문이요, 다른 까닭은 없습니다."

　　武王問太公曰 吾欲三軍之衆 攻城爭先登 野戰爭先赴 聞金聲而怒 聞鼓聲而喜 爲之奈何
　　太公曰 將有三勝 武王曰 敢聞其目 太公曰 將冬不服裘 夏不操扇 雨不張蓋 名曰禮將 將不身服禮 無以知士卒之寒暑 出隘塞 犯泥塗 將必先下步 名曰力將 將不身服力 無以知士卒之勞苦 軍皆定次 將乃就舍 炊者皆熟 將乃就食 軍不擧火 將亦不擧 名曰止欲將 將不身服止欲 無以知士卒之饑飽
　　將與士卒共寒暑勞苦饑飽 故三軍之衆 聞鼓聲則喜 聞金聲則怒 高城深池 矢石繁下 士爭先登 白刃始合 士爭先赴 士非好死而樂傷也 爲其將知寒暑饑飽之審 而見勞苦之明也

〔무왕이 태공에게 물어 가로되 나는 삼군의 무리로 성을 공격하는데 먼저 오르기를 다투고 야전(野戰)에서는 먼저 가기를 다투며 금성(金聲)을 듣고 노(怒)하고 고성(鼓聲)을 듣고 기뻐하기를 원하는데 어찌해야 하오.

태공이 가로되 장수는 삼승(三勝)이 있습니다. 무왕이 가로되 감히 그 세목을 묻겠습니다. 태공이 가로되 장수는 동(冬)에 갖옷을 입지 않고 하(夏)에 부채를 잡지 않으며 우(雨)에 덮개를 펴지 않는데 이름하여 예장(禮將)이라 합니다. 장수는 몸소 예를 복(服)치 아니하면 써 사졸의 한서(寒暑)를 알지 못하고 애색(隘塞)을 나가고 흙탕속을 범했을 때 장수가 반드시 먼저 내려 걸으면 이름하여 역장(力將)이라 합니다. 장수가 몸소 힘을 쓰지 아니하면 써 사졸의 노고를 알지 못하고 군사가 다 차(次)를 정한 후 장수가 이에 사(舍)에 나아가고 군사의 식사가 다 익은 후에 장수가 이에 식사에 나아가며 군사가 불을 켜지 아니하면 장수가 또한 들지 아니하나니 이름하여 지욕장(止欲將)이라 합니다. 장수가 몸소 지욕(止欲)을 복지 아니하면 사졸의 기포(饑飽)를 알지 못합니다. 장수는 사졸과 더불어 한서노고기포(寒暑勞苦饑飽)를 함께 하는 것으로 삼군의 무리가 고성(鼓聲)을 들으면 기뻐하고 금성(金聲)을 들으면 성내고 높은 성과 깊은 못에 석시(石矢)가 번거롭게 내려도 사졸이 먼저 오르기를 다투며 백인(白刃)이 시합(始合)해도 사졸이 먼저 나가기를 다툽니다. 사졸이 죽음을 좋아하고 상함을 즐기는 것이 아니라 그 장수가 한서기포(寒暑饑飽)의 살핌과 노고의 밝음을 보여주기 때문입니다.〕

제24장 군의 암호(陰符第二十四)

가. 여덟 가지의 암호문서.
　무왕이 태공에게 자문하기를
　"우리 삼군(三軍)을 이끌고 깊이 적의 제후(諸侯)의 땅에 침입했을 때, 전군(全軍)에 매우 급한 변사(變事)가 일어나고, 더욱이 그것이 우리 군에게 이로울 수도 있고 해로울 수도 있을 경우에, 먼 곳과 가까운 곳을 연락시키고, 중앙과 외곽을 호응(呼應)하게 하여, 삼군에게 원병(援兵)을 보급시키려고 생각하는데, 어떠한 방법이 있겠습니까."
　하니, 태공이 말하기를
　"군주와 장군과의 사이에 비밀로 된 부신(符信 : 암호)을 교환하는 것입니다. 거기에는 8등급이 있습니다. 크게 승리를 거둔 사실을 알릴 때의 부신은 길이가 한 자입니다. 적군을 깨뜨리고 적의 장수를 죽인 사실을 알릴 때의 부신의 길이는 아홉 치입니다. 적의 성(城)을 함락시키고 도시를 점령한 사실을 알릴 때의 부신의 길이는 여덟 치입니다. 적군을 격퇴시켜 멀리 쫓아버린 사실을 알릴 때의 부신의 길이는 일곱 치입니다. 많은 사람을 경계하여 수비를 견고하게 할 때의 부신의 길이는 여섯 치입니다. 양식이나 증병(增兵)을 요청할 때의 부신의 길이는 다섯 치입니다. 군대가 패전하여 장군을 잃었을 때의 부신의 길이는 네 치입니다. 형세가 불리하여 많은 병사가 사망한 사실을 알릴 때의 부신의 길이는 세 치입니다.
　각종 사명(使命)을 띠고 이같은 부신을 전달하는 사자

(使者)가 도중에 늦어서 시기를 잃거나, 부신의 기밀(機密)을 누설하는 것을 듣거나 고하는 자는 모두 사형에 처합니다. 이 8등급의 부신은 군주와 장군이 비밀로 하여 은밀하게 소리 없는 말을 교환하여 국내와 국외와의 의지(意志)와 소식을 서로 통하는 방법입니다. 적에게 아무리 뛰어난 지자(智者)가 있다고 하더라도 이 암호를 간파(看破)할 수는 없을 것입니다."
했다. 무왕이 이에 말했다.
"참으로 좋습니다."

武王問太公曰 引兵深入諸侯之地 三軍猝有緩急[1] 或利或害 吾將以近通遠 從中應外 以給三軍之用 爲之奈何
太公曰 主與將 有陰符 凡八等 有大勝克敵之符 長一尺 破軍殺將之符 長九寸 降城得邑之符 長八寸 卻敵報遠之符 長七寸 誓衆堅守之符 長六寸 請糧益兵之符 長五寸 敗軍亡將之符 長四寸 失利亡士之符 長三寸 諸奉使行符 稽留者 若符事泄 聞者告者 皆誅之 八符者 主將祕聞 所以陰通言語 不泄中外相知之術 敵雖聖智 莫之通識 武王曰 善哉

1) 緩急(완급) : 완(緩)은 뜻이 없이 딸린 말이요, 급(急)은 뜻으로만 풀이된다.

〔무왕이 태공에게 물어 가로되 병(兵)을 이끌고 제후의 땅에 깊이 들어가 삼군이 졸연히 완급(緩急)함이 있어 혹은 이롭고 혹은 해로울 때 우리 장차 가까운 데에서 먼 곳을 통하고 가운데서 밖을 응하여 삼군의 쓰임을 공급하려면 어찌해야 하오. 태공이 가로되 임금과 장수는 음부(陰符)가 있으니 무릇 8등(八等)이라. 크게 적을 이긴 부(符)는 길이가 1척(一尺)이요, 적군을 파(破)하고 장수를 죽인 부는 길이가 구촌(九寸)이요, 성을 항복시키고 읍을 얻은 부는 길이가 8촌(八寸)이요, 적을 물리치고 먼 곳으로 보(報)한

부는 길이가 7촌(七寸)이요, 중(衆)에 서(誓)하고 지킴을 견고하게 하는 부는 길이가 6촌(六寸)이요, 양식을 청하고 병사를 익(益)하는 부는 길이가 5촌(五寸)이요, 군대가 패하고 장수를 잃은 부는 길이가 4촌(四寸)이요, 이(利)를 잃고 병사를 잃은 부는 길이가 3촌(三寸)이요, 모든 사명을 받들고 부(符)를 행하는데 지체시킨 자와 부사(符事)를 누설한 것을 들은 자나 고한 자는 모두 주벌합니다. 팔부(八符)라는 것은 임금과 장수가 듣는 것을 비밀로 하여 음(陰)으로 언어(言語)를 통하여 누설되지 않도록 하고 안과 밖이 서로 알 수 있는 방법이니 적이 비록 성지(聖智)라도 통하여 알지 못하는 것입니다. 무왕이 가로되 선(善)하다.]

제25장 암호문서(陰書第二十五)

가. 통신문을 알 수 없게 하는 것
　무왕이 태공에게 자문하기를
　"군대를 인솔해서 깊이 적의 제후(諸侯)의 땅에 침입하여 군주와 장군이 병세(兵勢)를 서로 연락하여 임기응변(臨機應變)의 책략(策略)을 행하고, 큰 이익을 도모하고자 생각하는데, 사정이 대단히 번잡(繁雜)하여 간단한 부신(符信)으로는 충분하지 않고, 거리도 멀어서 말을 교환할 수도 없을 때에는 어떻게 하면 좋겠습니까."
　하니, 태공이 말하기를
　"복잡한 비밀 사항이나 큰 계획을 행하는 데에는 음서(陰書)를 사용해야 하며 간단한 음부(陰符)를 사용할 수는 없습니다. 군주가 서면(書面)을 장군에게 보내고, 장군이 서면에 의해 명령을 받드는 데에는, 우선 한 통의 문서(文書)를 만들고, 재리(再離)하고 삼발(三發)하여 일지(一知)하는 것입니다.
 재리(再離)라는 것은 음서(陰書)를 가로로 절단하여 세 부분으로 만드는 것입니다. 삼발(三發)하여 일지(一知)한다는 것은 세 사람의 사자(使者)에게 각각 한 편(片)씩을 가지고, 사이를 두고 길을 달리해 출발하게 하여, 세 사람이 그 실정을 알지 못하게 하는 것입니다. 이것을 음서라고 하는 것입니다. 이렇게 하면 적에게 아무리 뛰어난 지혜로운 사람이 있다고 하더라도 그 내용을 알 수 없을 것입니다."
 했다. 이 말을 듣고 무왕이 말했다.
"좋은 방법입니다."

　武王問太公曰　引兵深入諸侯之地　主將欲合兵　行無窮之變　圖不測之利　其事繁多　符不能明　相去遼遠　言語不通　爲之奈何
　太公曰諸有陰事大慮　當用書　不用符　主以書遺將　將以書問主　書皆一合而再離　三發而一知　再離者　分書爲三部　三發而一知者　言三人　人操一分　相參而不知情也　此謂陰書　敵雖聖智　莫之能識　武王曰　善哉

〔무왕이 태공에게 물어 가로되 병사를 이끌고 깊이 제후의 땅에 들어가 임금과 장수가 병사를 합하여 무궁한 변화를 행하고 부측(不測)한 이익을 도모하고자 하나 그 일이 번다(繁多)하고 부(符)로 능히 밝히지 못하고 서로 감이 요원하여 언어가 통하지 않으면 어찌해야 하오. 태공이 가로되 음사(陰事)와 대려(大慮)에 있어서는 마땅히 서(書)를 쓰고 부(符)를 쓰지 않습니다. 임금은 서로써 장수에게 보내고 장수는 서로써 임금에게 묻습니다. 서는 다 하나로 모아서 다시 분리하고 세 번 발(發)하여 하나를 압니다. 재리(再離)자는 서를 나누어 세 쪽으로 만드는 것이요, 삼발(三發)이 일지(一知)자는 삼인(三人)이 사람마다 한 쪽을 잡아 상참(相參)

하는 정을 서로 알지 못합니다. 이것을 이른 음서(陰書)라고 하는데 적이 비록 성지(聖智)라도 능히 알 수 없습니다. 무왕이 가로되 선(善)하다.]

제26장 군대의 위세(軍勢第二十六)

가. 적을 공격하는데 좋은 방법은
무왕이 태공에게 자문하기를
"적을 공벌(攻伐)하는 데에는 어떻게 하는 것이 좋습니까."
하니, 태공이 말하기를
"공벌의 형세라고 하는 것은 적군의 움직임에 따라 이루어지는 것이고, 천변만화(千變萬化)의 계략은 적과 우리측 두 진영(陣營) 사이에서 생기며, 기발한 술책과 정면공격은 함께 무궁한 변화를 숨기고 있는 대장의 생각에서 발(發)하는 것입니다. 그러므로 지극히 긴급한 사항이나 용병(用兵)의 비책(祕策)은 입 밖에 낼 수가 없습니다. 또한 지극히 긴급한 사항은 설명해서 알 수 있는 것이 아니고, 임기응변에 의해 적을 제압하는 용병의 기미(機微)는 그 형상을 볼 수 없는 것입니다. 머리카락 하나 들어갈 틈을 주지 않고 변화하고 진퇴하여 적에게 제압되지 않는 것이 병(兵)의 묘용(妙用)입니다. 무릇 병사(兵事)는 적의 군사정보를 듣고 어떤 방법으로 패퇴(敗退)시킬 것인가 하는 것을 평의(評議)하고, 적의 군사 형편을 보고 어떤 방법으로 격파할 것인가 하는 것을 도모하고, 적의 방술(方術)을 알고는 어떤 방법으로 괴롭혀 줄 것인가 하는 것을 생각하고, 적의 허실과 강약을 변별

(辨別)하고 어떤 방법으로 그들을 위태로운 지경에 떨어 뜨릴까 하는 것을 생각해야 할 것입니다.

그러므로 전쟁을 잘하는 어진 장수는 전진(戰陣)을 펴기 전에 싸우지 않고 이미 지모(智謀)로 적을 제압해 버리는 것입니다. 국난을 잘 제거하는 사람은 또 일이 생기기 전에 처리해 버리는 것입니다. 적에게 승리하는 사람은 아직 형편이 위로 드러나기 전에 살펴서 승리를 제어하고 마는 것입니다. 곧 최상의 전쟁은 싸우지 않고 승리하는 것입니다. 따라서 번득이는 칼날을 맞부딪치면서 승패를 겨루는 사람은 어진 장수라고 말할 수가 없습니다. 시기를 잃은 뒤에 준비를 갖추는 사람은 성인이라 말할 수 없습니다. 지혜가 범인(凡人)과 같아서는 한 나라의 스승이 될 수 없습니다. 기술이 범인과 같아서는 한 나라의 명공(名工)이 아닙니다.

병사(兵事)는 필승(必勝)보다 큰 것이 없고, 용병(用兵)은 현묘(玄妙)하여 침묵하는 것보다 큰 것이 없고, 군사를 동원함에는 적의 불의(不意)를 습격하는 것보다 신묘(神妙)한 법이 없고, 병략(兵略)은 심밀(深密)하여 적에게 알려지지 않는 것보다 최선의 방법은 없습니다.

승리를 거두고자 하는 사람은 먼저 자기 군대의 약체(弱體)를 적에게 보여 주고 싸우는 것입니다. 그러므로 병사의 수는 반밖에 안 되더라도 갑절의 공적을 거둘 수가 있는 것입니다.

성인은 천지 자연의 움직임에 순응하여 행동합니다. 그러나 범인(凡人)으로는 누구도 그 조리(條理)를 알지 못합니다. 성인은 음양의 도에 따라, 그 계절과 기후에 따라 천지의 차고 이지러짐을 당하여 그것을 상법(常法)으로 하고 있습니다. 만물에 생사(生死)가 있는 것은 천지 자연의 형세에 말미암는 것입니다. 그러므로 '그 형세를 보지 않고 싸우면 아무리 많은 병세(兵勢)라도 반드시 패배한다."고 하는 것입니다.
 교묘하게 싸우는 사람은 어떠한 경우에도 어지러워지는 일이 없으며 승리할 기회라고 생각하면 군사를 일으키고, 불리하다고 생각되면 기회를 기다립니다. 그러기에 '두려워하지 말라. 그리고 망설이지 말라. 전쟁에는 망설이는 것이 최대의 해로움이다. 삼군(三軍)에게는 의심하고 주저하는 것 이상의 재화(災禍)는 없다.'라고 하는 것입니다.
 전쟁을 잘하는 사람은 이롭다고 판단되면 기회를 놓치지 않고, 시기(時機)라고 생각되면 곧바로 결단을 내립니다. 유리한 기회를 놓치고 시기를 벗어나서는 도리어 재앙을 받게 되기 때문입니다. 그러므로 지장(智將)은 기회를 놓치는 일이 없고, 교장(巧將)은 일단 결단을 내린 뒤에 망설이는 일이 없습니다. 이런 까닭에 뇌성(雷聲)에 귀를 막을 사이도 없이, 전광(電光)에 눈을 감을 틈도 없이 적의 진영으로 향하는 병사들의 신속함은 마치 놀라서 미친 것이 아닌가 생각할 정도입니다. 그러므로 이런 군대에게 대항하는 자는 패망하고 가까이 다가오는 자는 멸망하고 말며, 아무도 막을 수가 없는 것입니다.
 대저 장군된 사람은 말로 나타내지 않고 기미(機微)로써 지키는 것을 신(神)과 같은 지혜가 있다고 하는 것입니다. 형상으로 나타나지 않는 적의 약점을 간파하여 승리하는 것을 밝은 지혜가 있다고 하는 것입니다. 이 신명(神明)의 도(道)를 아는 장수앞에는 들에서 횡행(橫行)하고 활보(濶步)하는 적이 없고, 가까운 이웃에 대립하는 적국이 없는 것입니다."
 했다. 이 말을 들은 무왕이 말했다.
 "좋은 말씀입니다."

 武王問太公曰 攻伐之道奈何 太公曰 勢因敵之動 變生

於兩陣之間 奇正發於無窮之源 故至事不語 用兵不言 且事之至者 其言不足聽也 兵之用者 其狀不足見也 倏而往倏而來 能獨專而不制者兵也

聞則議 見則圖 知則困 辨則危

故善戰者 不待張軍 善除患者 理於未生 勝敵者 勝於無形 上戰無與戰 故爭勝於白刃之前者 非良將也 設備於已失之後者 非上聖也 智與衆同 非國師也 技與衆同 非國工也

事莫大於必克 用莫大於玄默 動莫神於不意 謀莫善於不識

夫先勝者 先見弱於敵而後戰者也 故事半而功倍也 聖人徵於天地之動 孰知其紀 循陰陽之道而從其候 當天地盈縮 因以爲常 物有生死 因天地之形 故曰 未見形 而戰雖衆必敗

善戰者 居之不撓 見勝則起 不勝則止 故曰 無恐懼 無猶豫 用兵之害 猶豫最大 三軍之災 莫過狐疑

善戰者 見利不失 遇時不疑 失利後時 反受其殃 故智者從之而不失 巧者一決而不猶豫 是以疾雷不及掩耳 迅電不及瞑目 赴之若驚 用之若狂 當之者破 近之者亡 孰能禦之

夫將 有所不言而守[1]者 神也 有所不見而視者 明也 故知神明之道 野無橫敵 對無立國 武王曰 善哉

1) 所不言而守(소불언이수) : 말로 표현할 수 없고, 시각(視覺)으로 판단할 수 없는, 뛰어난 장군만이 갖추고 있는 마음의 신명(神明)한 활동으로 지키고 본다.

〔무왕이 태공에게 물어 가로되 공벌(攻伐)의 도는 어떠한 것이오. 태공이 가로되 세(勢)는 적(敵)의 움직임에 인(因)하고 변화는 양진(兩陣)의 사이에서 생(生)하며 기정(奇正)은 무궁(無窮)의 근원에서 발(發)하는 것으로 지사(至事)를 불어(不語)하고 용병(用

兵)은 말하지 않는 것입니다. 또 일의 지극한 것은 그 언(言)을 듣기에 족하지 못하고 병(兵)의 용(用)이라는 것은 그 상황이 보기에 족하지 않습니다. 숙연히 가고 숙연히 오며 능히 독전(獨專)하여 제어하지 못하는 것이 병(兵)입니다. 들으면 의논하고 보면 도모하며 알면 괴롭고 분별하면 위태합니다.

그러므로 선전(善戰)한 자는 군이 장(張)하는 것을 기대하지 않고 근심을 잘 제거하는 자는 미생(未生)에서 다스리고 적을 잘 이기는 자는 무형(無形)에서 이기고 최상의 싸움은 더불어 싸우지 않는 것으로 백인(白刃)의 앞에서 승리를 다투는 자는 양장(良將)이 아닙니다. 이미 잃은 후에 설비(設備)하는 자는 상성(上聖)이 아닙니다. 지(智)가 무리와 더불어 같은 것은 국사(國師)가 아니요, 기술이 무리와 더불어 같은 자는 국공(國工)이 아닙니다. 일은 필극(必克)보다 큰 것이 없으며 용(用)은 현묵(玄默)보다 큰 것이 없으며 동(動)은 불의(不意)보다 신령스러움이 없으며 계략은 불식(不識)보다 선(善)한 것이 없습니다.

대저 선승(先勝)한 자는 먼저 적에게 약한 것을 보인 후에 싸우는 자입니다. 고로 일은 반이되 공(功)은 갑절이나 됩니다. 성인은 천지의 동(動)에 징(徵)하나니 누가 그 기(紀)를 알리오. 음양의 도를 따라 그 후(候)를 따르면 천지의 영축(盈縮)에 당하여 그 떳떳함이 됩니다. 물은 생사가 있어 천지의 형상에 따르는 것으로 가로되 형상을 보지 못하고 싸우면 비록 무리가 많아도 반드시 패합니다. 선전(善戰)한 자는 거(居)하되 흔들리지 않고 승(勝)이 보이면 일어나고 불승(不勝)하면 그칩니다. 고로 공구함이 없고 유예(猶豫)함이 없으니, 용병(用兵)의 해로움은 유예함이 가장 크고, 삼군의 재앙이 호의(狐疑)보다 지나는 것이 없습니다.

선전(善戰)한 자는 이(利)를 보고 잃지 아니하고 시(時)를 만나면 의심하지 않습니다. 이를 잃고 때를 후에 하면 돌이켜 그 재앙을 받는 것으로 지(智)자는 따르고 잃지 않으며 교(巧)자는 일결(一決)하고 유예치 아니합니다. 이로써 질뢰(疾雷)는 귀를 막는데 미치지 못하고 신전(迅電)은 목(目)을 명함에 미치지 못하듯이 부

(赴)하여 놀라듯하며 용(用)함이 광(狂)과 같이 하고 당(當)한 자는 파멸시키고 가까운 자는 망하게 하나니 누가 능히 막을 수 있으랴.

대저 장수는 말하지 아니한 바 있으되 지키는 것은 신비롭게 하고 보지 아니한 바 있으되 보는 것은 밝게 합니다. 고로 신명(神明)의 도를 아는 자는 야(野)에 횡적(橫敵)이 없고 대(對)함에 입국(立國)할 것이 없습니다. 무왕이 가로되 선하다.]

제27장 기특한 용병(奇兵第二十七)

가. 전쟁을 잘 하는 사람은
무왕이 태공에게 자문하기를
"용병(用兵)하는 방법의 대요(大要)는 어떠한 것입니까."
하니, 태공이 말하기를
"옛날에 전쟁을 잘하는 사람은 공중에서 싸운 것이 아니요, 땅속에서 싸운 것도 아닙니다. 그 승패는 모두 신변불측(神變不測)한 형세에 의한 것이었습니다. 그 신세(神勢)를 깨달아 얻은 사람은 번영했고, 그것을 잃은 사람은 멸망했던 것입니다.

양쪽 군대가 대진(對陣)하면서 무기를 진열해 보이기도 하고, 병졸들로 하여금 제멋대로 하게 내버려두어 대열(隊列)을 어지럽게 하기도 하고, 언뜻 보아 통제가 없는 군대처럼 보이기도 하는 것은 적을 속이는 수단입니다. 풀이 우거지고 수목이 무성하게 자란 깊숙한 곳에 군대를 머물러 있게 하는 것은 이 때다 할 때 달아나기가 쉽기 때문에 하는 계략입니다. 험준한 계곡에다 진(陣)을 치는 까닭은 적의 전차나 기병의 공격을 방어하기 위한 책략입니다. 길이 좁고 막혀 있는 산림으로 에워싸인 곳에 진을 치는 것은 소수의 병력으로 다수의 적병을 격파하기 위한 계략입니다. 우묵하게 패인 늪의 침침한 곳에 진을 치는 것은 군세(軍勢)를 숨기기 위한 계략입니다. 시야(視野)가 탁 트여 가로막는 것이 없는 평야에다 진을 치는 것은 용력(勇力)을 떨쳐 결전(決戰)하기 위해서입니다. 화살처럼 빠르고 큰 활 손잡이가 끊어지고 쏘아지듯 기민(機敏)하게 공격하는 것은 적의 정치(精緻)하고 미묘한 계략을 깨기 위해서입니다.

복병(伏兵)을 대기시키고 기습병(奇襲兵)을 숨겨두면서 일부러 멀리 물러나 진을 쳐 적을 기만하여 꾀어내는 것은 적군을 격파하고 적의 장수를 사로잡기 위한 계략입니다. 군세를 네 개의 대(隊) 또는 다섯 개의 대로 나눠 여러 군데에 진을 치는 것은 적의 원진(圓陣)이나 방진(方陣) 등 어떠한 진형(陣形)이라도 격파하기 위한 책략입니다. 적을 놀라게 해놓고 그것을 이용하여 공격하는 것은 하나로서 그 열 갑절의 적을 격파할 수 있는 책략입니다. 피로해진 적이 야영(野營)하고 있는 곳을 공격하는 것은 열로서 그 백배가 되는 적을 공격할 수 있는 수단입니다. 기발한 기술이나 수단을 쓰는 것은 깊은 개울을 넘고 강하(江河)를 건너서 공격하기 위해서입니다. 강한 활이나 긴 창을 준비해 두는 것은 물을 사이에 두고 대안(對岸)의 적과 싸우기 위해서입니다. 관문(關門)을 넘어서 멀리 적국 안으로 보낸 척후병(斥候兵)을 갑자기 거짓 도망치게 하는 것은 적을 꾀어내 그 사이를 틈타 적의 성읍을 점령하기 위한 계략입니다. 북을 두드려 시끄럽게 하면서 진군하는 것은 적으로 하여금 그쪽으로 주의를 기울이게 하면서 그 허(虛)를 찔러 기모(奇謀)를 행하기 위해서입니다. 폭풍우가 몰아칠 때는 어둠을 이용하여 적의 전군(前軍)을 불의에 습격하고, 그 후군(後軍)을 격파하여 적의 주장(主將)을 잡을 좋은 기회입니다. 거짓으로 적에게 사자(使者)를 보내 그들의 사자라 거짓 일컫게 하는 것은 그 양도(糧道)를 끊기 위한 계략입니다. 적의 신호에 맞추거나, 적과 같은 복장을 하거나 하는 것은 적군속에 뒤섞여 들어가서 패하여 달아나는 것을 추격하기 위해서입니다.

싸울 때에 반드시 대의명분을 말하는 것은 병사를 격려하여 적에게 승리하기 위한 방책(方策)입니다. 공이 있는 사람에게 높은 작위(爵位)를 주고, 두터운 상을 내리는 것은 명령에 복종할 것을 장려하기 위한 방책입니다. 죄를 범한 자에게 형벌을 엄중하게 하는 것은 그 태만을 막기 위한 방책입니다. 혹은 기뻐하고, 혹은 성내고, 혹은 주고, 혹은 빼앗고, 혹은 문덕(文德)으로 회유하고 혹은 무위(武威)로 위협하고, 혹은 서서히 혹은 급속하게 하여 때에 따르고 사물에 대처하여 지나치거나 부족한 일이 없게 하는 것은 그에 의하여 전군(全軍)을 조화롭게 하고 신하를 통제하기 위해서입니다.

고지(高地)에서 바라보기 좋은 자리에 진을 치는 것은 적에게 불의의 습격을 당하지 않도록 수비하기 위해서입니다. 험조(險阻)한 지대를 보수하는 것은 수비를 견고하게 하기 위해서입니다. 산림이 울창한 곳에 진을 치는 것은 적이 모르게 왕래할 수가 있기 때문입니다. 참호를 깊게 하고 보루를 높게 하여 병량(兵糧)을 많이 저장하는 것은 지구전에 대비하기 위해서입니다.

그러므로 '적을 공략할 방책(方策)을 알지 못하는 자는 적에 대해 말할 자격이 없다. 병사를 자유로이 운용할 수완이 없는 자는 기병의 술(術)을 말할 자격이 없다. 다스려지고 어지러워지는 근본을 알아서 대처할 수완이 없는 자는 권변(權變)의 술(術)을 말할 자격이 없다.'라고 하는 것입니다.

또 '장군에게 인덕이 없으면 병사들은 화친(和親)하지 않는다. 장군에게 용기가 없으면 병사들은 정예(精銳)로워지거나 강력해지지 않는다. 장군에게 지혜가 없으면 병사들은 의심하고 두려워한다. 장군이 밝고 민첩하지 않으면 병사들은 동요한다. 장군에게 정교(精巧)하고 치밀한 판단력이 없으면 병사들은 진군할 기회를 잃는다. 장군이 항상 경계하지 않으면 병사들은 그 수비가 어지러워진다. 장군의 통솔력이 약하면 병사들은 그 직무를 게을리한다.'라고 하는 것입니다.

그래서 장군이야말로 사람의 생명을 관장하니, 전군은 장군과 함께 다스려지고 장군과 함께 어지러워지는 것입니다. 현명한 장군을 얻으면 군대는 강해지고 국가는 번영하며, 현명한 장군을 얻지 못하면 군대는 약해지고 국가는 멸망하는 것입니다."

했다. 이 말을 듣고 무왕이 말했다.

"참으로 좋은 말을 들었습니다."

武王問太公曰 凡用兵之法 大要何如 太公曰 古之善戰者 非能戰於天上 非能戰於地下 其成與敗 皆由神勢 得之者昌 失之者亡

夫兩陣之間 出甲陣兵 縱卒亂行者 所以爲變也 深草蓊翳者 所以循逃也 谿谷險阻者 所以止車禦騎也 隘塞山林者 所以少擊衆也 坳澤坳冥者 所以匿其形也 淸明無隱者 所以戰勇力也 疾如流矢 擊如發機者 所以破精微也 詭伏設奇 遠張誑誘者 所以破軍擒將也 四分五裂者 所以擊圓破方也 因其驚駭者 所以一擊十也 因其勞倦暮舍者 所以十擊百也 奇技者 所以越深水渡江河也 强弩長兵者 所以踰水戰也 長關遠候 暴疾謬遁者 所以降城服邑也 鼓行讙囂者 所以行奇謀也 大風甚雨者 所以搏前擒後也 爲

稱敵使者 所以絶糧道也 謬號令 與敵同服者 所以備走北也 戰必以義者 所以勵衆勝敵也 尊爵重賞者 所以勸用命也 嚴刑重罰者 所以進罷怠也 一喜一怒 一予一奪 一文一武 一徐一疾者 所以調和三軍 制一臣下也 處高敵者 所以警守也 保險阻者 所以爲固也 山林茂穢者 所以默往來也 深溝高壘 積糧多者 所以持久也

故曰 不知戰攻之策 不可以語敵 不能分移 不可以語奇 不通治亂 不可以語變

故曰 將不仁 則三軍不親 將不勇 則三軍不銳 將不智 則三軍大疑 將不明 則三軍大傾 將不精微 則三軍失其機 將不常戒 則三軍失其備 將不強力 則三軍失其職

故將者 人之司命 三軍與之俱治 與之俱亂 得賢將者 兵強國昌 不得賢將者 兵弱國亡 武王曰 善哉

〔무왕이 태공에게 물어 가로되 무릇 용병(用兵)의 법(法)은 대요(大要)가 어떠한 것이오. 태공이 가로되 옛날의 선전(善戰)한 자는 능히 천상(天上)에서 싸운 것이 아니고 능히 지하(地下)에서 싸운 것도 아닙니다. 그 성(成)과 패(敗)가 다 신세(神勢)에 말미암나니 얻은 자는 창성하고 잃은 자는 망합니다. 대저 양진(兩陣)의 사이에 갑(甲)을 출(出)하고 병을 진(陣)하여 졸(卒)을 풀어놓고 행동을 어지럽게 하는 자는 써 변화를 일으키려는 것이요, 풀이 깊고 무성한 곳이 있으려면 도망하는 것이요, 계곡이 험조한 것은 써 수레를 멈추고 기병을 방어하는 것이요, 애색하고 산림한 곳은 적은 것으로 많은 것을 공격하는 것이요, 요택요명한 것은 그 형체를 숨기는 것이요, 청명하고 숨기는 것이 없는 것은 써 힘을 다하여 싸우는 것이요, 빠르기가 유시(流矢)와 같고 공격하는 것을 기(機)를 발(發)하는 것과 같은 것은 써 정미(精微)한 것을 파괴하는 것입니다.

복(伏)을 궤(詭)하고 기(奇)를 설(設)하며 멀리 장(張)하고 광유(誆誘)하는 자는 군(軍)을 파(破)하고 장수를 금(擒)할 것이요,

사분오열(四分五裂)한 자는 써 원(圓)을 격(擊)하고 방(方)을 파하는 것이요, 그 경해(驚駭)를 인하는 것은 하나로써 열을 공격하는 것이요, 그 노권모사(勞倦暮舍)를 인하는 것은 열로써 백을 격파하는 것이요, 기기(奇技)한 것은 심수(深水)를 넘고 강하(江河)를 건너는 것이요, 강로장병(强弩長兵)한 자는 물을 건너서 싸우려는 것이요, 장관원후(長關遠候)하여 폭질(暴疾)하고 유둔(謬遁)한 것은 성을 항복받고 읍을 굴복시키는 것이요, 고행훤효(鼓行諠囂)한 자는 기이한 계략을 행하는 것이요, 대풍심우(大風甚雨)한 것은 전(前)을 치고 후(後)를 사로잡는 것이요, 거짓 적의 사신이라고 칭(稱)한 자는 써 양도(糧道)를 끊는 것이요, 호령(號令)을 틀리게 하고 적과 복장을 함께 한 자는 주패(走北)에 대비한 것입니다.

싸우는데 반드시 의(義)로써 하는 자는 써 무리를 격려하여 적을 이기려는 것이요, 작을 높이고 상을 중(重)히 하는 자는 명(命)의 쓰임을 권하는 것이요, 형(刑)을 엄히 하고 벌을 무겁게 하는 것은 타태(罷怠)를 진(進)하게 하는 것이요, 일희일로(一喜一怒)와 일여일탈(一予一奪)과 일문일무(一文一武)와 일서일질(一徐一疾)하는 것은 삼군을 조화시키고 신하를 제일(制一)하는 것이요, 고창(高敞)에 처한 것은 경수(警守)하는 것이요. 험조(險阻)를 보하는 것은 고(固)를 위하는 것이요, 산림무예(山林茂穢)한 것은 왕래를 묵(默)하는 것이요, 구(溝)를 깊게 하고 루(壘)를 높이고 양식을 많이 쌓아두는 것은 오래 끌려는 것입니다.

그러므로 전공(戰攻)의 계책을 알지 못하면 가히 써 적을 말하지 못하고 분이(分移)에 능하지 못하면 가히 써 기(奇)를 말하지 못하며 치란(治亂)을 통하지 못하면 가히 써 변(變)을 말하지 못합니다. 고로 장수가 불인하면 삼군이 친하지 못하고 장수가 용(勇)치 못하면 삼군이 정예치 못하고 장수가 지혜롭지 못하면 삼군이 크게 의심하며 장수가 밝지 못하면 삼군이 크게 기울어지고 장수가 정미하지 못하면 삼군이 그 기(機)를 잃고 장수가 상계(常戒)치 아니하면 삼군이 그 방비를 잃고 장수가 강력하지 않으면 삼군이 그 직책을 잃는 것입니다. 고로 장수는 사람의 명(命)을 맡

은 것으로 삼군은 더불어 함께 다스려지고 더불어 함께 어지러워
집니다. 현장(賢將)을 얻은 자는 병강국창(兵强國昌)하고 현장을
얻지 못한 자는 병약국망(兵弱國亡)합니다. 무왕이 가로되 선(善)
하다.]

제28장 다섯 가지 소리(五音第二十八)

가. 음악으로 승패를 알 수 있습니까.
　무왕이 태공에게 자문하기를
　"십이율(十二律)과 오음(五音)을 들어 분간함으로써, 적군의 동정이나 승패의 결과를 알 수가 있습니까."
　하니, 태공이 말하기를
　"그 질문은 진실로 심원(深遠)한 것입니다. 대저 율관(律管)은 열두 종류가 있습니다만, 그것을 요약하면 오음(五音)이 되는데, 궁(宮)·상(商)·각(角)·치(徵)·우(羽)가 그것입니다. 이 오음이야말로 기본이 되는 바른 소리입니다. 그것은 만세불변(萬世不變)의 것이며, 오행의 신령스러움이 도의 떳떳함입니다. 이것에 의해 적의 동정을 알 수 있습니다. 금(金)·목(木)·수(水)·화(火)·토(土)의 오행은 각각 이길 수 있는 행(行)으로부터 공격해야 이길 수 있습니다. 〔물은 불을 이기고 불은 금을 이기고 금은 나무를 이기고 나무는 흙을 이기고 흙은 물을 이기는 것〕
　고대 삼황(三皇)시대에는 허무자연(虛無自然)한 심정으로 강강(剛强)한 백성을 통제하고, 문자가 없이 모두 오행의 도에 의해 천하를 다스렸던 것입니다. 오행의 도는 천지자연의 이치이므로 육십갑자(六十甲子)도 모두

여기에 분속(分屬)되는 것으로, 진실로 미묘한 신리(神理)입니다.

오음(五音)에 의해 적의 정황(情況)을 아는 방법은, 천기(天氣)가 청량(淸朗)하여 구름도 바람도 없고 비도 내리지 않는 때를 보아, 한밤중에 경기병(輕騎兵)을 파견하여 적의 군루(軍壘)에 가까이 다가가도록 해 대개 9백보쯤 떨어진 곳에서, 십이율(十二律)의 관(管)을 모두 들고 귀에 댑니다. 그런 다음 크게 소리를 질러 적군을 놀라게 하면 적군들이 허둥지둥 당황하는 소리가 관(管)에 반응합니다. 그 반응은 대단히 미묘합니다.

각(角)의 소리가 율관(律管)에 반응했을 때는 각(角)은 목(木)에 속하고, 목을 이기는 것은 금(金)이므로, 금의 신(神)인 백호(白虎)의 방위(方位)와 일시(日時)로써 공격해야 합니다. 치(徵)의 소리가 율관에 반응했을 때는 치(徵)는 화(火)에 속하고, 화를 이기는 것은 수(水)이므로, 수의 신인 현무(玄武)의 방위와 일시로써 공격해야 합니다. 상(商)의 소리가 율관에 반응했을 때는 상(商)은 금(金)에 속하고, 금을 이기는 것은 화(火)이므로, 화의 신인 주작(朱雀)의 방위와 일시로써 공격해야 합니다. 우(羽)의 소리가 율관에 반응하였을 때에는 우(羽)는 수(水)에 속하고, 수를 이기는 것은 토(土)이므로, 토의 신인 구진(句陳)의 방위와 일시로써 공격해야 합니다. 그리고 오관의 소리가 아무것에도 반응하지 않았을 때에는 그것은 궁(宮)입니다. 궁(宮)은 토(土)에 속하고, 토를 이기는 것은 목(木)이므로 목의 신인 청룡(靑龍)의 방위와 일시로써 공격해야 합니다. 이것이 오행의 효험(效驗)이고, 승리를 돕는 징후이며, 승패가 갈리는 기미입니다."

했다. 이 말을 듣고 무왕은
"참으로 좋은 이야기입니다."
했다. 태공이 또 말하기를

"적의 진영에서 반응하여 오는 미묘한 오음(五音)에는 모두 율관(律管)에 반응하는 외에도 분명하게 밖으로 드러나는 징후가 있습니다."

했다. 이에 무왕이 또 묻기를

"어떻게 하면, 밖으로 드러나는 징후를 알 수 있겠습니까."

하니, 태공이 말했다.

"적이 놀라서 지르는 소리 가운데 그것을 들어서 알 수가 있습니다. 곧 북채로 북을 두드리는 소리가 들리면 그것은 각(角)입니다. 불의 광채가 보이면 그것은 치(徵)입니다. 금속 따위 모(矛)나 극(戟)의 소리가 들리면 그것은 상(商)입니다. 사람이 크게 외치는 소리가 들리면 그것은 우(羽)입니다. 아무 소리도 들리지 않으면 그것은 궁(宮)입니다. 이 다섯 가지는 성(聲)과 색(色)이 되어 밖으로 드러나는 징후입니다."

　　武王問太公曰　律音¹⁾之聲　可以知三軍之消息　勝負之決乎

　　太公曰　深哉　王之問也　夫律管十二　其要有五音　宮商角徵羽　此眞正聲也　萬代不易　五行之神²⁾　道之常也　可以知敵　金木水火土　各以其勝攻也　古者　三皇³⁾之世　虛無之情　以制剛强　無有文字　皆由五行　五行之道　天地自然　六甲⁴⁾之分　微妙之神

　　其法之天淸淨　無陰雲風雨　夜半遣輕騎　往至敵人之壘　去九百步外　偏持律管當耳　大呼驚之　有聲應管　其來甚微　角聲應管　當以白虎　徵聲應管　當以玄武　商聲應管　當以朱雀　羽聲應管　當以勾陳　五管聲盡不應者　宮也　當以靑龍　此五行之符　佐勝之徵　成敗之機也　武王曰　善哉

　　太公曰　微妙之音　皆有外候　武王曰　何以知之　太公曰　敵人驚動則聽之　聞枹鼓之音者　角⁵⁾也　見火光者　徵也　聞

金鐵矛戟之音者 商也 聞人嘯呼之音[6]者 羽[7]也 寂寞[8]無
聞者 宮也 此五者 聲色之符也

1) 律音(율음) : 십이율(十二律)과 오음(五音). 십이율은 12가지 음계로
양(陽)에 속하는 육률〔六律 : 태주(太簇) · 고선(姑洗) · 황종(黃鐘) ·
이칙(夷則) · 무역(無射) · 유빈(蕤賓)〕과 음(陰)에 속하는 육려〔六
呂 : 대려(大呂) · 협종(夾鐘) · 중려(仲呂) · 임종(林鐘) · 남려(南
呂) · 응종(應鐘)〕를 말한다. 그리고 오음은 궁(宮) · 상(商) · 각
(角) · 치(徵) · 우(羽)의 다섯 가지 음률(音律)로 오성(五聲)이라고
도 한다. 궁(宮)은 중앙의 음(音)에 해당하여 토(土)에 속하고, 상
(商)은 서방의 음에 해당하여 금(金)에 속하고, 각(角)은 동방의 음
에 해당하며 목(木)에 속하고, 치(徵)는 남방의 음에 해당하여 화
(火)에 속하고, 우(羽)는 북방의 음에 해당하여 수(水)에 속한다.

2) 五行之神(오행지신) : 오행은 우주간에 운행하는 금(金) · 목(木) · 수
(水) · 화(火) · 토(土)의 다섯 가지 원기(元氣)다. 이것이 상생(相生)
하고 상극(相剋:相勝)하는 이치로 우주의 만물을 지배한다고 한다.
곧 수(水)는 화(火)를 이기고〔수극화(水剋火)〕, 화는 금(金)을 이기
고〔화극금(火克金)〕, 금은 목(木)을 이기고〔금극목(金剋木)〕, 목은
토(土)를 이기고〔목극토(木剋土)〕, 토는 수(水)를 이긴다.〔토극수
(土剋水)〕이것을 오행상극(五行相剋) 또는 오행상승(五行相勝)이라
한다. 그리고 목(木 : 東方)의 신(神)을 청룡이라 하고, 토(土 : 中央)
의 신을 구진(句陳)이라 하고, 금(金:西方)의 신을 백호(白虎)라고
하며, 수(水 : 北方)의 신을 현무(玄武)라 한다.

3) 三皇(삼황) : 중국 고대 전설에 나오는 세 제왕으로 복희씨(伏羲氏),
신농씨(神農氏), 황제(黃帝)를 이르는 말.

4) 六甲(육갑) : 육십갑자(六十甲子). 시일(時日)의 간지(干支). 천간(天
干)의 10과 지지(地支)인 12를 배열하여 짝을 지으면 갑자(甲子) ·
을축(乙丑)에서 시작되어 임술(壬戌) · 계해(癸亥)로 끝나는데 모두
60이 된다. 그 중의 갑(甲)에 배당되는 것이 갑자(甲子) · 갑술(甲
戌) · 갑신(甲申) · 갑오(甲午) · 갑진(甲辰) · 갑인(甲寅)의 여섯이므
로 육십갑자를 육갑(六甲)이라 한다. 십간(十干) 중, 갑(甲) · 을(乙)

은 목(木)에 속하고, 병(丙)·정(丁)은 화(火)에 속하고, 무(戊)·기(己)는 토(土)에 속하고, 경(庚)·신(辛)은 금(金)에 속하고, 임(壬)·계(癸)는 수(水)에 속한다.
5) 角(각) : 북채와 북은 나무로 만드는 것이요, 각(角)은 동방의 음이니, 오행중 목(木)에 속한다.
6) 嘯呼之音(소호지음) : 큰 소리로 부르는 소리.
7) 羽(우) : 큰 소리로 부르는 것은 입으로 하는 것이므로, 입은 수(水)에 해당하고, 우(羽) 또한 오행 중 수(水)에 속한다.
8) 寂寞(적막) : 토(土)는 중앙에 있어서 조용하다. 적막하여 조용하다. 적막하여 들리는 것이 없는 것은 토에 해당한다.

〔무왕이 태공에게 물어 가로되 음률(音律)의 소리로 가히 써 삼군의 소식과 승부의 결과를 알 수 있습니까. 태공이 가로되 깊습니다. 왕의 물음이시여. 대저 율관(律管) 12요. 그 요(要)는 오음(五音)이며 궁상각치우(宮商角徵羽)가 있으며 이것이 진실로 그 소리의 정성(正聲)입니다. 만대(萬代)에 불역(不易)으로 오행(五行)의 신이며 도의 떳떳한 것이며 가히 적을 아는 것입니다. 금목수화토(金木水火土)는 각각 그 승(勝)을 공격합니다. 고자에 삼황(三皇)의 세대에 허무(虛無)의 정이 써 강강(剛强)을 제어하였으며 문자가 있지 아니하고 다 오행으로 말미암았습니다. 오행의 도는 천지자연으로 육갑(六甲)의 나눔이며 미묘한 신령입니다.

그 법은 하늘이 청정(淸淨)하고 음운풍우(陰雲風雨)가 없을 때 야반(夜半)에 경기(輕騎)를 보내 가 적조의 보루에 이르러 9백보의 밖으로 가 두루 율관을 잡아 귀에 대고 대호(大呼)하여 놀라게 합니다. 소리가 관(管)에 응하면 그 오는 것이 심히 기묘합니다. 각성(角聲)이 관에 응하면 마땅히 백호(白虎)로써 하고 치성(徵聲)이 관에 응하면 마땅히 현무(玄武)로써 하고 상성(商聲)이 관에 응하면 마땅히 주작(朱雀)으로써 하고 우성(羽聲)이 관에 응하면 마땅히 구진(勾陳)으로써 합니다. 오관(五管)의 소리가 모두 응하지 않는 것은 궁(宮)이며 마땅히 청룡(靑龍)으로써 합니다. 이것은 오행(五行)의 부(符)요, 승리를 돕는 징조이며 성패의 기틀입니다. 무왕이 가로되 선(善)하다.
　태공이 가로되 미묘(微妙)의 음(音)은 다 외후(外候)가 있습니다. 무왕이 가로되 무엇으로써 압니까. 태공이 가로되 적인(敵人)이 경동하면 듣는데 포고(枹鼓)의 소리를 듣는 것은 각(角)이요, 화광(火光)을 보면 치(徵)요, 금철모극(金鐵矛戟)의 음을 들으면 상(商)이요, 사람의 소호(嘯呼)의 소리를 들으면 우(羽)요, 적막하여 들리는 것이 없으면 궁(宮)입니다. 이 다섯 가지는 성색(聲色)의 부(符)입니다.〕

제29장 승패의 징험(兵徵第二十九)

가. 명장은 승패의 가부를 안다.
　무왕이 태공에게 자문하기를
　"싸우기 전에 먼저 적의 강약을 살펴서 알고, 미리 승패의 징후를 보고자 하는데 어떻게 하면 되겠습니까."
　하니, 태공이 말하기를
　"승패의 징후는 먼저 그 정신에 나타납니다. 명장(名將)은 그것을 재빠르게 살펴서 아는 것입니다. 그리고 그 효험(效驗)은 하늘에 있는 것이 아니라 사람에게 있습니다. 그러므로 깊이 주의하여 적이 드나드는 것과 나아가고 물러나는 것을 엿보아, 그 동정과 언어와 길흉의 전조(前兆), 그리고 병사의 이야기 따위를 관찰하는 것입니다.
　전군의 병사가 다 기뻐하고, 군법을 두려워하고, 장군의 명령을 삼가서 지키고, 적군을 격파하는 일을 서로 기쁘게 여기고, 용맹심에 대해 서로 이야기하고, 무용(武勇)을 최상의 것으로 생각하고 있으면, 이것은 그 군대가 강하다는 징후입니다.
 그런데 전군이 자주 놀라 소동을 벌인다던지, 병사들의 마음이 한결같지 않고, 적이 강하다는 것을 서로 두려워하고, 서로 자기편의 불리한 점을 들어 수군거린다든지, 서로 헛갈리는 말들을 하여 의심을 품게 하고, 법령을 두려워하지 않으며 그 장군을 존중하지 않는다면 그것은 그 군대가 약하다는 징후입니다.
 전체 군대의 질서가 정연하고, 진세(陣勢)가 견고하고, 호(壕)는 깊고 성벽은 높으며, 큰 비바람이 도리어 유리하게 작용을 하여 전군에게 사고가 없이, 군기(軍旗)는 앞을 향하여 펄럭이고, 종소리가 어디까지나 맑게 울려퍼지고, 북소리가 우렁차게 울린다면, 이것은 천우신조(天佑神助)를 얻어 반드시 크게 승리를 거둘 징후입니다.
 이에 반해 대열의 진세가 견고하지 못하고, 군기(軍旗)는 어지럽게 뒤얽히고, 큰 비바람이 불리하게 작용을 하여 병사들은 두려워서 떨고, 기력은 끊기고, 군마는 놀라서 내달리고, 병거(兵車)는 굴대가 부러지고, 종소리는 흐리고 낮으며, 북소리가 물에 젖은 것같이 들리면, 이것은 크게 패할 징후입니다.
 적의 성곽을 공격하여 도시를 포위하였을 때, 성 위에 서리는 기운이 불을 끄고 난 재처럼 보이면 그 성은 함락시킬 수가 있습니다. 성위에 서리는 기운이 북쪽으로 흐르는 듯하면 그 성은 취할 수 있습니다. 성 위에 서리는 기운이 서쪽으로 흐르는 듯해도 그 성을 항복시킬 수 있습니다. 성 위에 서리는 기운이 남쪽으로 향해 있는 듯하면 그 성은 빼앗을 수 없습니다. 성 위에 서리는 기운이 동쪽을 향해 있는 듯하면 그 성은 공격해서는 안 됩니다. 성 위에 서리는 기운이 나오다가 도로 들어가는 듯하면 성주는 반드시 도망을 칠 것입니다. 성 위에 서리는 기운이 흘러나와서 우리측 군대의 위를 덮는 듯하면 군중(軍中)에 반드시 병자가 생깁니다. 성 위에 서리는 기운이 흘러 나와 높이 솟아서 멈추지 않는 듯하면 싸움은 오래 끌 것입니다.

무릇 성곽을 공격하여 도시를 포위하였을 때 열홀이 지나도록 우레소리도 들리지 않고 비도 내리지 않으면 반드시 신속하게 철퇴(撤退)해야 합니다. 그 성에는 반드시 원군(援軍)이 왔거나 천우신조(天佑神助)가 있을 것입니다. 이상은 공격해야 할 때에 공격하고, 공격해서는 안 될 때에 공격을 중지해야 한다는 것을 가르쳐주는 것입니다."

했다. 이 말을 듣고 무왕이 말했다.
"전적으로 그렇습니다."

武王問太公曰 吾欲未戰 先知敵人之强弱 預見勝敗之徵 爲之奈何

太公曰 勝敗之徵 精神先見 明將察之 其效在人 謹候敵人 出入進退 察其動靜 言語妖祥 士卒所告 凡三軍悅懌 士卒畏法 敬其將命 相喜以破敵 相陳以勇猛 相賢以威武 此强徵也 三軍數驚 士卒不齊 相恐以强敵 相語以不利 耳目相屬 妖言不止 衆口相惑 不畏法令 不重其將 此弱徵也

三軍齊整 陣勢以固 深溝高壘 又有大風甚雨之利 三軍無故 旌旗前指 金鐸之聲揚以淸 鼙鼓之聲宛以鳴 此得神明之助 大勝之徵也 行陣不固 旌旗亂而相遶 逆大風甚雨之利 士卒恐懼 氣絶而不屬 戎馬驚奔 兵車折軸 金鐸之聲下以濁 鼙鼓之聲濕沐 此大敗之徵也

凡攻城圍邑 城之氣色如死灰 城可屠 城之氣出而北 城可克 城之氣出而西 城可降 城之氣出而南 城不可拔 城之氣出而東 城不可攻 城之氣出而復入 城主逃北 城之氣出而覆我軍之上 軍必病 城之氣出 高而無所止 用兵長久

凡攻城圍邑 過旬不雷不雨 必亟去之 城必有大輔 此所以
知可攻而攻 不可攻而止 武王曰 善哉

〔무왕이 태공에게 물어 가로되 나는 싸우기 전에 먼저 적의 강
약을 알고 승패(勝敗)의 징조를 예견하고자 하는데 어떻게 해야
하오. 태공이 가로되 승패의 징조는 정신에 먼저 나타납니다. 명장
(明將)은 살피는 것으로 그 효험은 사람에 있습니다. 삼가 적인(敵
人)의 출입진퇴를 살피고 그 동정언어와 요상(妖祥)의 징조와 사
졸들의 말하는 것을 살피는 것입니다. 무릇 삼군이 열역(悅懌)하고
사졸이 외법(畏法)하면 그 장수의 명을 공경하고 상희(相喜)를 파
적(破敵)으로써 하고 상진(相陳)을 용맹으로써 하며 상현(相賢)을
위무(威武)로써 하면 이는 강징(强徵)입니다. 삼군이 자주 놀라고
사졸이 가지런하지 않으며 서로 두려워하는 것을 강적(强敵)으로
써 하고 상어(相語)를 불리(不利)로써 하며 이목(耳目)이 상속(相
屬)하고 요언(妖言)이 그치지 않으며 중구(衆口)가 상혹(相惑)하
며 법령을 두려워하지 않고 그 장수를 높이지 않으면 이것은 약징
(弱徵)입니다.
　삼군이 제정(齊整)하고 진세(陳勢)가 굳으면 구(溝)를 깊게 하
고 보루가 높으며 또 대풍심우(大風甚雨)의 이로움이 있어 삼군에
사고가 없고 정기(旌旗)가 앞을 가리키고 금탁(金鐸)의 소리가 들
쳐 맑으며 북소리가 기운차게 울리면 이것은 신명(神明)의 도움을
얻어 대승(大勝)의 징조입니다.
　행진(行陣)이 견고치 않고 정기가 어지럽게 상요(相遶)하며 대
풍심우의 이로움을 역(逆)하고 사졸이 두려워하며 기절(氣絶)하여
접속되지 못하고 융마(戎馬)가 놀라 달아나며 병거(兵車)가 부서
지며 금탁의 소리가 가라앉고 탁하며 북소리가 젖어 목(沐) 탓하
면 이것은 대패(大敗)의 징조입니다.
　무릇 성을 공격하고 읍을 포위하는데 성의 기색(氣色)이 사회
(死灰) 탓하면 성을 가히 무찌를 수 있으며 성의 기운이 나가 북
(北)으로 하면 성을 가히 이길 수 있으며 성의 기운이 나가 서쪽

으로 하면 성을 가히 항복시킬 수 있으며 성의 기운이 나가 남쪽으로 하면 성을 가히 빼앗을 수 없으며 성의 기운이 나가 동쪽으로 하면 성을 가히 공략할 수 없으며 성의 기운이 나갔다 다시 들어가면 성주(城主)가 패배하여 도망할 것이며 성의 기운이 나가 아군(我軍)의 위를 덮으면 군대 안에 반드시 병이 있으며 성의 기운이 나가 높이하여 그치는 바가 없으면 용병(用兵)이 장구(長久)할 것입니다.

무릇 성을 공격하고 읍을 포위하는데 열흘이 지나도 천둥치지 않고 비가 내리지 않으면 반드시 빨리 철수해야 합니다. 성에는 반드시 대보(大輔)가 있습니다. 이것은 공격을 알고 공격하며 공격치 못할 것을 알고 그치는 것입니다. 무왕이 가로되 선(善)하다.]

제30장 농사의 기물(農器第三十)

가. 농기구도 하나의 병기다.

무왕이 태공에게 자문하기를

"천하가 안정되고 국가도 태평하고 아무 일이 없을 때에는, 전공(戰攻)에 필요한 병기(兵器)를 수선하여 놓아 두거나 제조해 두지 않아도 좋겠습니까. 국방(國防)에 대비하여 정비해 두지 않아도 괜찮겠습니까."

하니, 태공이 말하기를

"전쟁, 공격, 방비를 위한 기구는 별로 특별히 갖추는 것이 아니고, 평시의 생활 가운데에 있는 것입니다. 농부가 사용하는 쟁기는 전쟁에 사용하는 목책(木柵)이나 질려(蒺藜)에 해당합니다. 그리고 말이나 소가 끄는 수레나 가마는 군의 둔영(屯營)·누벽(壘壁)·번원(藩垣)·대순(大楯)에 해당합니다. 쟁기의 종류는 병사의 창 종류에 해당합니다. 도롱이와 삿갓은 갑주(甲冑)나 방패에 해당합니다. 가래·괭이·도끼·톱·절구공이·절구 따위는 성을 공격하는 병기에 해당합니다. 소나 말은 군량을 실어 나르는 것이요, 닭이나 개는 군의 척후(斥候)에 해당합니다. 여자가 길쌈을 하는 것은 군의 정기(旌旗)에 해당하고, 남자가 땅을 고르는 것은 병사가 성을 공격하는 것에 해당합니다.

봄에 풀이나 관목(灌木)을 베는 일은 거기(車騎)로 하여금 싸우게 하는 것에 해당하고, 여름에 논밭에서 풀을 뽑는 것은 보병(步兵)으로 하여금 싸우게 하는 것에 해당하며, 가을에 벼나 땔감을 베는 것은 양식의 비축(備蓄)에 해당하고, 겨울에 창고에 쌓아 들이는 것은 수비를 견고히 하는 것에 해당합니다. 촌락이 다섯 집씩으로 한 조(組)가 되는 것은 군대 안의 약속이나 부신(符信)에 해당하며, 마을마다 관리가 있고 관청에 장관이 있는 것은 군에 장수가 있는 것에 해당합니다. 마을마다 둘레에 담을 쌓아서 아무나 되는 대로 왕래하지 못하도록 하는 것은 분대(分隊)가 있는 것에 해당하며, 곡식을 수송하고 꼴을 베어 저장하는 것은 군대에 창고가 있는 것에 해당합니다. 봄과 가을에 성곽을 수축(修築)하고, 성 둘레에 도랑을 파는 것은 군대가 참호(塹壕)나 누벽(壘壁)을 수리하는 것에 해당합니다.

그러므로 무기는 모든 사람의 평상시 생업(生業) 가운데에 갖추어져 있다고 말할 수 있습니다. 나라를 잘 다스리는 사람은 이 사람들의 평상시 생업에 해당시켜 생각하는 것입니다. 그런 까닭에 반드시 농민들이 말·소·양·닭·개·돼지 등 여섯 가지 가축을 사육하고, 농토를 개간하고 그곳에 정착하여 편안하게 살도록 하는 것과 같습니다. 그리하여 남자가 농사를 짓는 데에는 한 사람이 몇 묘(畝)라 정해져 있고, 여자가 길쌈을 하는 데에는 한 사람이 몇 자씩 짜는 것으로 정해져 있습니다. 이와 같이 하는 것이 부국강병의 도인 것입니다."
했다. 이 말을 듣고 무왕이 말했다.
"참으로 좋은 의견입니다."

武王問太公曰 天下安定 國家無爭 戰攻之具 可無修乎 守禦之備 可無設乎

太公曰 戰攻守禦之具 盡在於人事 耒耜者 其行馬蒺藜也 馬牛車輿者 其營壘蔽櫓也 鋤櫌之具 其矛戟也 蓑薜簦笠 其甲冑也 钁鍤斧鋸杵臼 其攻城器也 牛馬 所以轉輸糧也 鷄犬 其伺候也 婦人織紝也 其旌旗也 丈夫平壤 其攻城也 春鑠[1]草棘 其戰車騎也 夏耨田疇 其戰步兵也 秋刈禾薪 其糧食儲備也 冬實倉廩 其堅守也 田里相伍[2] 其約束符信也 里有吏 官有長 其將帥也 里有周垣 不得相過 其隊分也 輸粟取芻 其廩庫也 春秋治城郭 修溝渠 其塹壘也

故用兵之具 盡於人事也 善爲國者 取於人事 故必使遂其六畜 闢其田野 究其處所 丈夫治田有畝數 婦人織紝有尺度 其富國强兵之道也 武王曰 善哉

1) 鑠(발): 풀을 베는 일.
2) 伍(오): 옛날에 다섯 가구(家口)를 한데 묶어 한 조(組)로 만들던 일.

〔무왕이 태공에게 물어 가로되 천하안정(天下安定)하고 국가무쟁(國家無爭)하는데 전공(戰攻)의 도구를 가히 닦음이 없으랴. 수어(守禦)의 방비를 가히 베풂이 없어야 합니다. 태공이 가로되 전공수어의 도구는 모두 인사(人事)에 있습니다. 뇌사(耒耜)라는 것은 그 행마질려(行馬蒺藜)요, 마우거여(馬牛車輿)라는 것은 그 영루폐노(營壘蔽櫓)요, 서우(鋤櫌)의 도구는 그 모극(矛戟)이요, 최설등립(蓑薜簦笠)은 그 갑옷과 방패요, 호미, 가래, 도끼, 톱, 절구공이, 절구는 그 성을 공격하는 기물이요, 소와 말은 양식을 운반하는데 쓰이며 닭과 개는 그 사후(伺候)요, 부인의 직임(織紝)은

그 정기요, 장부가 흙을 고르는 것은 그 성을 공격하는 것입니다.

　봄에 초극(草棘)을 뽑는 것은 거기(車騎)가 싸우는 것이요, 여름에 전주(田疇)를 매는 것은 그 보병(步兵)을 싸우게 하는 것이요, 가을에 화신(禾薪)을 베는 것은 그 양식을 저축함이요, 겨울에 창름(倉廩)을 실(實)하게 하는 것은 그 견고히 지키는 것이요, 전리(田里)가 서로 대오하는 것은 그 약속과 부신(符信)이요, 마을에 관리가 있고 관(官)에 장(長)이 있는 것은 그 장수요, 마을에 주원(周垣)이 있어 서로 지나가는 것을 얻지 못하는 것은 그 대분(隊分)이요, 곡식을 운반하고 꼴을 거두는 것은 그 창고요, 봄과 가을에 성곽을 다스리고 도랑을 보수하는 것은 그 참호와 보루인 것입니다. 그러므로 용병(用兵)의 도구는 모두 인사에 있습니다. 나라를 잘 다스리는 자는 인사(人事)에서 취하는 고로 반드시 그 6축(六畜)을 이루나니 그 전야(田野)를 열고 그 처소를 편안하게 하며 장부(丈夫)가 치전(治田)에 수묘(數畝)가 있으며 부인이 직임(織紝)함에 척도(尺度)가 있는 것은 이것이 부국강병의 도입니다. 무왕이 가로되 선(善)하다.]

제4편 호도(虎韜)

범은 위엄이 있고 사나워
사람으로 하여금 두려워하게 하는 데에서
무(武)의 위엄을 펴
위험상태에 직면해서도
놀라지 않는 방법을 설명했다.

제31장 군수용품(軍用第三十一)

가. 공격과 수비의 병기는 등급이 있다.
무왕이 태공에게 자문하기를
"왕자(王者)가 군사를 일으킬 경우 전군의 군수품과 공격이나 수비에 쓰이는 기구의 종류나 등급 및 그 수가 일정한 법칙이 있는 것입니까."
하니 태공이 말하기를
"왕께서 하신 질문은 대단히 중요한 문제입니다. 공격이나 수비에 쓰이는 기구에는 각각 그 종류나 등급이 있습니다. 그것들이 군의 큰 위력이 되는 것입니다."
했다. 이에 대해 무왕이 다시 묻기를
"그 점에 대해 자세히 들려 주십시오."
하니, 태공이 말하기를
"용병(用兵)할 때에 필요로 하는 기구에 관해 말한다면, 갑옷을 입은 병사 만명을 통솔하는 데에는 원칙적으로 병위(兵衞)의 대부서(大扶胥 : 큰 전차) 36대를 써서 재주와 용맹이 있는 병사들로 하여금 강노(强弩 : 큰 쇠뇌)를 잡는 병사와 모극(矛戟)을 잡는 병사가 양익(兩翼)을 견고하게 하고, 전차 한 대마다 24인의 보병을 붙여 그것을 밀고 진격하게 합니다. 그 수레의 바퀴는 직경이 여덟 자이고 수레 위에는 깃대와 북을 세웁니다. 이러한 부대를 병법에서는 진해(震駭)라는 이름을 붙입니다. 그 전차를 사용해 적이 견고하게 지키는 진지를 함락시키고, 강적을 깨뜨리는 것입니다.
무익(武翼)의 전차는 큰 포장을 씌우고 큰 방패와 모

극(矛戟)을 장비한 전차 72대를 씁니다. 용기가 뛰어난 정예병으로 강한 쇠뇌와 모극(矛戟)을 잡아 양익(兩翼)을 지키고, 다섯 자 되는 수레바퀴를 달아 녹로(轆轤)가 장치되어 있는 연발식(連發式) 쇠뇌로 스스로 차제(車體)를 지킵니다. 이것에 의해 적의 견고한 진지를 함락시키고, 강적을 타파하는 것입니다.

제익(提翼)은 작은 포장을 씌우고 작은 방패가 있는 전차 146대를 씁니다. 녹로(轆轤)가 장치되어 있는 연발식 쇠뇌로 스스로 차체를 지킵니다. 녹거(鹿車)의 수레바퀴로써 이것에 의해 적의 견고한 진지를 함락시키고 강적을 타파합니다.

대황(大黃)이라 하는 삼연발(三連發) 쇠뇌를 장치한 대형 전차 36대를 씁니다. 용기가 뛰어난 정병(精兵)이 강한 쇠뇌와 모극(矛戟)을 들고 양익(兩翼)을 지키며, 비부(飛鳧)라는 화살과 전영(電影)이라는 화살로 스스로 차체를 방어합니다. 비부(飛鳧)는 붉은 화살대에 흰 날개를 단 화살로 구리로 만든 화살촉을 붙이고, 전영(電影)은 푸른 화살대에 붉은 날개를 단 화살로 쇠로 만든 화살촉을 붙입니다. 낮에는 길이 여섯 자에 폭이 여섯 치인 붉은 비단의 깃발을 광요(光耀)라 하여 나부끼게 하고, 밤에는 길이 여섯 자에 폭이 여섯 치인 흰 비단의 깃발을 유성(流星)이라 하여 나부끼게 합니다. 이것으로 적의 견고한 진영을 함락시키고, 보병과 기병을 깨뜨립니다.

또 대형(大型)으로 옆에서 충격을 가하는 전차 36대를 씁니다. 당랑(螳螂)과 같은 병사가 타고, 종횡으로 적의 진영을 공격하여 강한 적을 쳐부술 수가 있습니다.

치중거(輜重車)나 기구(騎寇)는 일명 전거(電車)라고 합니다만, 병법에서는 이것을 전격(電擊)이라 합니다. 적의 견고한 진영을 함락시키고, 보병이나 기병을 때려부수는 데에 씁니다.

적군이 밤의 어둠을 틈타 진격해 왔을 때에는 모극(矛戟)을 장비한 치거(輜車) 160대에 당랑(螳螂)의 용사 세 사람씩을 태워 맞아 공격하는데 병법에서는 이것을 정격(霆擊)이라고 합니다. 이것으로 적의 견고한 진영을 함락시키고, 보병이나 기병을 때려부숩니다.

네모진 큰 머리가 있는 철봉(鐵棒)으로 무게 열두 근이며 자루의 길이가 다섯 자인 것, 1,200자루를 준비합니다. 이것은 일명 천방(天棓)이라고도 합니다. 자루가 큰 도끼로 도끼날의 길이가 여덟 치에 무게가 여덟 근이요, 자루의 길이가 다섯 자인 것 1,200자루를 준비합니다. 이것을 일명 천월(天鉞)이라 합니다. 네모진 머리의 철추(鐵鎚)로, 무게가 여덟 근에 자루의 길이가 다섯 자인 것 1,200자루를 준비합니다. 이것은 일명 천추(天鎚)라고도 합니다. 이런 것들은 크게 무리를 지어서 공격해 오는 적의 보병이나 기병을 때려부수는 데에 씁니다.

비구(飛鉤)의 길이 여덟 치에 구망(鉤芒)의 길이가 네 치, 자루의 길이가 여섯 자인 것을 1,200자루 준비합니다. 이것을 많은 적의 가운데에 던져 끌어당깁니다.

우리측 군대를 적의 공격에서 지키는 데에는 목당랑(木螳螂)이나 칼날을 묶어 단 전차로 넓이 두 길의 것 120대를 준비합니다. 이것은 일명 행마(行馬)라 합니다. 평탄한 땅에서 우리 군의 보병이 적의 전차나 기병을 깨뜨리는 데 씁니다.

목질려(木蒺藜)의 높이 두 자 다섯 치의 것을 120자루 준비하여 적의 보병이나 기병이 돌진하여 꿰뚫고 오는 것을 깨뜨리고, 진퇴가 막힌 적병을 요격(要擊)하며, 패하여 달아나는 적병을 차단합니다. 굴레가 짧으면서 잘 회전하고, 모극(矛戟)을 매단 전차 120대를 준비합니다. 이것은 옛날에 황제(黃帝)가 난적(亂賊)인 치우씨(蚩尤氏)를 격파할 때 사용한 무기로 적의 보병이나 기병을 깨뜨리고, 진퇴가 막힌 적병을 요격하며, 패하여 달아나는 적병의 앞길을 막는 데에 씁니다.

좁은 길이나 소로(小路)에는 쇠로 만든 질려(蒺藜)를 뿌려 둡니다. 그 봉망(鋒芒)의 높이가 네 치에 넓이 여덟 치, 길이 여섯 자의 것 1,200자루를 준비하여 적의 보병이나 기병을 깨뜨립니다.

적이 밤에 어둠을 이용해 돌진해 오도록 만들어 백병전(白兵戰)이 벌어질 때에는 땅위에다가 그물을 쳐 놓고, 봉망(鋒芒)의 간격이 두치로 두 개의 뾰족한 끝을 가진 질려(蒺藜)나, 몇 개씩 이어져서 적의 진군을 가로막는 데 쓰이는 장애물인 직녀(織女) 12,000자루를 펴 깔아 둡니다.

풀이 우거진 광야에서는 사각형의 짧은 창을 1,200자루 준비합니다. 그 연모(鋋矛)는 한 자 다섯 치의 높이로 지면에 세워 둡니다. 이것으로 적의 보병이나 기병을 깨뜨리고, 나아가고 물러날 길이 막힌 적을 요격하며, 패하여 달아나는 적병을 가로막는 데 씁니다.

좁은 길이나 소로, 또는 움푹하게 패인 땅에서는 쇠로 만든 사슬 몇 개씩을 연결한 것 120개를 씁니다. 이것 역시 적의 보병이나 기병을 깨뜨리고, 나아가고 물러날 길이 막힌 적을 요격하며, 패하여 달아나는 적병을 가로막아 쳐부수는 데에 씁니다.

진영의 문을 지키는 데에는 모극(矛戟)을 매단 작은 방패 12개를 쓰고, 거기에 녹로(轆轤)를 장치하여 연발식(連發式)의 쇠뇌로 자체를 지킵니다. 전군(全軍)을 적의 공격에서 수비하는 데에는 천라(天羅)라고 하는 쇠사슬과 호락(虎落)이라고 하는 쇠사슬을 연결시킨 목책(木柵)을 쳐 둡니다. 그 일조(一組)의 넓이는 한 길 다섯 자, 높이는 여덟 자의 것 120조(組)를 준비합니다. 그리고 호락(虎落)과 칼날을 장비한 전차를 넓이 한 길 다섯 자, 높이 여덟 자의 것 520대를 준비합니다.

구참(溝漸)을 건널 때에는 비교(飛橋)라 하는, 걸쳐 놓는 다리를 이용합니다. 폭은 한 길 다섯 자, 길이는 두 길로 자유로이 돌고 바뀌는 녹로(轆轤)를 장치한 것 8조(組)를 자유자재로 신축할 수 있는 밧줄로 연결해 건너는 것입니다.

대하(大河)를 건너는 데에는 비강(飛江)이라 하는 다리를 이용합니다. 그것 역시 폭이 한 길 다섯 자, 길이가 두 길의 것 8조(組)를 자유자재로 신축할 수 있는 밧줄로 연결해 건넙니다. 천부철당랑(天浮鐵螳螂)은 내부를 방형으로 외부를 원형으로 하고, 직경을 넉 자로 해서 둘레에 밧줄을 쳐 튼튼하게 한 것 32개를 준비합니다. 이 천부(天浮)를 이용하여 비강(飛江)을 넓게 쳐서 대해(大海)를 건너는 것입니다. 이것을 천황(天潢)이라 합니다. 일명 천강(天舡)이라고도 합니다.

산림이나 평야에 진영을 설치할 때에는 호락(虎落)이라 하는 쇠사슬을 연결한 목책(木柵)을 둘러친 나무 울타리의 영사(營舍)를 짓습니다. 거기에는 쇠사슬의 길이가 두 길의 것 1,200본(本)과 큰 밧줄의 굵기가 네 치, 길이가 네 길의 것 600본(本)과, 중간 굵기의 밧줄로 굵기 두 치, 길이 네 길의 것 200본(本)과, 가는 밧줄로 길이가 두 길의 것 12,000본(本)을 준비합니다.

비가 내릴 때 전차 위에 덮는 널판은 삼으로 꼰 밧줄로 서로 엇갈리게 결합시킵니다. 폭이 넉 자에 길이가 네 길의 것으로 전차 한 대마다 한 조씩 필요합니다. 쇠로 만든 말뚝을 세워 그 위에 이것을 치는 것입니다.

나무 베는 큰 도끼는 무게가 여덟 근에 자루의 길이가 석 자인 것 300자루가 필요합니다. 계확(棨钁)의 날 넓이는 여섯 치에 자루길이가 다섯 자인 것 300개가 필요합니다. 동축고위수(銅築固爲垂)로 길이가 다섯 자 이상인 것 300개가 필요합니다. 매의 발톱 같은 날이 있는 방형의 쇠로 된 갈퀴로 자루의 길이가 일곱 자인 것 300자루가 필요합니다. 방형의 철차(鐵叉)로 자루의 길이가 일곱 자인 것 300자루가 필요합니다. 끝이 두 갈래로 갈라진 방형 철차(鐵叉)로 자루의 길이가 일곱 자인 것 300자루가 필요합니다. 풀이나 나무를 베는 큰 낫으로 자루의 길이가 일곱 자인 것 300자루가 필요합니다. 크고 날이 두껍고 넓은 연장으로 무게가 여덟 근에 자루의 길이가 여섯 자인 것 300자루가 필요합니다. 고리가 달려 있는 쇠말뚝으로 길이가 석 자인 것 300자루가 필요합니다. 말뚝을 쳐서 박기 위한 큰 쇠뭉치로 무게가 다섯 근에 자루의 길이가 두 자인 것 120자루가 필요합니다.

무장병 10,000명에는 큰 쇠뇌를 가진 자가 6,000명, 모극(矛戟)과 순로(楯櫓)를 가진 자 각각 2,000명, 그밖에 무기를 수리하고, 병기를 가는 일에 능한 자 300명이 필요합니다. 이상이 거병(擧兵)했을 때의 필요한 군수품의 대략 숫자입니다."

했다. 이 말을 듣고 무왕이 말했다.
"참으로 지극한 말입니다."

　　武王問太公曰　王者擧兵　三軍器用　攻守之具　科品衆寡 豈有法乎　太公曰　大哉王之問也　夫攻守之具　各有科品 此兵之大威也　武王曰　願聞之　太公曰　凡用兵之大數　將 甲士萬人　法用　武衛大扶胥[1]　三十六乘　材士强弩[2] 矛戟[3] 爲 翼　一車二十四人　推之以八尺車輪　車上立旂鼓　兵法謂之 震駭　陷堅陣　敗强敵
　　武翼大櫓矛戟扶胥七十二乘　材士强弩矛戟爲翼　以五尺 車輪　絞車[4] 連弩自副　陷堅陣　敗强敵　提翼小櫓扶胥一百 四十六乘　絞車連弩自副　以鹿車輪　陷堅陣　敗强敵
　　大黃參連弩大扶胥三十六乘　材士强弩矛戟爲翼　飛鳧[5] 電影自副　飛鳧　赤莖白羽　以銅爲首電影[6]　靑莖赤羽　以鐵

爲首 晝則以絳縞 長六尺 廣六寸 爲光耀 夜則以白縞 長六尺 廣六寸 爲流星 陷堅陣 敗步騎

大扶胥衝車[7]三十六乘 螳螂武士[8]共載 可以擊縱橫 可以敗强敵 輜車[9]騎寇[10] 一名電車[11] 兵法謂之電擊 陷堅陣 敗步騎

寇夜來前 矛戟扶胥輜車一百六十乘 螳螂武士三人共載 兵法謂之霆擊[12] 陷堅陣 敗步騎

方首鐵棓維肦 重十二斤 柄長五尺 一千二百枚 一名天棓[13] 大柯斧[14] 刃長八寸 重八斤 柄長五尺 一千二百枚 一名天鉞[15] 方首鐵鎚 重八斤 柄長五尺 一千二百枚 一名天鎚 敗步騎群寇

飛鉤[16]長八寸 鉤芒[17]長四寸 柄長六尺 一千二百枚 以投其衆 三軍拒守 木螳螂[18]劍刃扶胥 廣二丈 一百二十具 一名行馬 平易地 以步兵敗車騎 木蒺藜[19] 去地二尺五寸 一百二十具 敗步騎 要窮寇 遮走北 軸旋短衝 矛戟扶胥 一百二十輛 黃帝所以 敗蚩尤氏 敗步騎 要窮寇 遮走北

狹路微徑 張鐵蒺藜[20] 芒高四寸 廣八寸 長六尺 一千二百具 敗步騎 突暝來前 促戰白刃接 張地羅 鋪兩鏃蒺藜 參連織女 芒間相去二寸 一萬二千具 曠野草中 方胸鋋矛 一千二百具 張鋋矛法 高一尺五寸 敗步騎 要窮寇 遮走北 狹路微徑地陷 鐵械鎖參連 一百二十具 敗步騎 要窮寇 遮走北 壘門拒守 矛戟小楯十二具 絞車連弩自副 三軍拒守 天羅[21]虎落[22]鎖連 一部廣一丈五尺 高八尺 一百二十具 虎落劍刃扶胥 廣一丈五尺 高八尺 五百二十具

渡溝塹[23] 飛橋一間 廣一丈五尺 長二丈着 轉關轆轤八具 以環利通索張之

渡大水 飛江 廣一丈五尺 長二丈以上八具 以環利通索張之 天浮鐵螳螂 矩內圓外 徑四尺 環絡自副 三十二具 以天浮張飛江 齊大海 謂之天潢 一名天虹

山林野居 結虎落柴營 環利鐵鎖 長二丈 一千二百枚

環利大通索 太四寸 長四丈 六百枚 環利中通索 太二寸 長四丈 二百枚 環利小徽繩 長二丈 一萬二千枚 天雨蓋 重車上板 結枲鉏鋙 廣四尺 長四丈 車一乘 以鐵杙張之
　伐木大斧 重八斤 柄長三尺 三百枚 棨钁[24] 刃廣六寸 柄長五尺 三百枚 銅築固爲垂[25] 長五尺 三百枚 鷹爪 方胸鐵杷 柄長七尺 三百枚 方胸鐵叉 柄長七尺 三百枚 方胸兩枝鐵叉 柄長七尺 三百枚 芟草木大鎌 柄長七尺 三百枚 大櫓刃 重八斤 柄長六尺 三百枚 委環鐵杙 長三尺 三百枚 椓杙大鎚 重五斤 柄長二尺 一百二十枚
　甲士萬人 强弩六千 戟櫓二千 矛楯二千 修治攻具 砥礪兵器 巧手三百人 此舉兵軍用之大數也
　武王曰 允哉

1) 大扶胥(대부서) : 대형 전차(戰車).
2) 弩(노) : 쇠뇌. 여러 개의 화살을 한꺼번에 쓰는 활의 한 가지.
3) 矛戟(모극) : 모(矛)는 세모진 창이요, 극(戟)은 갈래진 창으로 창(槍)의 종류를 통틀어 이르는 말.
4) 絞車(교거) : 고패. 높은 곳에 물건을 달아 올리고 내리고 하는데 줄을 걸치는 작은 바퀴나 고리. 녹로(轆轤).
5) 飛鳧(비부) : 화살 종류의 한 가지.
6) 電影(전영) : 화살 종류의 한 가지.
7) 衝車(충거) : 옆에서 충격을 가하는 전차(戰車).
8) 螳螂武士(당랑무사) : 곤충인 사마귀와 같이 긴 무기를 들고 분전(奮戰)하는 병사(兵士).
9) 輜車(치거) : 치중거(輜重車). 물자를 수송하는 수레.
10) 騎寇(기구) : 적의 진영을 급습하는 기병.
11) 電車(전거) : 번개불처럼 빠르게 싸움터를 오가는 전차.
12) 霆擊(정격) : 번개 천둥과 같이 빠르고도 맹렬하게 분격하는 것.
13) 天棓(천방) : 별의 이름. 여기서는 철방(鐵棓), 곧 철봉(鐵棒)의 뜻.
14) 大柯斧(대가부) : 자루가 큰 도끼.
15) 天鉞(천월) : 별의 이름이나, 여기서는 도끼의 이름.

16) 飛鈎(비구) : 긴 막대기에 쇠스랑 같은 것이 달린 무기의 한 가지.
17) 鈎芒(구망) : 비구(飛鈎) 앞의 쇠스랑 같이 굽은 부분.
18) 木螳螂(목당랑) : 대나무나 통나무를 거칠게 얽어 두른 목책.
19) 木蒺藜(목질려) : 나무로 만든 마름모꼴. 적의 진군을 막는데 쓴다.
20) 鐵蒺藜(철질려) : 적의 진격을 방해하기 위해 쇠로 마름모꼴을 만들어 땅바닥에 뿌려놓는 것.
21) 天羅(천라) : 쇠사슬의 한 가지.
22) 虎落(호락) : 쇠사슬의 한 가지.
23) 溝塹(구참) : 적이 성(城)에 접근하는 것을 막기 위해 성 둘레에 파 놓은 도랑이나 못.
24) 桀钁(계확) : 통같이 생긴 기구라고도 하고, 큰 괭이라고도 함.
25) 銅築固爲垂(동축고위수) : 나무를 베는 기구인 듯하나, 상세치 않다.

〔무왕이 태공에게 물어 가로되 왕자(王者)가 거병(擧兵)함에 삼군의 기용(器用)과 공수(攻守)의 도구와 과품중과(科品衆寡)에 어찌 법이 있으랴! 태공이 가로되 크다 왕의 질문이여. 대저 공수의 도구가 각각 과품이 있으니 이는 병의 대위(大威)입니다. 무왕이 가로되 원컨대 듣고자 합니다. 태공이 가로되 무릇 용병의 대수(大數)는 갑사(甲士) 만명을 장수하는데는 법에 무위(武衛)의 대부서(大扶胥) 36승을 쓰며 재사(材士)와 강노(强弩)와 모극(矛戟)으로 날개를 삼아 일거(一車)에 24인으로 합니다. 이것을 미루되 4척차륜으로 하며 수레위에 올라 기와 북을 세웁니다. 병법(兵法)에서 이것을 진해(震駭)라고 이릅니다. 견진(堅陣)을 함락시키고 강적을 무너뜨립니다.
　무익(武翼)의 대노(大櫓)와 모극(矛戟)의 부서(扶胥) 72승이 있으며 재사와 강노와 모극을 날개삼아 5척의 거륜(車輪)으로 교거(絞車)와 연노(連弩)가 스스로 부(副)하며 견진을 함락시키고 강적을 무너뜨립니다. 제익(提翼)의 소노부서(小櫓扶胥) 146승으로써 교거와 연노가 스스로 부(副)하며 녹거륜(鹿車輪)으로 하여 견진을 함락시키고 강적을 무너뜨립니다.

대황삼연노(大黃參連弩)의 대부서(大扶胥) 36승으로 재사와 강노와 모극을 날개로 삼아 비부(飛鳧) 전영(電影)이 스스로 부(副)하고 비부가 적경백우(赤莖白羽)로 하여 동(銅)으로써 머리를 삼고 전영은 청경적우(靑莖赤羽)로 하여 철(鐵)로써 머리를 삼아 낮에는 강호(絳縞)의 길이가 6척, 넓이가 6촌으로써 광요(光耀)를 삼고 밤에는 백호(白縞)의 길이가 6척, 넓이가 6촌으로 유성(流星)을 삼아 견진을 함락시키고 보기(步騎)를 무너뜨립니다.

대부서의 충거(衝車)는 36승으로 하며 당랑무사(螳螂武士)를 함께 싣고 가히 써 종횡으로 공격하고 가히 써 강적을 무너뜨립니다. 치거기구(輜車騎寇)는 일명 전거(電車)라고 하는데 병법에 전격(電擊)이라고 이르며 견진을 함락시키고 보기를 무너뜨립니다. 구(寇)가 밤에 와 앞에 할 때에는 모극부서치거(矛戟扶胥輜車) 160승과 당랑무사 30인을 함께 싣는데 병법에는 정격(霆擊)이라고 이르며 견진을 함락시키고 보기를 무너뜨립니다. 방수(方首)의 철방(鐵棓)이 오직 큰 것으로 무게가 12근, 자루의 길이가 5척의 것 1천 2백매, 일명 천방(天棓)입니다. 대가부(大柯斧)는 날의 길이가 8촌, 무게가 8근, 자루 길이가 5척의 것 1천 2백매, 일명 천월(天鉞)이라 합니다. 방수철추(方首鐵鎚)는 무게가 8근, 자루 길이가 5척의 것 1천 2백매, 일명 천추(天鎚)라 합니다. 보병과 기마병과 무리의 도적을 물리치는 것입니다.

비구(飛鉤)는 길이가 8촌, 구망(鉤芒)은 길이가 4촌, 자루의 길이는 6척으로 1천 200매를 마련, 그 무리에 던지는 것입니다. 삼군의 거수(拒守)하는 것은 목당랑(木螳蜋), 검인(劒刃), 부서(扶胥)로 넓이가 2장(丈)이며 1백 20구(具)이며 일명 행마(行馬)라 합니다. 평이의 땅에서 보병으로 거기(車騎)를 물리치는 것입니다. 목질려(木蒺藜)는 지(地)를 거(去)하는데 2척 5촌으로 1백 20구(具)가 있어 보기(步騎)를 물리치고 궁한 적을 윽박지르며 달아나는 것을 차단합니다. 축선단충(軸旋短衝)과 모극부서는 1백 20량으로 황제(黃帝)가 치우(蚩尤)씨를 물리친 것이요, 보기를 물리치고 궁지에 몰린 적을 윽박지르며 달아나는 적을 차단하는 것입니다.

협로미경(狹路微徑)은 철질려를 깔아놓고 망(芒)의 높이는 4촌, 넓이는 8촌, 길이는 6척으로 1천 2백구로 보기를 물리치고 어둠을 틈타 오는데 앞에 하고 싸움이 촉박하여 백인(白刃)이 접했을 때는 지라(地羅)를 깔고 양촉(兩鏃)의 질려를 삼련(參連) 직녀(織女)의 망간상거(芒間相去)가 2촌이나 되는 1만 2천구를 폅니다. 광야초중(曠野草中)에서 방흉(方胸)의 짧은 창 1천 2백구를 짧은 창을 펴는 법에 따라 높이는 1척 5촌으로 하여 보기를 물리치고 궁지에 몰린 적을 윽박지르며 달아나는 적을 차단합니다. 협로미경지함(狹路微徑地陷)이나 철계쇄(鐵械鎖)의 삼련(參連)의 1백 20구로 보기를 물리치고 궁지의 적을 윽박지르며 달아나는 적을 차단합니다. 루문(壘門)의 거수(拒守)에는 모극소노 12구로 교거연노(絞車連弩)로 돕게 합니다. 삼군의 거수에는 천라(天羅) 호락(虎落) 쇄연(鎖連)한 것을 1부(一部)의 넓이는 1장 5척, 높이는 8척으로 1백 20구를 만듭니다. 호락검인부서는 넓이가 1장 5척, 높이는 8척으로 5백 20구를 준비합니다.

구참(溝塹)을 건너는데 비교(飛橋) 1간을 쓰는데 넓이는 1장 5척, 길이는 2장이 되는 것으로 회전하는 녹로를 장치한 8구로 환리(環利)의 통삭을 폅니다. 대수(大水)를 건너는데 비강(飛江)으로 넓이는 1장 5척, 길이는 2장 이상, 8구를 환이의 통삭으로 폅니다. 천부(天浮) 철당랑은 안은 네모지고 밖은 원형으로 지름이 4척 환락(環絡)하여 스스로 도울 수 있는 것 32구를 갖춥니다. 천부로 비강(飛江)을 깔고 대해(大海)를 건너는데 천황(天潢)이라 이르고 일명 천강(天舡)이라 합니다.

산림(山林)이나 들이 있을 때 호락(虎落)이나 시영(柴營)을 얽습니다. 환리의 철쇄의 길이는 2장으로 1천 2백매를, 환리의 대통삭(大通索) 큰 것은 4촌, 길이는 4장으로 6백매, 환리의 중통삭(中通索)의 큰 것은 2촌, 길이는 4장으로 2백매, 환리의 소휘류(小徽缧)의 길이는 2장으로 1만 2천매, 천우(天雨)가 오면 거상(車上)의 덮는 판은 결시(結枲) 서어(鉏鋙)로 넓이는 4척, 길이는 4장을 거(車) 1승마다 철익(鐵杙)으로 그것을 펼칩니다.

벌목하는 대부(大斧)는 무게가 8근, 자루 길이는 3척으로 3백매, 계곽의 날의 넓이는 6촌, 자루 길이는 5척으로 3백매, 동축고위수 (銅築固爲垂)의 길이는 5척의 것 3백매, 응조방흉(鷹爪方胸)의 철 파(鐵杷)의 자루 길이는 7척의 것 3백매, 방흉철차(方胸鐵叉)의 자 루 길이는 7척으로 3백매, 방흉양지(方胸兩枝)의 철차(鐵叉)의 자 루 길이는 7척의 것 3백매, 초목을 베는 대겸(大鎌)의 자루 길이는 7척의 것 3백매, 대노(大櫓)의 날은 무게는 8근 자루 길이는 6척의 것 3백매, 위환철익(委環鐵杙)의 길이 3척의 것 3백매, 익(杙)을 탁 (椓)하는 대추(大鎚)의 무게는 5근, 자루의 길이는 2척의 것 1백 20매로 합니다. 갑사만인(甲士萬人)에는 강노(强弩)가 6천, 극노 (戟櫓) 2천, 모순 2천, 공구를 다스리고 병기를 수리하는 교수(巧 手) 3백인이 있습니다. 이것은 병을 거하는 군용(軍用)의 대수(大 數)입니다. 무왕이 가로되 진실하도다.〕

제32장 세 종류의 진법(三陣第三十二)

가. 천진(天陣), 지진(地陣), 인진(人陣)이 있다.
무왕이 태공에게 자문하기를
"용병(用兵)에는 천진(天陣)·지진(地陣)·인진(人陣) 을 친다고 하는데, 그것은 무슨 뜻입니까."
하니, 태공이 말하기를
"일월(日月)·성신(星辰)·두병(斗柄) 따위를 어느 때 는 왼쪽에서 보고, 어느 때는 오른쪽에서 보고, 혹은 정 면을 향하고, 혹은 등으로 보는 것과 같이, 천시(天時)에 따라서 포진(布陣)하는 것을 천진(天陣)이라고 합니다. 구릉(丘陵)이나 수천(水泉)에도 역시 그것을 앞으로 하 느냐, 뒤로 하느냐, 또는 좌로 하느냐, 우로 하느냐에 따라 유리한 지세에 의해 포진하는 것을 지진(地陣)이라고 합니다. 전차를 사용하느냐, 말을 사용하느냐 또는 문치(文治)를 이용하느냐, 무위(武威)에 의하느냐 등을 인진(人陣)이라고 합니다."
했다. 이에 무왕이 말했다.
"전적으로 그러합니다."

  武王問太公曰 凡用兵爲天陣 地陣 人陣 奈何
  太公曰 日月星辰斗柄[1] 一左一右 一向一背 此謂天陣 丘陵水泉 亦有前後左右之利 此謂地陣 用車用馬 用文用武 此謂人陣 武王曰 善哉

1) 斗柄(두병) : 북두칠성(北斗七星).

〔무왕이 태공에게 물어 가로되 무릇 용병에는 천진(天陣) 지진(地陣) 인진(人陣)을 한다고 하는데 어떠한 것이오. 공이 가로되 일월성신두병(日月星辰斗柄)이 한 번은 좌(左)에 한 번은 우(右)에 한 번은 향하고 한 번은 등지는데 이것을 천진(天陣)이라 이릅니다. 구릉수천(丘陵水泉)에도 또한 전후좌우의 이로움이 있는데 이것을 지진(地陣)이라 이릅니다. 수레를 쓰고 말을 쓰며 문을 쓰고 무를 쓰는 이것을 인진(人陣)이라 이릅니다. 무왕이 가로되 선(善)하다.〕

제33장 신속한 전투(疾戰第三十三)

가. 군량이 끊겼을 때의 전략은 어떻게…
무왕이 태공에게 자문하기를
"적이 우리 군을 포위하고, 우리 전후의 연락을 끊고,

우리 병사의 군량 수송의 길마저 끊어버렸을 때 어떠한 전법을 취해야 합니까."

하니, 태공이 말하기를

"그것은 최악의 상태에 놓인 군대입니다. 그러한 때에는 신속하고도 과감하게 반격해 나오면 이길 수 있습니다. 헛되이 시간을 보내고 있다가는 세력도 떨어져 스스로 패전을 부르는 결과가 됩니다. 이러한 경우에는 4개의 돌격대를 편성하여 전차와 용맹한 기병으로 적의 군진(軍陣)을 혼란에 빠뜨리고, 그 혼란을 틈타 질풍신뢰(疾風迅雷)와 같은 공격을 퍼부으면 적의 포위를 돌파하여 종횡무진으로 군을 움직일 수가 있을 것입니다."

했다. 이에 무왕이 또 묻기를

"적의 포위를 돌파하고, 그 기세를 타서 전체의 승리를 거두고자 하면 어떻게 해야 합니까."

하니, 태공이 말했다.

"좌익(左翼)의 군은 급히 속력을 내어 좌측으로 쳐 나오고, 우익(右翼)의 군은 빠르게 우측을 치며, 적에게 유인되어 깊이 몰려들어가는 일이 없어야 합니다. 중앙에 있는 부대는 좌우 양익(兩翼) 부대의 상황과 보조를 맞추면서 전후로 나아가고 물러나야 하여 병력을 분산시키지 않고 서로 연락을 취하면서 행동한다면 적군이 아무리 병력의 많음을 믿는다 해도 그 적의 장수가 패하여 달아나게 할 수 있는 것입니다."

　　　武王問太公曰 敵人圍我 斷我前後 絶我糧道 爲之奈何
　　　太公曰 此天下之困兵也 暴用之則勝 徐用之則敗 如此者 爲四武衝陣 以武車驍騎驚亂其軍 而疾擊之 可以橫行
　　　武王曰 若已出圍地 欲因以爲勝 爲之奈何 太公曰 左軍疾左 右軍疾右 無與敵人爭道 中軍迭前迭後 敵人雖衆 其將可走

〔무왕이 태공에게 물어 가로되 적인(敵人)이 우리를 포위하여 우리의 전후를 차단하고 우리의 양도(糧道)를 끊으면 어찌해야 하오. 태공이 가로되 이는 천하의 곤병(困兵)입니다. 사납게 그것을 쓰면 승리하고 서서히 쓰면 실패합니다. 이같은 것은 사무(四武)의 충진(衝陣)을 삼고 무거요기(武車驍騎)를 만들어 그 군을 경난(驚亂)하고 신속히 공격하면 가히 횡행(橫行)할 수 있습니다.

무왕이 가로되 만약 이미 포위된 땅에서 벗어나 인하여 승리하고자 한다면 어찌해야 하오. 태공이 가로되 좌군(左軍)은 빠르게 왼쪽으로 우군(右軍)은 빠르게 오른쪽으로 하여 적인과 길을 다투는 것이 없어야 하며 중군(中軍)은 전후를 번갈아 왔다갔다 하면 적인이 비록 많아도 그 장수는 가히 도망할 것입니다.〕

제34장 탈출하는 법(必出第三十四)

가. 포위에서 탈출하는 방법은
무왕이 태공에게 자문하기를
"군대를 인솔하여 적의 땅에 깊이 들어가서, 사방으로 적에게 포위되어 돌아나올 길은 막히고, 양식을 수송할 길도 끊겼습니다. 반면 적은 병사도 많고 양식도 풍부하며, 더욱이 험조(險阻)한 지형에 포진(布陣)하여 수비가 견고할 때, 우리 군대는 어떻게 해서든지 포위를 돌파해야 할텐데 어떻게 하면 좋겠습니까."
하니, 태공이 말하기를
"포위를 뚫고 탈출하는 방법은 병기(兵器)를 소중히 하고, 용기있게 싸우는 것이 으뜸입니다. 그리고 적의 수비가 허술한 곳이나 많은 사람이 대비하고 있지 않은 한 모퉁이를 발견한다면 탈출할 수 있습니다.

장수와 사병은 적의 눈을 피하기 위해 검은 깃발을 소지하고 각각 기계를 들고, 입에는 함매(銜枚)를 물고 숨소리를 죽여가면서 밤의 어둠 속으로 출동하는 것입니다. 특히 용력(勇力)이 있고, 다리 힘이 강하여 적의 장수라도 맞싸워서 죽일 수 있는 병사는 선봉으로 적의 영루(營壘)를 무너뜨리고, 우리의 주력군(主力軍)이 나아갈 길을 열어줍니다. 재주와 용기가 있는 병사와 강한 쇠뇌를 쓰는 병사들은 복병(伏兵)으로 뒤에 숨겨 두고, 약한 병졸이나 전차대(戰車隊) 또는 기병들은 가운데에 두고, 진용(陣容)이 정돈되면서부터 서서히 진행하되 결코 놀라거나 실패해 난처하게 되는 일이 있어서는 안 됩니다.

전차로 앞뒤를 막고, 큰 방패로 좌우에 대비합니다. 그렇게 해서 적이 만약 우리 군세에 놀라 두려워하는 듯하면 그 기회를 놓치지 말고 결사대(決死隊)가 돌격해 나가고, 약졸(弱卒)과 전차와 기병이 그 뒤를 이어 나가며, 재주와 용기 있는 병사와 강한 쇠뇌를 쓰는 병사들은 은복(隱伏)하여 대기하다가 추격해 오는 적의 동정을 잘 보아서 복병(伏兵)이 일제히 일어나 적의 배후를 치고, 한편 횃불을 활활 타오르게 하면서 북을 두드려 땅에서 솟아나왔는가 하늘에서 내렸는가 할만큼 적이 놀라 우왕좌왕하게 하면서 전군이 과감하게 싸운다면, 적은 우리 군의 공격을 막아낼 수 없을 것입니다."

했다. 무왕이 또 태공에게 자문하기를

"앞에는 대하(大河)가 흐르고, 넓은 참호와 깊은 구덩이가 패여 있는데, 우리 군대는 그것을 건너고자 해도 배가 준비되어 있지 않은 데다가, 더욱이 적은 보루(保壘)에 둔영(屯營)하여 우리 군의 앞을 막고 퇴로를 막으며, 척후(斥候)는 끊임없이 경계를 게을리하지 않고 험조한 요새는 견고하게 수비되고 있으며 전면으로부터는 전차와 기병이 달려들고, 후방에서는 돌격대가 요격(要擊)해

온다고 하면, 그 때 우리 군은 어떻게 해야 합니까."
하니, 태공이 말하기를
"대하(大河)나 넓은 참호나 깊은 구덩이 같은 것은 지리를 지나치게 믿어서 적이 수비하지 않는 곳입니다. 가령 수비를 하고 있다고 해도 그 병력은 반드시 많지 않을 것입니다. 이럴 때에는 작은 배인 비강(飛江)이나 천황(天潢)을 이용하여 우리 군을 건너게 하고, 용기있고 재주있는 병사는 나의 지시대로 적진(敵陣)을 공격하여 사력을 다하여 싸우게 하는 것입니다.
그렇게 하는 데에는 치고 나오기 전에 우선 우리 군이 가지고 있는 모든 것을 불태우고, 양식까지도 다 태워 필사의 의지를 보이고, 장수나 병사들에게 분명하게 '용기를 떨쳐 일으켜 싸우면 살 길을 열 수 있지만 만약 조금이라도 기세가 꺾인다면 죽는 길밖에 없다.'라고 선고하는 것입니다. 그렇게 해서 적의 포위로부터 탈출한다면, 우리 후군에게 횃불을 준비하게 하여 멀리 적의 동향을 엿보아 초목이 우거진 곳이나 언덕이나 험조(險阻)한 지형을 이용하여 숨어 있게 하는 것입니다. 적의 전차대나 기병도 아마 깊이 추적해 오는 일은 없을 것입니다. 거기서 불을 들어 목표로 삼고 먼저 탈출한 자는 각각 목표로 한 불이 있는 곳에 멈추고, 거기에 방형(方形)의 진(陣)을 쳐서 적에 대비하는 것입니다. 이와 같이 우리 전군(全軍)의 정예(精銳)가 용투분전(勇鬪奮戰)한다면 적은 우리 군의 진격을 막을 수 없을 것입니다."
했다. 이 말을 듣고 무왕이 말했다.
"참으로 좋은 생각입니다."

　　　武王問太公曰　引兵深入諸侯之地　敵人四合而圍我　斷我歸道　絕我糧食　敵人旣衆　糧食甚多　險阻又固　我欲必出　爲之奈何

太公曰 必出之道 器械爲寶 勇鬪爲首 審知敵人空虛之地 無人之處 可以必出 將士持玄旂 操器械 設銜枚[1] 夜出 勇力飛走冒將之士 居前 平壘爲軍開道 材士强弩爲伏兵 居後 弱卒車騎居中 陣畢徐行 愼無驚駭 以武衝扶胥 前後拒守 武翼大櫓 以蔽左右 敵人若驚 勇力冒將之士疾擊而前 弱卒車騎 以屬其後 材士强弩 隱伏而處 審候敵人追我 伏兵疾擊其後 多其火鼓 若從地出 若從天下 三軍勇鬪 莫我能禦

武王曰 前有大水 廣塹[2] 深坑 我欲踰渡 無舟楫之備 敵人屯壘 限我軍前 塞我歸道 斥候常戒 險塞盡守 車騎要我前 勇士擊我後 爲之奈何

太公曰 大水 廣塹 深坑 敵人所不守 或能守之 其卒必寡 若此者 以飛江轉關與天潢以濟吾軍 勇力材士 從我所指 衝敵絶陣 皆致其死 先燔吾輜重 燒吾糧食 明告吏士 勇鬪則生 不勇則死 已出 令我踵軍 設雲火[3]遠候 必依草木 丘墓 險阻 敵人車騎 必不敢遠追長驅 因以火爲記 先出者 令至火而止 爲四武衝陣 如此 則三軍皆精銳勇鬪 莫我能止 武王曰 善哉

1) 銜枚(함매) : 군대가 행진할 때 떠들지 못하도록 병사들의 입에 가는 막대기를 물리던 일.
2) 塹(참) : 성(城)의 둘레에 적의 접근을 막기 위해 땅을 파서 물이 괴거나 흐르게 만든 것. 해자(垓字).
3) 雲火(운화) : 횃불. 화톳불.

〔무왕이 태공에게 물어 가로되 병을 이끌고 깊이 제후의 땅에 들어갔을 때 적인(敵人)이 사방에서 합세하여 우리를 포위하고 우리의 귀도(歸道)를 끊고 우리의 양식을 끊어 적인은 무리가 많고 양식도 심히 많은데다 험조하고 또 견고하여 우리가 반드시 탈출하고자 하려면 어떻게 해야 하오. 태공이 가로되 필출(必出)의 도는 기계(器械)로 보배를 삼을 것이니 용투(勇鬪)를 머리로 삼습니

다. 적인의 공허의 땅과 무인(無人)의 곳을 살펴 알면 가히 써 필출합니다. 장사(將士)는 현기(玄旂)를 가지고 기계(器械)를 잡고 함매(銜枚)를 설(設)하고 야출(夜出)하면 용력비주모장(勇力飛走冒將)의 사(士)는 앞장서서 보루를 공격하여 아군을 위해 길을 열고 재사강노(材士强弩)로 복병(伏兵)을 삼아 후에 거하고 약졸거기(弱卒車騎)는 중간에 거하여 진(陣)을 다하고 서서히 행하면 진실로 경해(驚駭)가 없습니다.

무충부서(武衝扶胥)로써 전후를 거수(拒守)하고 무익대노(武翼大櫓)로써 좌우를 갖춥니다. 적인이 놀라면 용력모장(勇力冒將)의 사(士)로 신속하게 공격하여 앞에 하고 약졸거기는 그 뒤에 따르며 재사강노는 은복(隱伏)하여 숨어서 적인이 우리를 추격하는가의 척후를 살펴 복병이 신속하게 그 뒤를 공격합니다. 그 화고(火鼓)를 많게 하여 땅속에서 따라 나오듯하며 하늘에서 따라 내려오는 듯하여 삼군용투하는 우리를 능히 막지 못할 것입니다.

무왕이 가로되 앞에는 큰 물이나 넓은 참호, 깊은 구덩이가 있어 우리가 넘으려 하나 배와 노의 준비가 없습니다. 적인은 보루에 주둔하여 아군의 군전(軍前)을 막고 우리의 귀도(歸道)를 막으며 척후(斥候)가 항상 경계하고 험난한 곳을 다 지킵니다. 거기(車騎)가 우리의 앞을 윽박지르고 용사(勇士)가 우리의 뒤를 추격하면 어떻게 해야 하오. 태공이 가로되 큰 물이나 넓은 참호, 깊은 구덩이가 적인의 지키지 못하는 바이며 혹 능히 지키더라도 그 졸병은 반드시 적습니다. 이와 같이 비강전관(飛江轉關)과 천황(天潢)으로써 우리 군대를 건너게 하고 용력재사(勇力材士)로 우리의 지시에 따라 적을 부딪치고 진을 끊어 다 그 사(死)에 치(致)합니다.

먼저 우리의 치중(輜重)을 불사르고 우리의 식량을 불사르고 밝게 관리와 사(士)들에게 고하기를 '용투하면 생하고 용감하지 못하면 죽음이다.'라고 합니다. 이미 출한 자, 우리의 종군(踵軍)으로 하여금 운화(雲火)를 설(設)하여 멀리 살피고 반드시 초목이나 구묘(丘墓)나 험조한 곳을 의지하면 적인의 거기(車騎)는 반드시 구태여 멀리 추격하고 오래 따라오지 못할 것입니다. 인하여 불로써 기(記)를 삼아 선출(先出)한 자는 하여금 불이 이르면 멈추고 사무(四武)의 충진(衝陣)을 만들어 놓습니다. 이와 같이 하면 우리의 삼군이 다 정예하고 용감히 싸워 우리를 능히 막지 못할 것입니다. 무왕이 가로되 선(善)하다.]

제35장 군의 전략(軍略第三十五)

가. 적을 만나 강을 건너려면…
무왕이 태공에게 자문하기를
"군대를 인솔하여 적의 제후의 땅에 깊숙이 진격했는데, 깊은 계곡이나 험조한 땅에 가로놓인 하천(河川)을 만나 우리의 전군(全軍)이 아직 다 건너기 전에 뜻하지 않게 비가 퍼부어 물이 불어나는 바람에 후군(後軍)이 전군(前軍)에 뒤따라 건널 수가 없게 되었습니다. 배나 교량 설치 준비도 되어 있지 않고 수초나 풀숲과 같은, 적을 막기에 좋은 것도 없을 때 우리 전군대가 무사하게 건너 한 사람의 병사도 낙오되는 자가 없게 하고자 하는데, 어떠한 방책이 있겠습니까."
하니, 태공이 말했다.
"장군으로서 많은 병사를 통솔함에 있어, 미리부터 아무런 계략도 없고, 병기도 갖추어져 있지 않으며, 교련(敎鍊)도 철저하지 못하고, 사졸(士卒) 훈련도 부족하다면, 이미 왕자(王者)의 군대라고 할 수 없습니다.
전군에게 위험이 박두(迫頭)했을 때에는 기계를 사용하지 않을 수 없습니다. 만약 성을 공격하여 도시를 포위했을 경우에는 분온〔轒轀 : 장갑차(裝甲車)〕과 임충〔臨衝 : 전차(戰車)〕을 사용합니다. 적의 성안을 정찰하기 위해서는 운제〔雲梯 : 사다리〕와 비루〔飛樓 : 방패〕를 사용합니다. 전군이 진군을 멈추고 있을 때에는 무충〔武衝 : 장갑차〕과 대노〔大櫓 : 대순〈大楯〉〕를 사용하여 앞뒤를 수비합니다. 도로를 차단하여 길의 교통을 끊을 만한 데에는 재주 있는 병사와 강한 쇠뇌를 쓰는 병사를 숨겨 좌우를 방위합니다.

영루(營壘)를 설치할 때에는 천라〔天羅 : 녹원(鹿垣)〕·무락〔武落 : 호락(虎落)〕·행마〔行馬 : 목책(木柵)〕·질려〔蒺藜 : 마름〕 따위를 사용하여 뜻하지 않게 습격해오는 적을 막습니다. 낮에는 운제(雲梯)에 올라가 멀리 바라보고 오색의 깃발을 세워 경계하며, 밤에는 화톳불이나 횃불을 태우고 뇌고(雷鼓)를 쳐서 울리며, 비탁(鼙鐸)을 치고 흔들며, 명가(鳴笳)를 불어 적에 대비합니다.

참호(塹濠)를 건너는 데에는 비교(飛橋)·전관〔轉關 : 녹로(轆轤)의 일종〕·녹로(轆轤)·서어(鉏鋙)를 사용합니다. 대하(大河)를 건너는 데에는 천황(天潢)·비강(飛江) 등의 다리를 사용합니다. 파도를 거슬러서 흐르는 물을 치올라갈 때에는 부해(浮海)와 절강(絶江)을 사용합니다. 이와 같이 군용 기계가 완비되어 있다면, 장수로서 아무 근심할 것이 없습니다."

武王問太公曰 引兵深入諸侯之地 遇深谿大谷險阻之水 吾三軍未得畢濟 而天暴雨 流水大至 後不得屬於前 無舟梁之備 又無水草之資 吾欲畢濟 使三軍不稽留 爲之奈何
太公曰 凡帥師將衆 慮不先設 器械不備 敎不精信 士卒不習 若此 不可以爲王者之兵也 凡三軍有大事 莫不習用器械 若攻城圍邑 則有轒轀[1] 臨衝[2] 視城中 則有雲梯[3] 飛樓[4] 三軍行止 則有武衝[5] 大櫓[6] 前後拒守 絶道遮街 則有材士強弩 衛其兩旁 設營壘 則有天羅[7] 武落[8] 行馬[9] 蒺藜 晝則登雲梯遠望 立五色旌旟 夜則火雲萬炬[10] 擊雷鼓[11]

振鼙鐸[12] 吹鳴笳[13] 越溝塹 則有飛橋 轉關 轆轤 鉏鋙 濟
大水 則有天潢 飛江 逆波上流 則有浮海[14] 絶江[15] 三軍
用備 主將何憂

1) 轒轀(분온) : 장갑차(裝甲車). 두꺼운 판자와 우피(牛皮)로 둘레를 싼 네 바퀴의 장갑차. 성벽을 파괴하는 데 쓰인다.
2) 臨衝(임충) : 임(臨)은 임차(臨車)로서, 고지(高地)에서 저지(低地)로 공격해 들어가는 전차, 충(衝)은 충차(衝車)로서, 적의 횡벽(橫壁)에 붙어 화살을 막으면서 파괴 작업을 하는 공병전차이다.
3) 雲梯(운제) : 적의 성벽을 공격하는데 사용되는 높은 사다리.
4) 飛樓(비루) : 날아오는 화살을 막는 방패의 일종.
5) 武衝(무충) : 장갑차의 일종.
6) 大櫓(대노) : 큰 방패. 대순(大楯).
7) 天羅(천라) : 대나무나 나뭇가지로 거칠게 엮어서 멧돼지나 사슴같은 짐승이 들어오지 못하게 돌려친 울타리. 녹원(鹿垣).
8) 武落(무락) : 밧줄로 묶은 목책(木柵). 호락(虎落).
9) 行馬(행마) : 대나무나 통나무를 거칠게 엮어 만든 목책(木柵).
10) 萬炬(만거) : 횃불.
11) 雷鼓(뇌고) : 직경이 여덟 자로 팔면(八面)인 큰 북.
12) 鼙鐸(비탁) : 비(鼙)는 기병(騎兵)이 말에 달고 다니면서 치는 북, 탁(鐸)은 방울.
13) 鳴笳(명가) : 풀잎피리. 갈대잎을 말아서 부는 피리.
14) 浮海(부해) : 배를 힘차게 미는 추진기(推進機).
15) 絶江(절강) : 배의 꼬리에 장치한 기계로 된 노(櫓).

〔무왕이 태공에게 물어 가로되 병을 인(引)하여 깊이 제후의 땅에 들어가 심계대곡(深谿大谷), 험조(險阻)의 물을 만나 우리의 삼군이 다 건너는 것을 얻지 못했는데 하늘이 폭우를 내려 흐르는 물이 크게 이르러 후(後)가 앞과 연결되지 못하고 주량(舟梁)의 준비도 없으며 또 초목의 도움도 없는데 나는 다 건너 삼군이 계류(稽留)치 아니하고자 하는데 어찌해야 하오. 태공이 가로되 무릇

군사를 거느리고 무리들을 통솔하는데 생각을 먼저 설하지 않고 기계가 갖춰지지 않고 가르침이 정신(精信)하지 못하고 사졸이 익히지 않는다면 이와 같으면 가히 써 왕자의 군대가 되지 못합니다.

무릇 삼군에 대사(大事)가 있을 때는 기계를 익히 쓰지 않음이 없습니다. 성을 치고 읍을 포위하는 데는 분온과 임충이 있으며 성중(城中)을 보는 데는 운제(雲梯)와 비루(飛樓)가 있습니다. 삼군이 행지(行止)하는 데는 무충대노(武衝大櫓)가 있고 앞과 뒤를 막고 지키며 길을 끊고 도로를 차단하는 데에는 재사강노가 있어서 그 양방(兩旁)을 호위합니다. 영루(營壘)를 설(設)하는데에는 천라(天羅) 무락(武落) 행마(行馬) 질려(蒺藜)가 있습니다. 낮에는 운제에 올라 먼 곳을 바라보고 오색의 정기(旌旗)을 세우고 밤에는 운화(雲火) 만 개를 설치하고 뢰고(雷鼓)를 치고 비탁을 치고 명가를 붑니다.

구참(溝塹)을 넘으면 비교(飛橋) 전관(轉關) 녹로(轆轤)나 서어(鉏鋙)가 있고 대수(大水)를 건너면 천황(天潢) 비강(飛江)이 있습니다. 물결을 거슬러 위로 오르면 부해(浮海) 절강(絶江)이 있습니다. 삼군이 장비가 갖추면 임금과 장수가 무엇을 근심하리오.]

제36장 국경에 다다름(臨境第三十六)

가. 막상막하의 대치 상태에서는…

무왕이 태공에게 자문하기를

"국경에서 적과 대치하는데, 저쪽에서 공격해 오는 데에도, 이쪽에서 진격하는 데에도 아무런 장애가 없으나, 양쪽 진영(陣營)이 다 견고해서 어느 쪽에서도 먼저 손을 쓸 수가 없습니다. 이 쪽에서 공격을 시도하면 저쪽에서도 반격해 올 것입니다. 이런 경우에는 어떻게 해야 하겠습니까."
　하니, 태공이 말하기를
　"군대를 삼군(三軍)으로 나눠 전군(前軍)에게는 참호(塹壕)를 깊이 파 보루(堡壘)를 증축하면서 출동하지 않고, 정기(旌旗)를 벌려 세우고 비고(鼙鼓)를 쳐 철통같이 수비를 하게 합니다. 후군(後軍)에게는 양식을 충분히 저장하여 지구전(持久戰)을 준비하는 듯이 가장하여 적으로 하여금 우리의 참뜻을 살펴 알 수가 없도록 합니다. 그리고는 은밀하게 정예(精銳)의 병사를 출동시켜 적의 진영에 불의의 습격을 가합니다. 그렇게 하면 적은 우리 군의 참뜻을 모르고 유인해 내려는 것으로 의심하여, 진영에 머물러 있는 채 공격해 오지 않을 것입니다."
　했다. 무왕은 또 태공에게 자문하기를
　"적이 우리 군의 실정을 잘 알고 우리 군의 기밀을 다 알고 있어서, 우리가 군대를 움직이면 우리 군의 사정을 살펴 알아 우리의 군을 막기 위해 정예병을 풀숲에 숨기며, 우리 군을 좁은 길에서 요격(要擊)하여 우리 군의 심장부라고 할 수 있는 부분을 공격해 온다면, 어떻게 해야 하겠습니까."
　하니, 태공이 말했다.
　"우리 군의 전군(前軍)을 매일 차례대로 출동시켜 도전(挑戰)하게 함으로써 적의 전의(戰意)를 피로하게 만들면서, 한편으로는 우리측의 노약한 병사에게 땔나무를 끌게 하여 흙먼지를 일으킴으로써 대부대(大部隊)인 듯이 보이게 하면서 큰 북을 울리고 함성을 지르며 적진의 좌익(左翼)으로 나가고, 혹은 우익(右翼)으로 나가 그 백 보 이내의 지점을 자유자재로 오고가게 하십시오. 그러면 적의 장군은 반드시 피로하고, 병사들은 반드시 놀라서 두려워할 것이 틀림없습니다. 이와 같이 하면 적은 감히 공격해 오는 일이 없을 것입니다. 이에 반해 우리 군은 한시도 쉬는 일이 없이 어느 때는 적의 내진(內陣)을 습격하고, 어느 때는 외진(外陣)을 치며, 기회를 보아 전군(全軍)을 급습한다면, 적은 반드시 패배할 것입니다."

武王問太公曰 吾與敵人臨境相拒 彼可以來 我可以往 陣皆堅固 莫敢先擧 我欲往而襲之 彼亦可以來 爲之奈何
太公曰 分兵三處 令我前軍 深溝增壘而無出 列旌旂 擊鼙鼓 完爲守備 令我後軍 多積糧食 無使敵人知我意 發我銳士 潛襲其中 擊其不意 攻其不備 敵人不知我情 則止不來矣
武王曰 敵人知我之情 通我之機 動則得我事 其銳士伏於深草 要我隘路 擊我便處 爲之奈何
太公曰 令我前軍 日出排戰 以勞其意 令我老弱 曳柴揚塵 鼓呼而往來 或出其左 或出其右 去敵無過百步 其將必勞 其卒必駭如此 則敵人不敢來 吾往者不止 或襲其內 或擊其外 三軍疾戰 敵人必敗

〔무왕이 태공에게 물어 가로되 우리와 적인(敵人)이 경계에 임하여 서로 막는데 저쪽이 가히 써 오고 우리도 가히 써 가는데 진(陣)이 다 견고하여 감히 먼저 거동하지 못하고 우리가 가 습격하고자 하는데 저쪽이 또한 가히 써 오면 어찌해야 하오. 태공이 가로되 병사를 세 곳으로 나누고 우리의 전군(前軍)에 명하여 도랑을 깊게 하고 보루를 높여 나가지 말게 하고 정기(旌旂)를 열(列)하고 비고를 치고 완전한 수비를 하게 하고 우리의 후군에게 명령하여 양식을 축적하게 하고 적인으로 하여금 우리의 뜻을 알지 못하게 하며 우리의 예사(銳士)를 발하여 그 중(中)을 잠습(潛襲)하고 그 불의(不意)를 치고 그 방비 없음을 공격합니다. 적인이 우리의 실정을 알지 못하면 지(止)하고 오지 아니합니다.
무왕이 가로되 적인이 우리의 정(情)을 알고 우리의 계략을 꿰뚫고 움직이면 우리의 일을 얻어 그 예사(銳士)가 깊은 풀속에 엎드려 우리의 애로(隘路)를 옥박지르고 우리의 편처를 공격하면 어찌해야 하오. 태공이 가로되 우리의 전군(前軍)을 명하여 날마다 나가 도전하고 그 뜻을 수고롭게 하며 우리의 노약(老弱)을 명하여 나무를 끊고 먼지를 일으키며 북을 치고 왕래(往來)하고 혹은 왼쪽에서 나오고 혹은 오른쪽에서 나오며 적과 사이가 백보를 지남이 없습니다. 그 장수는 반드시 피로하고 그 졸병은 반드시 놀랍니다. 이와 같으면 적인이 감히 오지 못합니다. 우리의 가는 자는 그치지 아니하고 혹은 그 안을 습격하고 혹은그 밖을 공격해도 삼군이 신속히 싸우면 적인이 반드시 패할 것입니다.]

제37장 동정을 살핌(動靜第三十七)

가. 서로 대치하는 상태에서 적을 물리치려면…
무왕이 태공에게 자문하기를
"군대를 인솔하여 적의 제후의 땅에 깊숙이 침입해 들어가서 서로 대치하는데, 양군의 진지(陣地)는 그다지 멀지 않고, 병력의 수와 강약의 정도도 비슷해서, 양쪽에서 신중하게 생각하여 감히 먼저 공격을 취하지 않는 상태입니다. 적의 장군이 두려워하고 병사들은 괴로워하며 적의 진영(陣營)이 동요하여 후군(後軍)은 도망칠 것만을 생각하고, 적군(前軍)은 뒤를 돌아보는 등 근심만을 품고 있을 뿐인 상태로 빠뜨리고 나서, 그 기회를 타 북을 울리고 함성을 지르면서 진격하여, 적군을 패주하게 하고자 하는데, 그렇게 하자면 어찌 해야 되겠습니까."
하니, 태공이 말하기를
"그러한 때에는 우리 군의 병사를 돌려가면서 동원하여, 적의 진지에서 십리쯤 떨어진 지점의 양편에 복병시키고, 전차대나 기병대는 적의 앞뒤 백리쯤 되는 곳에 포진(布陣)하며 깃발이나 종, 북 따위를 특별히 많이 보충해 두어, 전투를 시작함과 동시에 일제히 북을 두드리고 함성을 지른다면 적의 장군은 반드시 두려워서 떨고, 그의 군대는 놀라고 당황하여 서로 구원도 하지 않고, 장군과 사병과의 사이의 통제도 없어지는 혼란에 빠져, 반드시 패하여 달아날 것입니다."

했다. 이에 무왕이 다시 묻기를

"적의 지세(地勢)가 양편에 복병을 숨기기에 적당하지 않고, 전차대나 기병대도 적을 넘어서 그 앞뒤에 배치하기에 적당하지 않은 상태에서 적이 우리 군의 모략(謀略)을 살펴 알고 선수를 쳐 수비 태세를 정돈하게 되면, 우리 군의 사졸(士卒)은 사기가 떨어지고, 장수는 두려워 떨면서 전의(戰意)를 잃게 되어, 싸운다고 해도 패하고 말 것입니다. 이런 경우에는 어찌 해야 하겠습니까."

하니, 태공이 말하기를

"왕(王)께서 참으로 적확(的確)한 질문을 하셨습니다. 그럴 때에는 개전(開戰) 닷새 전에 우리 척후병(斥候兵)을 멀리 보내 적의 동정을 살피게 하여, 적이 내습할 것을 미리 알아 복병(伏兵)을 배치하고 기다립니다. 그 복병은 반드시 물을 등지게 하는 필사(必死)의 지점에서 적과 만나 싸우도록 하고, 우리 군의 정기(旌旗)는 복병이 있는 데에서 멀리 떨어진 곳에 세워 우리 군의 진영이 엉성하고 허술한 것처럼 보여 적을 꾀어 냅니다.

불쑥 적전(敵前)을 치고 나가 싸우는 듯이 보이는가 하면, 또 어느 사이 거짓으로 패주하여 멈추라는 신호인 종을 울려도 멈추지 않고 도망칩니다. 3리(三里) 정도 도주하다가는 갑자기 되돌아서 반격하고 동시에 복병이 일어나 좌우로 치고 전후로 공격하면서 전군이 힘을 합해 속전속결한다면, 적은 반드시 패해 달아날 것입니다."

했다. 이에 무왕이 말했다.
"전적으로 좋은 의견입니다."

　武王問太公曰　引兵深入諸侯之地　與敵人之軍相當　兩陣相望　衆寡强弱相等　不敢先擧　吾欲令敵人將帥恐懼　士卒心傷　行陣不固　後軍欲走　前陣數顧　鼓噪而乘之　敵人遂走　爲之奈何
　太公曰　如此者　發我兵　去寇十里而伏其兩旁　車騎百里而越其前後　多其旌旂　益其金鼓　戰合　鼓噪而俱起　敵將必恐　其軍驚駭　衆寡不相救　貴賤不相待　敵人必敗
　武王曰　敵之地勢　不可伏其兩旁　車騎又無以越其前後　敵知我慮　先施其備　吾士卒心傷　將帥恐懼　戰則不勝　爲之奈何
　太公曰　誠哉王之問也　如此者　先戰五日　發我遠候　往視其動靜　審候其來　設伏而待之　必於死地　與敵相遇　遠我旌旂　疏我行陣　必奔其前　與敵相當　戰合而走　擊金而止　三里而還　伏兵乃起　或陷其兩旁　或擊其先後　三軍疾戰　敵人必走　武王曰　善哉

〔무왕이 태공에게 물어 가로되 병을 인솔하고 깊이 제후의 땅에 들어가 적군과 서로 대치하여 양 진영이 서로 바라보며 중과강약(衆寡强弱)이 서로 동등하여 감히 먼저 거동하지 못하고 나는 적인의 장수가 공구하고 사졸이 심상(心傷)하여 행진(行陣)이 견고하지 못하고 후진이 달아나고자 하고 전진(前陣)은 자주 뒤돌아보게 하여 고조(鼓噪)를 타게 하여 적인이 도망가도록 하려고 하는데 어떻게 해야 하오. 태공이 가로되 이와 같은 것은 우리 군사를 발(發)하여 적과의 거리가 10리나 떨어진 곳에 그 양쪽에 매복시켜 거기(車騎)는 100리의 전후를 넘어 그 정기(旌旂)를 많이 세우고 그 금고(金鼓)를 더하며 전합(戰合)에 고조(鼓噪)가 함께 일어나면 적장은 반드시 두려워하고 그 군대는 놀라서 중과(衆寡)가

서로 구제하지 못하고 귀천이 서로 기다리지 못하고 적인이 반드시 패배할 것입니다.

　무왕이 가로되 적의 지세가 가히 써 양방에 매복할 수 없고 거기가 또 그 전후를 넘을 수 없으며 적이 우리의 생각을 알고 먼저 그 방비를 갖추면 우리의 사졸은 심상하고 장수는 공구하여 싸우면 이기지 못할 것이니 어찌해야 하오. 태공이 가로되 진실하도다. 왕의 질문이시여. 이와 같으면 먼저 전쟁 5일전에 우리의 척후병을 멀리 보내 가서 그 동정을 살피고 그 오는 것을 자세히 살펴 매복하여 기대하고 사지(死地)에서 반드시 하여 적과 서로 만나 우리의 정기를 멀리 벌려 우리의 행진을 소홀히 하여 반드시 그 앞에 달려가 적과 서로 대치하며 전합(戰合)에는 달아나고 쇠북을 울려도 멈추지 않고 3리를 갔다가 돌아올 때 복병이 이에 일어나 혹은 그 양방을 함락하고 혹은 그 전후를 공격하며 삼군이 빨리 싸우면 적인은 반드시 패배합니다. 무왕이 가로되 선하다.〕

제38장 쇠북을 침(金鼓第三十八)

가. 불의의 공격을 가해 오면…

　무왕이 태공에게 자문하기를
　"만약 군대를 인솔하여 적의 땅에 깊숙이 들어가 적군과 상대하고 있을 때, 큰 추위나 혹은 큰 더위의 계절인데다가, 밤낮으로 장마가 계속되어 열홀이 넘도록 그치지 않아 우리 군의 참호나 보루가 모두 무너지고, 험애(險隘)하던 요새도 지킬 수가 없으며, 척후병(斥候兵)도 근무를 게을리하고, 병사도 경계하는 마음을 잃고 있는데다 적군이 밤에 어둠을 이용하여 공격해오는데, 우리 군대는 준비가 되어 있지 않아 위로는 장군으로부터 아래로는 병사에 이르기까지 모두 미혹되어 혼란에 빠졌다면, 어찌 해야 합니까."

하니, 태공이 말하기를

"군대라고 하는 것은 경계를 엄중하게 하는데 따라 견고해지는 것으로, 경계를 게을리하는 것은 패배를 부르는 것입니다. 우리 군의 영루(營壘)에서는 항상 드나드는 사람을 점검하고, 한 사람 한 사람이 깃발을 가지고 외부에 있는 자와 내부에 있는 자가 서로 연락을 취하여 암호에 의해 서로를 확인하며, 경계의 소리를 끊지 않고, 모든 사람이 외적(外敵)을 향하여 주의를 게을리하지 않으면, 3천명을 한 대(隊)로 하여 각자가 그 지킬 바를 신중히 지키게 합니다. 그렇게 하면 만약 적이 공격해 오더라도 우리 군의 경계가 엄중한 것을 보고 반드시 되돌아 물러갈 것입니다. 만약 적의 힘이 다하고 기운이 풀린다면 우리 군의 정예 부대를 출동시켜 적의 퇴각을 이용하여 공격할 것입니다."

했다. 이 말을 듣고 무왕이 또 묻기를

"적이 우리 군의 추격을 알아차려 그 정예군으로 복병(伏兵)을 숨겨 두고 나서 패하여 달아나는 듯이 거짓 꾸미고 있는데 우리 군이 꼬임에 빠져 진격했다가 갑자기 적의 복병에게 습격을 당하여 후퇴하지 않으면 안 되게 되어 있는 상태입니다. 적이 우리 군의 전위(前衛)를 공격하고, 혹은 후위(後衛)를 습격하여 우리 군의 누벽(壘壁)으로 박두해 온다면 우리 군은 크게 혼란을 일으키고 두려워하는 나머지 통제가 어지러워지고 말아, 각자가 그 부서(部署)를 떠나고 말 것입니다. 이러한 경우에는 어찌 해야 되겠습니까."

하니, 태공이 말했다.

"전군대를 세 부대로 나눠 적의 퇴각을 추격은 하면서 복병하고 있는 선을 넘어서는 안 됩니다. 추격하는 세 부대가 갖춰지면서 적군의 앞뒤를 치고, 혹은 적의 양측을 함락시키며 호령(號令)을 철저하게 하여 급속히 진격시키면, 적군은 반드시 패배할 것이 틀림없습니다."

　　武王問太公曰 引兵深入諸侯之地 與敵相當 而天大寒 甚暑 日夜霖雨 旬日不止 溝壘悉壞 隘塞不守 斥候懈怠 士卒不戒 敵人夜來 三軍無備 上下惑亂 爲之奈何
　　太公曰 凡三軍 以戒爲固 以怠爲敗 令我壘上 誰何不絕 人執旌旗 外內相望 以號相命 勿令乏音 而皆外向 三千人爲一屯 誡而約之 各愼其處 敵人若來 視我軍之警戒 至而必還 力盡氣怠 發我銳士 隨而約之
　　武王曰 敵人知我隨之 而伏其銳士 佯北不止 遇伏而還 或擊我前 或擊我後 或薄我壘 吾三軍大恐 擾亂失次 離其處所 爲之奈何
　　太公曰 分爲三隊 隨而追之 勿越其伏 三隊俱至 或擊其前後 或陷其兩旁 明號審令 疾擊而前 敵人必敗

〔무왕이 태공에게 물어 가로되 병을 인솔하고 깊이 제후의 땅으로 들어가 적과 더불어 서로 대치하는데 하늘이 크게 춥고 심히 더우며 일야임우(日夜霖雨)하고 순일(旬日)이도록 그치지 아니하며 도랑과 보루가 다 무너지고 애색(隘塞)한 곳도 지키지 못하고 척후는 게으르고 사졸은 경계하지 않고 적인이 야래(夜來)하여 삼군이 방비가 없으며 상하(上下)가 혹은 어지럽게 되면 어찌해야 하오. 태공이 가로되 무릇 삼군은 경계함으로써 견고하게 되고 태만으로써 패배합니다. 우리의 루상에서는 수하(誰何)가 끊어지지 않고 사람이 정기를 가지며 외내(外內)가 서로 바라보고 신호로써 서로 명하며 하여금 소리를 핍(乏)하지 말며 다 밖을 향합니다. 3천인이 1둔(一屯)이 되고 경계를 약속하고 각각 그 거처를 신중히 합니다. 적인이 온다면 아군의 경계를 보고 이르렀다 반드시 돌아갈 것입니다. 힘이 다하고 기가 풀리면 우리의 예사(銳士)를 발동

시켜 따라서 추격시킵니다.
 무왕이 가로되 적인이 우리의 추격을 알고 그 예사를 매복시켜 거짓 패하여 그치지 아니하다가 매복을 만나서 돌아오면 혹 우리의 앞을 치고 혹 우리의 뒤를 공격하며 혹 우리의 보루를 윽박하면 우리의 삼군이 크게 놀라 요란하고 질서를 잃고 그 처소를 떠나면 어찌해야 하오. 태공이 가로되 세 부대로 나누어 따라 추격하되 그 복병이 있을 곳을 넘지 않습니다. 세 부대가 함께 이르러 혹은 그 전후를 공격하고 혹은 그 양방을 함락하며 신호를 밝게 하고 명령을 자세히 하여 신속히 공격하고 전진하면 적인은 반드시 패배할 것입니다.]

제39장 보급로를 끊다(絶道第三十九)

가. 적이 식량보급 도로를 끊는다면…
 무왕이 태공에게 자문하기를
 "군대를 인솔하여 제후의 땅에 깊이 공격해 들어가서 적군과 상대했을 때, 적이 우리 군의 식량 보급로를 끊고, 또 우리 군의 앞과 뒤에 포진(布陣)하여 우리 군의 연락을 중단시켜 우리 군은 결전(決戰)을 해도 승리할 가망이 없고, 진영을 견고하게 지키고자 해도 견뎌낼 힘이 없다고 한다면 이때 어찌하면 좋겠습니까."
 하니, 태공이 말하기를
 "적의 땅에 깊숙이 공격해 들어갔으면 반드시 지세(地勢)를 관찰하여 힘써 유리한 지세를 찾아 산림이나 험조(險阻)한 땅, 개울이나 샘, 또는 우거진 숲 속 등의 지리(地利)를 얻는 곳을 이용하여 견고하게 진(陣)을 쳐, 관문(關門)이나 교량(橋梁) 등을 주의해서 지킵니다. 그리고 성읍이나 구릉 등 지형의 장점을 알지 않으면 안 됩니다. 그렇게 하면 우리 군의 수비는 견고해지고, 적은 우리 군의 식량 수송로를 끊기가 어려우며, 그리고 우리 군의 앞뒤에다 진을 칠 수도 없습니다."

했다. 이 말을 듣고 또 무왕이 묻기를

"우리 군이 울창한 삼림(森林)이나 넓은 소택지(沼澤地) 또는 평탄한 지대를 통과했는데, 그만 우리 군의 척후병이 제대로 살피지를 못한 탓으로 급작스레 적군이 눈앞에 박두해 왔습니다. 싸워 이길 가망이 없고, 수비를 강화한다 해도 이미 때가 늦었는데 게다가 또 적이 우리 군의 양쪽에서 그리고 앞뒤에서 에워싸 우리 전군대가 크게 당황하게 되었다면, 어찌 해야 좋겠습니까."

하니, 태공이 말하기를

"대군(大軍)을 인솔할 때에는 먼저 먼 곳에까지 척후병을 파견하여 적군으로부터 2백리 정도의 지점에서는 벌써 적의 소재(所在)를 자세하게 파악하지 않으면 안 됩니다. 지세가 불리하다면 무충거(武衝車)를 이어서 누벽(壘壁)을 형성해 전진하고 두 부대를 뒤에 배치하되 한 부대는 백리 후방에, 한 부대는 오십리 후방에 배치하여 적을 대비해야 합니다. 그렇게 하면 만일 급변(急變)이 있다고 해도 앞뒤의 군이 서로 구원할 수 있으므로, 우리 군의 수비는 완전하며 결코 손상(損傷)을 입는 일이 없을 것입니다."

했다. 이에 무왕이 말했다.

"참으로 타당한 말씀입니다."

  武王問太公曰 引兵深入諸侯之地 與敵相守 敵人絶我糧道 又越我前後 吾欲戰則不可勝 欲守則不可久 爲之奈何
  太公曰 凡深入敵人之境 必察地之形勢 務求便利 依山

제4편 호도(虎韜)　173

林險阻 水泉林木 而爲之固 謹守關梁 又知城邑丘墓地形之利 如是 則我軍堅固 敵人不能絕我糧道 又不能越我前後

武王曰 吾三軍過大林廣澤平易之地 吾候望誤失 倉卒與敵人相薄 以戰則不勝 以守則不固 敵人翼我兩旁 越我前後 三軍大恐 爲之奈何

太公曰 凡帥師之法 常先發遠候 去敵二百里 審知敵人所在 地勢不利 則以武衝爲壘而前 又置兩踵軍於後 遠者百里 近者五十里 卽有警急 前後相知 吾三軍常完堅 必無毀傷 武王曰 善哉

〔무왕이 태공에게 물어 가로되 병사를 이끌고 깊이 제후의 땅에 들어가 적과 더불어 서로 지키는데 적인이 우리의 양식의 길을 끊으며 또 우리의 전후를 넘었는데 우리가 싸우고자 하나 가히 이기지 못하고 지키고자 하나 가히 오래하지 못하면 어찌해야 하오. 태공이 가로되 무릇 깊이 적인의 땅에 들어갔으면 반드시 땅의 형세를 살피고 편리를 힘써 구하며 산림·험조·수천(水泉)·임목에 의지하여 견고하게 하고 삼가 관문이나 다리를 지키고 또 성읍(城邑)·구묘(丘墓)·지형의 이로움을 아는 것입니다. 이와 같이 하면 아군은 견고하여 적인이 능히 우리의 양식의 길을 끊지 못하며 또 능히 우리의 전후를 흐트러뜨리지 못합니다.

무왕이 가로되 우리의 삼군이 대림(大林)·광택(廣澤)·평이(平易)한 땅을 지날 때 우리의 후망(候望)의 오실로 졸(卒)과 적인이 서로 육박하게 되는데 싸워도 이기지 못하고 지켜도 견고하지 못하고 적인이 우리의 양옆을 날개하여 우리의 전후를 넘나들어 삼군이 크게 두려워한다면 어찌해야 하오. 태공이 가로되 무릇 군사를 이끄는 법은 마땅히 먼저 원후(遠候)를 발하여 적을 거(去)함이 2백리에 자세히 적인의 있는 바를 아는 것입니다. 지세가 불리하면 무충으로써 보루를 삼아 전(前)에 합니다. 또 양종군(兩踵軍)을 뒤에 두고 멀리는 1백리, 가까이는 50리로 합니다. 곧 경급(警

急)이 있으면 전후가 서로 알고 우리의 삼군은 항상 완견(完堅)하여 반드시 훼상이 없습니다. 무왕이 가로되 선하다.〕

제40장 땅을 빼앗는 것(略地第四十)

가. 남의 땅을 빼앗고자 하는데 어떻게 해야 합니까.
 무왕이 태공에게 자문하기를
 "전쟁에 승리를 거두어 적의 땅에 깊이 진격하여 그 땅을 약취하고자 하는데 적의 주요한 성(城)이 함락되지 않고, 그들의 별군(別軍)이 험조(險阻)한 땅을 수비하면서 우리 군과 대치하고 있습니다. 그 때문에 우리 군이 성을 공격하여 도시를 포위하고자 하나, 적의 별군(別軍)이 우리 군을 급습하여 성의 안과 밖에서 서로 호응하여 우리 군의 앞뒤를 공격해 오기 때문에 우리 군은 대단한 혼란에 빠지고, 상관(上官)도 병사들도 모두 놀라고 무서워서 사기(士氣)를 상실하는 것이나 아닌가 하고 두려운 때에 어떻게 하면 좋겠습니까."
 하니, 태공이 말하기를
 "성을 공격하여 도시를 포위하는 데에는, 전차대(戰車隊)나 기병대(騎兵隊) 같은 부대는 반드시 주력부대로부터 멀리 떨어진 곳에 주둔하면서 항상 경계하여 적의 성 밖과 성 안이 서로 연락하는 것을 차단하여 성 안의 사람들에게는 식량이 결핍되게 하고, 성 밖의 사람들에게는 식량의 보급(補給)을 하지 못하도록 합니다. 그러면 성 안의 사람들은 공포심에 떨게 되고 그로 말미암아 적의 장군은 반드시 항복하게 될 것입니다."
 했다. 이 말을 듣고 무왕이 또 묻기를

"성 안 사람들의 식량이 결핍되고, 성 밖의 사람들이 식량을 보급하지 못하게 되더라도 성 안의 사람들과 성 밖의 사람들이 은밀하게 내통해 비밀로 서로 짜두고 야음(夜陰)을 이용하여 필사(必死)의 결전대(決戰隊)를 출동시켜 죽기를 두려워하지 않는 전차대나 기병대의 정예부대가 우리 군을 안과 밖에서 공격해 온다고 하면, 우리 군대는 혼란에 빠져 패전할지도 모릅니다. 이러한 때에 어떻게 하면 좋겠습니까."

하니, 태공이 말하기를

"그러할 때에는 전군대를 삼군(三軍)으로 나눠 신중하게 지세(地勢)를 가려 진을 치고, 적의 별군(別軍)의 소재와 그 주요한 성이나 별보(別堡)의 소재지 등을 자세히 살펴 파악하고 적병을 위해 도망칠 길을 만들어 주어 적으로 하여금 도망칠 마음을 가지도록 유인하면서 한편으로는 신중하게 경계하여 놓치는 일이 없도록 해야 합니다. 적은 두려워서 산속으로 도망치지 않으면 큰 도시로 돌아가든가 별군(別軍)이 있는 곳으로 도망칠 것입니다. 우리의 전차대와 기병대가 멀리에서부터 그 방향의 길을 차단하여 탈출하지 못하도록 할 것이며, 절대로 놓쳐서는 안 됩니다.

성 안에 있는 적의 병사들은 먼저 성을 빠져 나간 자들이 무사히 길을 찾아 탈출에 성공하였거니 생각하고 정예부대의 용사들도 반드시 빠져나올 것입니다. 그러면 성 안에는 늙고 약한 자들만이 남게 될 것입니다. 그 때 우리 군의 전차대와 기병대가 적의 땅 깊숙이 쳐들어가 추격한다면, 적의 별군도 결코 구원하러 나오지 못할 것입니다.

성 안에 남아 있는 늙고 약한 병사들과는 절대로 싸워서는 안 됩니다. 그들의 식량 보급로를 끊고 포위한 채 지구전(持久戰)으로 들어가는 것입니다.

적이 쌓아둔 식량이나 재화 등을 불사르는 일을 저질러서는 안 됩니다. 적의 성곽이나 궁전이나 가옥 등을 파괴해서도 안 됩니다. 묘지에 심어있는 수목(樹木)이나 사당(祠堂)의 삼림(森林) 따위를 베어 버려도 안 됩니다. 항복해 오는 자를 죽여서도 안 됩니다. 포로를 죽여서도 안 됩니다. 적의 백성에게는 인의(仁義)를 보이고, 두터운 은덕을 베풀며, 적의 사민(士民)에게는 '죄는 군주 한 사람에게 있는 것이요, 사민에게 있는 것이 아니다'라고 고하십시오. 이와 같이 하면, 천하는 싸우는 일 없이 모두 복종하게 될 것입니다."
했다. 무왕이 이 말을 듣고 말했다.
"참으로 좋은 말씀입니다."

武王問太公曰 戰勝深入 略其地 有大城不可下 其別軍守險阻 與我相拒 我欲攻城圍邑 恐其別軍猝至而薄我 中外相合 拒我表裏 三軍大亂 上下恐駭 爲之奈何
太公曰 凡攻城圍邑 車騎必遠 屯衛警戒 阻其內外 中人絶糧 外不得輸 城人恐怖 其將心降
武王曰 中人絶糧 外不得輸 陰爲約誓 相與密謀 夜出窮寇死戰 其車騎銳士 或衝我內 或擊我外 士卒迷惑 三軍敗亂 爲之奈何
太公曰 如此者 當分爲三軍 謹視地形而處 審知敵人別軍所在 及其大城別堡 爲之置遺缺之道以利其心 謹備勿失 敵人恐懼 不入山林 卽歸大邑 走其別軍 車騎遠邀其前 勿令遺脫 中人以爲先出者得其徑道 其練卒材士必出其老弱獨在 車騎深入長驅 敵人之軍 必莫敢至 愼勿與戰 絶其糧道 圍而守之 必久其日
無燔人積聚 無毀人宮室 冢樹社叢勿伐 降者勿殺 得而勿戮 市之以仁義 施之以厚德 令其士民曰 辜在一人 如此則天下和服 武王曰 善哉

〔무왕이 태공에게 물어 가로되 싸움에 이겨 깊이 들어가 그 땅을 약탈하는데 큰 성을 아래하지 못한 것이 있습니다. 그의 별군(別軍)이 험조를 지켜 우리와 서로 겨루며 우리가 공성위읍(攻城圍邑)을 하고자 하는데 그 별군이 졸지에 우리를 공격하고 중외(中外)가 서로 합하여 우리의 표리를 공격하면 삼군이 대란하고 상하가 놀랠까 두려운데 어찌해야 하오. 태공이 가로되 무릇 공성위읍(攻城圍邑)에 거기(車騎)를 반드시 멀리 둔위(屯衛)케 하고 경계하되 그 내외를 막아 중인(中人)이 식량이 떨어졌는데 밖에서는 수송하지 못하고 성인(城人)이 공포하게 하면 그 장수는 반드시 항복합니다.

무왕이 가로되 중인이 절량(絶糧)하고 밖에서 수송을 얻지 못하고 몰래 서약을 하여 서로 더불어 몰래 꾀하여 밤에 궁지에 빠진 적을 내보내 싸워 죽이고 그의 거기예사(車騎銳士)가 혹은 우리의 안에 충돌하고 혹은 우리의 밖을 공격하면 사졸이 미혹하고 삼군이 패난할 것인데 어찌해야 하오. 태공이 가로되 이와 같은 때는 마땅히 군을 나누어 삼군을 삼아 삼가 지형을 보고 처하며 자세히 적인의 별군의 소재와 그 대성별보(大城別堡)를 알아 위하여 유결(遺缺)의 길을 두어 써 그의 마음을 이롭게 하되 방비를 삼가하여 잃지 말아야 합니다. 적인이 공구하여 산림으로 들어가지 않으면 곧 대읍(大邑)으로 돌아갑니다. 그 별군을 도주시키고 거기가 멀리하여 그 앞을 맞이하여 유탈(遺脫)하지 못하게 합니다.

중인(中人)은 먼저 나간 자가 그 경도(徑道)를 얻어 연졸(練卒)이나 재사(材士)는 반드시 나가고 그 노약독(老弱獨)은 남을 것입니다. 거기가 깊이 들어가 오래 달리면 적인의 군대는 반드시 감히 이르지 못합니다. 삼가 더불어 싸우지 말 것입니다. 그 양도(糧道)를 끊고 포위하여 지키면 반드시 그 날을 오래합니다. 남의 재물을 불사르지 말고 남의 궁실(宮室)을 헐지 말며 무덤의 나무나 사총(社叢)을 베지 말아야 합니다. 항복한 자는 죽이지 말고 득(得)하여도 죽이지 말아야 합니다. 보이되 인의로써 하고 베풀되 후덕으로써 하며 하여금 그 사민(士民)에게 이르기를 '죄는 1인에게 있

다.'고 합니다. 이와 같으면 천하가 화하여 복종합니다. 무왕이 가로되 선하다.]

제41장 화력전(火戰第四十一)

가. 화력은 화력으로 맞서야 한다.

무왕이 태공에게 자문하기를

"군대를 인솔하여 적의 제후의 땅에 깊숙이 진격하여 무성하게 우거진 잡초가 우리 군의 주위를 둘러싸고 있는 지형(地形)을 만났는데, 그 때는 이미 수백리의 행군으로 사람과 말이 함께 피로하여, 지친 전군대를 머물러 쉬게 하고 있을 수밖에 없는 형편입니다. 그러나 적이 건조한 질풍(疾風)이 부는 기후를 이용하여 우리 군대 쪽으로 불어오는 바람의 위쪽에서 불을 지르고, 전차대(戰車隊), 기병대(騎兵隊) 등의 정예부대가 우리 군의 뒤를 막아서 굳게 지키고 있으면 우리 군은 공포속에 떨고 전열(戰列)은 뒤죽박죽으로 어지러워져 병사들이 도주할 것입니다. 이러한 경우 어떻게 해야 되겠습니까."

하니, 태공이 말하기를

"그런 경우에는 운제(雲梯)와 비루(飛樓)를 이용하여 멀리 앞뒤와 좌우를 전망하여 상세히 관찰하고, 적이 불지르는 것을 발견하면 곧바로 우리 군영에서도 전방을 향하여 맞불을 질러서 태워버리고 또 우리 군영의 후방에도 마찬가지로 불을 질러 태워버리는 것입니다. 그래도 적이 공격해 오면 군을 움직여 얼마만큼 퇴각한 뒤에 타버린 자리에 진을 치고 수비를 굳게 합니다. 적이 우리 군의 후방으로 쳐들어오다가도 이쪽에서 선수를 쳐서 불을 질러 역습하는 것을 발견하면 반드시 도망쳐 달아날 것입니다. 거기에서 우리 군은 타고 난 땅에 진영을 베풀어 강노(强弩)한 병사와 재용(材勇)의 병사가 빈틈없이 좌우를 지키고 우리 진영의 앞뒤는 태워버립니다. 그렇게 하면 적은 우리 군을 해롭게 할 수 없을 것입니다."

했다. 무왕이 이 말을 듣고 또 묻기를

"적이 우리 군의 전후좌우를 불사르고 그 연기가 우리 군을 뒤덮어 정신을 못 차리고 있을 때, 적의 대군이 타고 난 자리에 진(陣)을 치고 떨쳐 일어난다고 하면 어찌 해야 하겠습니까."

하니, 태공이 말했다.

"그럴 경우에는 사각의 충격진형(衝擊陣形)을 만들어 강노(强弩)의 병사에게 군의 좌우익(左右翼)을 돕게 하여 수비를 견고하게 합니다. 이 방법을 취하면 비록 승리를 거두지는 못하더라도 패하는 일은 없을 것입니다."

  武王問太公曰 引兵深入諸侯之地 遇深草蓊穢 周吾軍後左右 三軍行數百里 人馬疲倦休止 敵人天燥疾風之利 燔吾上風 車騎銳士 堅伏吾後 三軍恐怖 散亂而走 爲之奈何

  太公曰 若此者 則以雲梯飛樓[1] 遠望左右 謹察前後 見火起 卽燔吾前而廣廷之 又燔吾後 敵人苟至 卽引軍而卻 按黑地而堅處 敵人之來 猶在吾後 見火起 必遠走 吾按黑地而處 强弩材士 衛吾左右 又燔吾前後 若此 則敵人不能害我

  武王曰 敵人燔吾左右 又燔前後 煙覆吾軍 其大兵按黑地而起 爲之奈何

  太公曰 若此者 爲四武衝陣[2] 强弩翼吾左右 其法無勝亦無負

1) 飛樓(비루) : 높이 타고 올라가 이리저리 이동하면서 멀리 사방을 전

망하여 관찰할 수 있게 만든 장치.
2) 四武衝陣(사무충진) : 중군(中軍)을 중심으로 전후와 좌우에 각각 한 부대씩 배치하는 진형(陣形). 사각의 충격진형(衝擊陣形).

〔무왕이 태공에게 물어 가로되 병을 이끌고 깊이 제후의 땅에 들어가 심초옹예가 우리 군의 전후좌우에 두루함을 만나 삼군이 수백리를 행군하여 인마가 피곤하여 쉬고 있는데 적인이 천조질풍(天燥疾風)의 이(利)를 인하여 우리의 상풍(上風)쪽으로 불사르고 거기 예사가 견고히 우리의 뒤에 매복하고 우리의 삼군이 공포하여 산난(散亂)하게 도주하면 어찌해야 하오. 태공이 가로되 이와 같으면 운제와 비루로써 멀리 좌우를 바라보고 삼가 전후를 살펴 화기(火起)를 보고 곧 우리 앞에서 불을 놓아 널리 번지게 하고 또 우리의 뒤도 불살라 적인이 이르더라도 군사를 이끌고 물러서서 혹지(黑地)를 찾아 굳게 처합니다. 적인이 오더라도 오히려 우리의 뒤에 있어 화기를 보고 반드시 멀리 달아날 것입니다. 우리가 흑지를 택해 처하여 강노재사로 우리의 좌우를 호위하며 또 우리의 전후를 불사릅니다. 이와 같이 하면 적인은 능히 우리를 해치지 못할 것입니다.

무왕이 가로되 적인이 우리의 좌우를 불사르고 또 우리의 전후를 불살라 연기가 우리 군대를 덮고 그 대병(大兵)이 흑지를 살피고 일어나면 어떻게 해야 하오. 태공이 가로되 이와 같은 것은 사무충진(四武衝陣)을 만들고 강노가 우리의 좌우를 날개합니다. 그 법이 승리하지 못하나 또한 지는 것도 없습니다.〕

제42장 위장된 진지(壘虛第四十二)

가. 어떤 방법으로 적의 내막을 알 수 있습니까.
무왕이 태공에게 자문하기를
"적의 성루(城壘)의 실정과 동향은 어떻게 하면 알 수 있습니까."
하니 태공이 말하기를
"대장되는 사람은 반드시 위로 천도(天道)의 순역(順逆)을 알아 그 이법(理法)에 순응하고, 아래로 지리를 알아 그것을 잘 이용하고 가운데로는 인사의 득실을 알아 승패의 기미를 잘 파악해야 합니다. 높은 데에 올라 적군을 바라보고 그 변동을 관찰하고, 적의 진영을 바라보고 그 허실(虛實)의 실정을 살펴 알고, 적의 병사를 바라보고는 그 진퇴를 미리 알 수 있는 것입니다."
했다. 이에 무왕이 또 묻기를
"어떤 방법으로 그것을 알 수 있습니까."
하니, 태공이 말했다.
"적이 울리는 북소리에 귀를 기울여도 들리지 않고, 방울소리도 들리지 않으며, 적의 영루(營壘) 위에서는 수많은 새떼들이 유유히 날면서 놀라는 기색이 없고, 상공에 사람의 기운이 많음으로 해서 일어나는 분위기가 없으면 반드시 적이 사람이 있는 듯이 위장한 것일뿐 실상은 사람이 없는 것입니다. 적이 급작스레 퇴각했는가 했더니 채 안정도 되기 전에 되돌아 오는 것은 적의 병사를 움직이는 상부에서 안정이 되지 않았음을 말하는 것입니다. 안정이 되지 않으면 전후의 순서와 질서가 어지러워집니

다. 전후가 어지러워지면 행오(行伍)의 진열이 반드시 어
지러워집니다. 적의 동향이 이와 같다면 급히 병사를 동
원해 공격하십시오. 소수의 병력으로 다수의 적병을 공격
하더라도 꼭 승리를 거두실 것입니다."

  武王問太公曰 何以知敵壘之虛實 自來自去
   太公曰 將必上知天道 下知地利 中知人事 登高下望
以觀敵之變動 望其壘 則知其虛實 望其士卒 則知其來去
   武王曰 何以知之 太公曰 聽其鼓無音 鐸無聲 望其壘
上多飛鳥而不驚 上無氛氣 必知敵詐而爲偶人也 敵人猝
去不遠 未定而復反者 彼用其士卒太疾也 太疾則前後不
相次 不相次 則行陣必亂 如此者 急出兵擊之 以小擊衆
則必敗矣

〔무왕이 태공에게 물어 가로되 무엇으로 적루(敵壘)의 허실과
스스로 오고 스스로 가는 것을 압니까? 태공이 가로되 장수는 반
드시 위로 천도를 알고 아래로 지리를 알며 중(中)으로 인사를 알
고 높은 데 오르면 아래를 바라보며 써 적의 변동을 살핍니다. 그
보루를 보고 곧 그 허실을 알며 그 사졸을 바라보고 그 거래(去
來)를 아는 것입니다.

 무왕이 가로되 무엇으로 앎니까. 태공이 가로되 그 북을 들어도
소리가 없고 목탁도 소리가 없으며 그 보루 위에서 바라보아도 비
조(飛鳥)가 많은데 놀라지 않고 위로 분기(分氣)가 없으면 반드시
적이 거짓으로 우인(偶人)을 만들어 놓은 것을 알 수 있습니다. 적
인의 졸거(猝居)에 멀리하지 않고 정하지 않다가 다시 돌아오는
것은 저가 그 사졸을 씀이 너무 빨리합니다. 너무 빨리하면 전후가
서로 차례하지 아니합니다. 서로 차서가 없으면 행진의 대오가 반
드시 어지러울 것입니다. 이와 같은 것은 급히 병을 출하여 공격해
야 하는데 적은 것으로 많은 것을 공격해도 반드시 패합니다.〕

제 5 편 표도(豹韜)

표범의 용맹스럽고
출몰(出沒)이 자재(自在)한 특성에 맞춰
적의 땅에 깊숙이 들어가
함락시킨 험조(險阻)한 땅에서
탈출하는 진법(陣法)을 설명했다.

제43장 숲속의 전투(林戰第四十三)

가. 싸워서 이기려면 어떻게 해야 합니까.
무왕이 태공에게 자문하기를
"군대를 이끌고 적의 제후의 땅에 깊숙이 진격해 큰 삼림(森林)을 만나 그 삼림지대를 둘로 나누어 적과 대전하게 되었을 경우, 우리 군은 수비에 있어서는 견고하게 하고 싸움에는 이기고자 하는데, 그러자면 어떻게 해야 합니까."
하니 태공이 말했다.
"우리 군을 네 부대로 나눠 중군(中軍)을 주심으로 전후좌우에 각각 한 부대씩을 비치하는 진형(陣形)인 충진(衝陣)이라는 대형(隊形)을 취하여 각 부대의 병사를 유리한 지점에 배치합니다. 활을 쏘는 부대는 외부에 배치하고 창과 방패를 잡은 부대는 내부에 배치하며, 풀과 나무를 베어내 되도록 우리 군의 통로를 넓게 하여 싸움터의 편리를 도모합니다. 깃발을 높이 세워 사기(士氣)를 과시하고, 전군대에게 엄한 명령을 발하여 적이 우리 군의 실정을 살펴 알지 못하게 합니다. 이것을 임전(林戰)이라고 합니다.

임전법(林戰法)이라 하는 것은 우리 모극(矛戟)의 병사를 이끌고 5인1조(五人一組)의 분대(分隊)를 조직한 다음 숲 속의 수목이 드문드문하게 성긴 데에서는 기병(騎兵)을 보조로 하고 전차대(戰車隊)를 전면에 내세워 유리하다고 여겨지면 싸우고, 불리하다고 생각되면 대기시켜 둡니다. 숲에 험조(險阻)한 지형이 많으면 반드시 충

진(衝陣)을 배치하여 전후로 공격해 오는 것에 대비해야
합니다. 이 전법으로 전군대를 동원해 과감하게 싸우면
적이 아무리 많다 하더라도 그 장수를 패주시킬 수 있습
니다. 그리하여 전군대는 서로 돌려 가며 싸우고 교대로
휴식을 취하게 합니다. 각자가 그 부서를 굳게 지켜 혼란
에 빠지는 일이 없도록 할 것입니다. 이것을 임전(林戰)
의 법기(法紀)라고 합니다."

  武王問太公曰 引兵深入諸侯之地 遇大林 與敵人分林
相拒 吾欲以守則固 以戰則勝 爲之奈何
  太公曰 使吾三軍 分爲衝陣 便兵所處 弓弩爲表 戟楯
爲裏 斬除草木 極廣吾道 以便戰所 高置旌旂 謹勅三軍
無使敵人知吾之情 是謂林戰
  林戰之法 率吾矛戟 相與爲伍 林間木疎 以騎爲輔 戰
車居前 見便則戰 不見便則止 林多險阻 必置衝陣 以備
前後 三軍疾戰 敵人雖衆 其將可走 更戰更息 各按其部
是爲林戰之紀

〔무왕이 태공에게 물어 가로되 병을 인솔하고 깊이 제후의 땅에
들어가 대림(大林)을 만나 적인과 더불어 수풀을 나누어 서로 대
치하는데 우리는 지키는데 견고하고 싸우면 이기고자 하는데 어떻
게 해야 하오. 태공이 가로되 우리의 삼군을 나누어 충진(衝陣)을
삼아 병사가 처하는 곳을 편리한 곳으로 하고 궁노는 밖에 하고
창과 방패는 속에 하여 초목을 베어 우리의 길을 넓혀 싸우는 곳
을 편리하게 하고 높이 정기를 두고 삼가 삼군을 칙령하여 적인으
로 하여금 우리의 실정을 알지 못하게 합니다. 이것을 이른 임전
(林戰)이라 합니다.
 임전의 법은 우리가 모극(矛戟)을 거느리고 서로 더불어 대오를
만들어 수풀 사이 나무가 성글면 기병으로써 보조케 하고 전차를
앞에 두어 편리함을 보면 싸우고 편리함을 보지 않으면 그칩니다.

수풀이 험한 곳이 많으면 반드시 충진을 두고 전후를 갖춥니다. 삼군이 빠르게 싸우면 적인이 비록 많으나 그 장수는 가히 도주합니다. 다시 싸우고 다시 쉬면 각각 그 부서를 살핍니다. 이것이 임전(林戰)의 기(紀)가 됩니다.]

제44장 돌격하는 전투(突戰第四十四)

가. 적이 눈앞에 닥쳐 왔을 때는…
무왕이 태공에게 자문하기를
"적이 우리 영토 안으로 깊이 침입해 멀리 말을 몰아 달려 우리 땅을 침략 약탈하고, 우리 나라의 소나 말들을 풀어놓아 마구 날뛰게 하고, 전군대를 몰아 우리 성 아래에 쇄도(殺到)하여, 우리 병사들은 공포에 떠는 나머지 전의(戰意)를 상실하고, 백성들은 구슬을 꿴 듯이 줄지어 묶여서 포로가 되고 말았을 경우 나는 수비를 견고하게 하고 싸워서 승리를 거두고자 하는데 어떤 방법이 있겠습니까"

하니, 태공이 말하기를
"이러한 군대를 돌병(突兵)이라고 합니다. 그들은 진격만을 생각하고 있어 반드시 소나 말에게는 먹을 것을 주지 않고 병사들은 양식이 결핍될 것입니다. 우리 군은 급격히 공격으로 전환하고, 먼 도시에 배치되어 있는 별군(別軍)에게 명령을 발하여 정예 병사를 선발해 급속하게 적의 배후를 습격하도록 합니다. 그것을 결행할 날짜는 신중하게 의논하되 반드시 그믐께 달이 없는 어두운 밤에 결집하여 전군대를 동원해 민첩하고 빠르게 공격을 감행한다면 적병이 아무리 많다고 하더라도 적의 장수를 포로로 잡을 수 있습니다."
 했다. 이 말을 듣고 무왕은 또 묻기를
 "적이 3, 4대(隊)로 나뉘어 우리 영지를 침략하고 점령한 땅에 머물러 있으면서 우리 땅의 소나 말을 약탈하며, 적의 대군 전부가 아직 도착하지 않았음에도 불구하고 이와 같이 적이 한 부대(部隊)를 우리 성하(城下)에까지 다가오게 한 것만으로 우리 군의 병사가 두려움에 사로잡혔다고 한다면 어찌하면 되겠습니까"
 하니 태공이 말하기를
 "조심하면서 적군의 동정을 엿보아, 아직 전군대가 집결하지 않았으면, 우리 군은 먼저 수비를 굳게 하고 적의 도착을 기다립니다. 성으로부터 4리쯤 떨어진 곳에 보루(堡壘)를 구축(構築)하고, 종이나 북, 깃발 따위를 완전히 갖춰놓고, 별도의 한 부대는 복병으로 대기시켜 놓은 다음 보루의 위에는 많은 강노(強弩)를 배치해 백보마다 돌출문(突出門)을 설치하고 문에는 목책(木柵)을 설치하여 적의 진입을 막습니다. 이때 전차대와 기병대는 보루 밖에 있고, 용감한 정예부대는 보루 안에 숨겨 두어 대기시켜 놓습니다.
 만약 적이 공격해 오면 우리 군은 가볍게 장비(裝備)한 병사들을 동원하여 싸우게 하다가 거짓으로 패주하게 하고, 우리측 성 위에는 깃발을 세우고 북을 울리면서 수비를 견고하게 하십시오. 그러면 적은 우리 군이 성만을 굳게 지키면서 움추리고 있는 것이라 생각하고 반드시 우리 성 아래로 핍박해 올 것입니다. 그 기회를 보아 대기시켜 둔 복병을 출동시켜 적군의 중심부를 향해 돌격하고, 혹은 외부를 공격하며, 이와 호응하여 전군대가 기민하게 출동하여 공격하는데, 혹은 적의 전방을 치고, 혹은 그 후방을 공격한다면 아무리 용감한 적군이라도 혼란에 빠져 싸울 수가 없고, 발빠른 적병일지라도 도망칠 수가 없을 것입니다. 이것을 돌전(突戰)이라고 합니다. 이 작전을 취하면, 적군이 아무리 많더라도 적의 장수는 반드시 패하여 달아날 것입니다."
했다. 무왕이 듣고 말했다.
"진실로 좋은 모계(謨計)입니다."

武王問太公曰 敵人深入長驅 侵掠我地 驅我牛馬 其三軍大至 薄我城下 吾士卒大恐 人民係累 爲敵所虜 吾欲以守則固 以戰則勝 爲之奈何

太公曰 如此者謂之突兵 其牛馬必不得食 士卒絶糧 暴擊而前 令我遠邑別軍 選其銳士 疾擊其後 審其期日 必會於晦 三軍疾戰 敵人雖衆 其將可虜

武王曰 敵人分爲三四 或戰而侵掠我地 或止而收我牛馬 其大軍未盡至 而使寇薄我城下 致吾三軍恐懼 爲之奈何

太公曰 謹候敵人 未盡至則設備而待之 去城四里而爲壘 金鼓旌旗 皆列而張 別隊爲伏兵 令我壘上 多積强弩 百步一突門 門有行馬 車騎居外 勇力銳士 隱而處 敵人若至 使我輕卒 合戰而佯走 令我城上立旌旗 擊鼙鼓 完爲守備 敵人以我爲守城 必薄我城下 發吾伏兵以充其內 或擊其外 三軍疾戰 或擊其前 或擊其後 勇者不得鬪 輕者不及走 名曰突戰 敵人雖衆 其將必走 武王曰 善哉

〔무왕이 태공에게 물어 가로되 적인이 깊이 들어와 장구(長驅)하고 우리 땅을 침략하여 우리의 우마를 몰아 그의 삼군이 크게 이르러 우리의 성하(城下)를 윽박질러 우리의 사졸이 크게 두려워하여 인민(人民)이 계누(係累)하여 적에 사로잡힌 바 될 것인데 우리가 지키면 견고하고 싸우면 이기고자 하는데 어찌해야 하오. 태공이 가로되 이와 같은 것을 돌병(突兵)이라 합니다. 그 우마가 반드시 식(食)을 얻지 못하고 사졸이 양식을 끊고 난폭하게 진격

해 오면 우리 원읍(遠邑)의 별군(別軍)으로 하여금 그 예사를 선발하여 그 뒤를 질격(疾擊)하되 그 기일을 살피고 반드시 그믐에 모여 삼군이 빨리 싸우면 적인이 비록 많더라도 그 장수를 가히 사로잡을 수 있습니다.

무왕이 가로되 적인이 나누어 3, 4대가 되면 혹 싸워서 우리 땅을 침략하고 혹은 머물러 우리의 우마를 거두고 그 대군이 다 이르지 못하여 적으로 하여금 우리의 성하를 윽박질러 우리의 삼군이 두려움에 이른다면 어찌해야 하오. 태공이 가로되 삼가 적인을 살펴 다 이르지 않았으면 방비를 갖추고 기대하며 성에서 4리 떨어진 곳에 보루를 만들고 금고정기(金鼓旌旂)를 다 벌려 펼치며 별대를 복병으로 삼아 우리의 보루 위에 강노를 많이 쌓아 백보(步)마다 하나의 돌문(突門)을 두고 문에는 행마(行馬)를 두고 거기는 밖에 두고 용력한 예사(銳士)는 숨겨서 처하게 합니다.

적인이 만약 이르면 우리의 경졸(輕卒)로 하여금 맞아 싸워 거짓 달아나게 하고 우리의 성상(城上)에 정기를 세워 비고를 두드리고 완벽한 수비를 합니다. 적인이 우리가 성을 지키는 것이라 여겨 반드시 우리의 성하를 윽박지를 것입니다. 우리의 복병을 발하여 그 안을 충동하고 혹 그 밖을 공격하고 삼군이 질전(疾戰)하며 혹은 그 앞을 공격하고 혹은 그 뒤를 공격하면 용감한 자도 싸울 것을 얻지 못하고 날쌘 자도 미처 달아나지 못합니다. 이름하여 돌전(突戰)이라 합니다. 적인이 비록 많더라도 그 장수는 반드시 달아날 것입니다. 무왕이 가로되 선하다.]

제45장 강한 적(敵强第四十五)

가. 아군이 두려움에 떨 때 어떻게 합니까.
무왕이 태공에게 자문하기를

"군대를 이끌고 적의 제후의 땅에 깊숙이 진격하여 적의 충군(衝軍)과 만났는데, 적은 대군인데다 강력하고 우리 군은 소수인데다 유약합니다. 그런데 적이 밤에 습격을 해 와서 우리 군의 좌익(左翼)을 공격하고, 혹은 우익(右翼)을 습격해 우리 전군이 두려움에 떨고 있을 때, 나는 싸워서는 이기고 수비함에 있어서는 견고하게 지키고자 하는데 어떻게 해야 하겠습니까."

하니, 태공이 말하기를

"그러한 적을 진구(震寇)라고 합니다. 이에 대항해서는 적극적으로 공격해 싸우는 것이 좋고, 수세(守勢)를 취하는 것은 불리합니다. 우리 군 가운데 재주가 뛰어난 병사, 강노(强弩)의 병사, 전차대(戰車隊)나 기병대(騎兵隊)의 정예(精銳)를 선발해 좌우의 날개로 삼아, 민첩하게 적의 전군(前軍)을 공격하고 또 후군을 급습합니다. 적의 표면을 공격하고, 혹은 그 진중(陣中)을 습격하고 하면, 적의 병사는 반드시 혼란에 빠지고, 적장은 반드시 놀라고 당황하여 계책을 제대로 펴 볼 겨를이 없을 것입니다."

했다. 이 말을 듣고 무왕이 또 묻기를

"적이 멀리서 우리 군의 앞길을 가로막고, 급하게 후군을 공격하여 우리 정예 부대의 출격을 끊어 버리고 재주가 뛰어난 병사와의 사이를 차단시켜, 그로 말미암아 우리 군은 안팎의 소식(消息)과 연락이 두절되어 전군대가 질서를 잃고 혼란에 빠져 발붙일 데가 없게 되며, 사졸들은 싸울 뜻을 잃고, 장수에게도 진지(陣地)를 지키려는 의지가 없어질 때, 어떻게 하면 좋겠습니까."

하니 태공이 말하기를

"지혜로운 질문입니다. 그와 같은 경우에는 무엇보다도 먼저 호령(號令)을 철저하게 하고 군 가운데에서 적의 장수의 수급(首級)이라도 들고 올 만한 용사를 선발해 각자에게 횃불을 들려 군의 위세를 뽐내게 하시고, 두 사람이 하나의 북을 두드려 군의 기세를 높이 드날리며, 반드시 적군의 소재를 확인하여 적의 표면을 공격하고 혹은 그 이면(裏面)을 공격하며, 은밀하게 암호를 써서 서로의 의사를 맞추고 횃불을 끄며 북 치는 일을 멈추고, 영루(營壘)의 안과 밖이 서로 호응하여 공격할 시간을 정해, 전군대가 일제히 일어나 빠르게 공격을 가하면, 적은 반드시 패망할 것입니다."
했다. 무왕이 이 말을 듣고 말했다.
"과연 좋은 전법입니다."

　　武王問太公曰　引兵深入諸侯之地　與敵人衝軍相當　敵衆我寡　敵强我弱　敵人夜來　或攻吾左　或攻吾右　三軍震動　吾欲以戰則勝　以守則固　爲之奈何
　　太公曰　如此者謂之震寇　利以出戰　不可以守　選吾材士强弩車騎爲左右　疾擊其前　急攻其後　或擊其表　或擊其裏　其卒必亂　其將必駭
　　武王曰　敵人遠遮我前　急攻我後　斷我銳兵　絕我材士　吾內外不得相聞　三軍擾亂　皆敗而走　士卒無鬪志　將吏無守心　爲之奈何
　　太公曰　明哉王之問也　當明號審令　出我勇銳冒將之士　人操炬火　二人同鼓　必知敵人所在　或擊其表裏　微號相知　令之滅火　鼓音皆止　中外相應　期約皆當　三軍疾戰　敵必敗亡　武王曰　善哉

〔무왕이 태공에게 물어 가로되 병을 인솔하고 깊이 제후의 땅에 들어가 적인의 충군(衝軍)과 서로 대항하는데 적은 많고 우리는 적으며 적은 강하고 우리는 약한데 적인이 밤에 와 혹 우리의 왼쪽을 공격하고 혹은 우리의 오른쪽을 공격하여 삼군이 진동할 때 우리는 싸우면 이기고 지키는 것을 굳건히 하고자 하는데 어찌해

야 하오. 태공이 가로되 이와 같은 것은 진구(震寇)라고 이릅니다. 출전(出戰)으로써 이롭고 가히 써 지키지 못합니다. 우리의 재사·강노·거기를 선발하여 좌우를 삼고 그 앞을 빨리 공격하고 그 뒤를 급히 공격하며 혹은 그 밖을 공격하고 혹은 그 안을 공격하면 그 졸병은 반드시 어지러워지고 그 장수는 반드시 놀랄 것입니다.

무왕이 가로되 적인이 멀리 우리의 앞을 차단하고 우리의 뒤를 급공하며 우리의 예병을 차단하고 우리의 재사를 두절하며 우리의 안과 밖이 서로 듣지 못하고 삼군이 요란하여 다 흩어져 도망하고 사졸이 싸울 의사가 없고 장수와 관리가 지킬 마음이 없으면 어찌해야 하오. 태공이 가로되 밝도다. 왕의 질문이시여. 마땅히 호령을 밝히고 명령을 살핍니다. 우리의 용예모장(勇銳冒將)의 사를 출하여 사람이 횃불을 잡고 2인이 북을 함께 하고 반드시 적인의 있는 바를 알며 혹은 그 밖을 치고 혹은 그 안을 쳐 미호(徽號)를 서로 알고 하여금 불을 모두 없애고 북소리도 다 그치며 안과 밖이 서로 응하며 기약이 다 당하며 삼군이 빨리 싸우면 적은 반드시 패망할 것입니다. 무왕이 가로되 선하다.]

제46장 강한 적을 물리침(敵武第四十六)

가. 약한 군대로 강한 적을 이기려면…
무왕이 태공에게 자문하기를
"군대를 이끌고 적의 제후의 땅에 깊숙이 진공했다가 거기서 돌연히 적군과 마주쳤습니다. 적은 다수인데다 강력하고, 전차대와 과감한 기병대가 우리 군의 좌우를 습격해 오니, 우리 전군이 모두 부들부들 떨면서 도망치는 것을 막으려 해도 막을 도리마저 없는 상태가 돼버렸다면 어찌해야 되겠습니다."

하니 태공이 말하기를

"그러한 군대는 시작부터 패하게 되어 있는 진형(陣形)에 빠진 패병이라 하는 것입니다. 능히 잘 대처할 능력이 있는 양장(良將)은 패배할 것 같은 전투를 전환시켜 승리를 거둘 수 있습니다만, 대처하지 못하는 어리석은 장수는 패망할 도리밖에 없는 것입니다."

했다. 이에 무왕이 다시 묻기를

"잘 대처한다는 것은 어떻게 하는 것입니까."

하니 태공이 말하기를

"우리 군의 정예부대와 강한 쇠뇌를 갖춘 부대를 복병으로 대기시켜 두고, 전차대와 용맹한 기병대를 좌우에 배치하여 항상 본대(本隊)의 앞뒤 3리(三里)쯤에 진을 치게 합니다. 적이 우리 군을 추격해 올 때에는 우리 전차대와 기병대를 동원하여 적의 좌우를 기습합니다. 이같이 하면 적은 반드시 혼란에 빠지게 마련이어서 우리 군의 도망치는 병사도 자연히 없어질 것입니다."

했다. 태공의 이 말을 들은 무왕이 다시 묻기를

"우리 전차대와 기병대를 출동시켜 적의 좌우를 공격하라고 하여 적과 충돌한 결과, 적은 대군인데 우리 군은 소수이고, 적군은 강한데 우리 군은 약하고, 적의 정예(精銳)는 대열(隊列)이 정연하여 일사불란하게 공격해 오는데 우리 군은 그들을 대항할 엄두도 낼 수 없는 상태에 이른다면 어찌하면 되겠습니까."

하니, 태공이 말하기를

"우리의 정예부대와 강한 쇠뇌를 갖춘 부대를 선발하여 좌우에 매복시키고 전차대와 기병대는 굳게 수비하면서 대기합니다. 적이 우리의 복병선(伏兵線)을 통과하면 그 때를 놓치지 말고 좌우에서 활을 쏘아대고, 전차대와 기마대와 정예부대 등이 일제히 일어나 앞뒤에서 공격을 가한다면 아무리 대군이라 하더라도 적장은 패하여 달아나는 도리밖에 없을 것입니다."
했다. 이 말을 듣고 무왕이 말했다.
"전적으로 좋은 책전(策戰)입니다."

  武王問太公曰 引兵深入諸侯之地 猝遇敵人 甚衆且武
武車驍騎 繞我左右 吾三軍皆震 走不可止 爲之奈何
  太公曰 如此者謂之敗兵 善者以勝 不善者以亡
  武王曰 爲之奈何 太公曰 伏我材士强弩 武車驍騎 爲
之左右 常去前後三里 敵人逐我 發我車騎 衝其左右 如
此 則敵人擾亂 吾走者自止
  武王曰 敵人與我車騎相當 敵衆我寡 敵强我弱 其來整
治精銳 吾陣不敢當 爲之奈何
  太公曰 選我材士强弩 伏於左右 車騎堅陣而處 敵人過
我伏兵 積弩射其左右 車騎銳兵 疾擊其軍 或擊其前 或
擊其後 敵人雖衆 其將必走 武王曰 善哉

〔무왕이 태공에게 물어 가로되 병을 인솔하고 깊이 제후의 땅에 들어가 졸연히 적인을 만났는데 심히 많고 또 용감하며 무거(武車)·요기(驍騎)가 우리의 좌우를 에워싸 우리 삼군이 다 놀라고 달아나 가히 멈추지 않으면 어찌해야 하오. 태공이 가로되 이와 같은 것을 패병(敗兵)이라고 합니다. 선(善)한 자는 써 승리하고 잘하지 못하는 자는 망합니다.

무왕이 가로되 어찌해야 하오. 태공이 가로되 우리의 재사와 강노를 매복시키고 무거·요기를 좌우로 삼아 항상 전후 3리를 떠납니다. 적인이 우리를 쫓으면 우리는 거기를 발하여 그 좌우를 충동합니다. 이와 같이 하면 적인은 요란하고 우리의 도망자는 스스로 멈춥니다.

무왕이 가로되 적인과 우리의 전차와 기마가 서로 대치하는데 적은 많고 우리는 적으며 적은 강하고 우리는 약하며 그 오는 것이 정치정예(整治精銳)하여 우리의 진이 감히 당하지 못하면 어찌

해야 하오. 태공이 가로되 우리의 재사와 강노를 선발하여 좌우에 매복시키고 거기로 진을 굳게 하여 처합니다. 적인이 우리의 복병을 지나면 적노(積弩)로 그 좌우를 쏘고 거기·예병으로 그 군을 질격(疾擊)하며 혹 그 앞을 공격하고 혹은 그 뒤를 공격합니다. 적인이 비록 많더라도 그 장수는 반드시 도망할 것입니다. 무왕이 가로되 선하다.]

제47장 오운진법과 산 위의 군대
(烏雲山兵第四十七)

가. 싸워서 승리를 거두고자 하려면

무왕이 태공에게 자문하기를

"군대를 인솔하여 적국 제후의 영지 깊숙이 들어갔다가 높은 암산(巖山)에 이르렀는데, 그 산 위에는 우뚝우뚝 솟은 높은 바위들만 있고, 몸을 숨길 만한 나무 한 그루, 풀 한 포기 없습니다. 사방에서 쳐들어오는 적의 공격을 받아 우리 전군대는 공포에 떨면서 질서를 잃고 혼란에 빠졌습니다. 그런 실정에서 수비하는데는 견고하게 하고 싸워서는 승리를 거두고자 하는데 어찌하면 좋겠습니까."

하니, 태공이 말했다.

"군대라는 것은 산 높은 곳에다 진을 치면 새가 높은 나무 위에 보금자리를 틀고 앉아 있는 경우를 당하고, 산 아래에 진을 치면 적에게 잡히는 경우를 당하게 됩니다. 어느 경우에나 탈출이 불가능해집니다. 그러나 이미 산에다 진을 쳐야만 하게 된 경우라면 반드시 오운(烏雲)의 진을 쳐야 할 것입니다.

오운(烏雲)의 진은 음지(陰地)나 양지(陽地)를 가리지 않고 다 수비하는 것입니다. 음지인 북쪽에 주둔하거나 혹은 양지인 남쪽에 주둔합니다. 만약 산의 양지인 남측에 진을 쳤을 때에는 산의 북측을 방비하고, 산의 음지인 북측에 진을 쳤을 때에는 산의 양지인 남측을 방비하며, 만약 산의 왼쪽인 동측(東側)에 진을 쳤을 때에는 산의 오른쪽인 서측(西側)을 방비하고, 산의 오른쪽인 서측에 진을 쳤을 때에는 산의 왼쪽인 동측을 방비해야 합니다.

적병이 산으로 올라와 공격할 때에는 군대를 배치하여 그 정면에서부터 방비하고, 사방으로 통하는 길이나 골짜기의 좁은 길에는 전차(戰車)를 이용해 통행을 단절시키며, 깃발을 높이 세우고 전군에게 엄한 칙령(勅令)을 내려, 우리 군의 실정을 적이 알지 못하게 하는 것입니다. 이것을 산 위의 성곽(城郭)이라고 하는 것입니다.

행렬의 전후가 정해져 있고, 병사들은 부서(部署)의 배치를 받았으며 군령(軍令)은 골고루 전달되어 있고, 기습(奇襲)이나 정공(正攻)의 작전도 이미 의논하여 결정되어 있으며, 각 부대마다 충진(衝陣)을 산의 정면에 배치했고, 군대는 유리한 지점을 확보했으며, 전차대와 기병대를 나눠 배치하여 오운(烏雲)의 진을 펴, 전군이 협력해 속전(速戰)한다면, 적병이 아무리 많다고 하더라도 적장을 포로로 잡을 수 있는 것입니다."

武王問太公曰 引兵深入諸侯之地 遇高山盤石 其上亭亭 無有草木 四面受敵 吾三軍恐懼 士卒迷惑 吾欲以守則固 以戰則勝 爲之奈何

太公曰 凡三軍處山之高 則爲敵所棲 處山之下 則爲敵所囚 旣以被山而處 必爲烏雲之陣[1] 烏雲之陣 陰陽皆備 或屯其陰 或屯其陽 處山之陽 備山之陰 處山之陰 備山之陽 處山之左 備山之右 處山之右 備山之左 敵所能陵

者 兵備其表 衢道通谷 絶以武車 高置旌旂 謹勅三軍 無
使敵人知吾之情 是謂山城
　行列已定 士卒已陣 法令已行 奇正已設 各置衝陣於山
之表 便兵所處 乃分車騎爲烏雲之陣 三軍疾戰 敵人雖衆
其將可擒
1) 烏雲之陣(오운지진) : 까마귀가 갑자기 모였다가 갑자기 흩어지고, 구름이 갑자기 변화되듯 갑자기 일어나는 일에 임기응변할 수 있는 진형(陣形)을 펴는 일.

〔무왕이 태공에게 물어 가로되 병을 인솔하고 깊이 제후의 땅에 들어가 고산반석(高山盤石)을 만나 그 위가 정정(亭亭)하고 초목이 있지 않고 사면으로 적을 받으니 우리 삼군이 공구하여 사졸이 미혹하는 데에서도 우리가 지키기를 견고하게 하고 싸우면 이기고자 하는데 어찌해야 하오. 태공이 가로되 무릇 삼군이 산의 높은 곳에 처하면 적의 길들이는 바가 되고 산의 아래에 처하면 적의 죄수가 되는 바입니다. 이미 산을 둘레하여 처했다면 반드시 오운(烏雲)의 진을 만들어야 합니다.
　오운의 진은 음과 양을 다 갖춥니다. 혹은 그 음에 주둔하고 혹은 그 양지에 주둔합니다. 산의 양지에 처하면 산의 음을 방비하며 산의 음에 처하면 산의 양지를 방비하며 산의 좌측에 처하면 산의 우측을 방비하며 산의 우측에 처하면 산의 좌측을 방비하고 적이 능히 언덕한 곳에 있으면 병으로 그 밖을 방비하고 구도통곡(衢道通谷)은 무거(武車)로 차단하고 높이 정기를 세우고 삼가 삼군에 명하여 적인으로 하여금 우리의 실정을 알지 못하도록 하는데 이것을 산성(山城)이라 이릅니다.
　행렬이 이미 정해지고 사졸이 이미 진을 치고 법령이 이미 행해지며 기정(奇正)이 이미 건설되었으면 각각 충진(衝陣)을 산의 밖에 두고 병사가 처한 바를 편리하게 하며 이에 거기를 나누고 오운의 진을 만들어 삼군이 질전하면 적인이 비록 많다고 하더라도 그 장수를 가히 사로잡을 수 있습니다.〕

제48장 오운진법과 하천의 군대
(烏雲澤兵第四十八)

가. 군량이 떨어졌을 때에는 어떻게 합니까.
　무왕이 태공에게 자문하기를
　"군대를 인솔하여 적국 제후의 땅 깊숙이 들어갔다가 적군과 강을 사이에 두고 대치했을 때, 적은 군수품이 풍부하고 병력도 많은데 우리 군은 군수품도 모자라고 병력도 적어, 강을 건너서 적을 공격하고자 해도 병력이 부족하여 진격할 수가 없고, 지구전으로 버티자니 식량이 부족한데다가, 우리 군은 염분(鹽分)이 많은 불모지에 있어 마실 물도 마땅치 않습니다. 사방에는 촌락도 없고 또 초목도 자라지 않으며, 물자를 징발하여 조달하고자 해도 생각대로 되지 않으며, 우마(牛馬)에게 먹일 풀을 벨 만한 곳도 없을 때는, 어떻게 하면 되겠습니까."
　하니, 태공이 말하기를
　"전군에게 방어할 준비도 되어 있지 않고, 병사에게는 식량도 없고, 우마(牛馬)에게 먹일 사료도 없다고 한다면 어떤 수단과 방법을 써서라도 적의 눈을 속여 조속하게 그 불리한 땅에서 벗어나지 않으면 안 됩니다. 벗어남에 있어서는 적의 추격에 대비하여 군의 후방에 복병(伏兵)을 숨겨 둡니다."
　했다. 이 말에 대해 무왕이 또 묻기를
　"만약 적이 이쪽의 거짓 계략에 넘어가지 않고, 우리 병사들은 동요하여 혼란에 빠진 상태에서 적이 우리 군의 앞뒤를 에워싸고 공격해 온다면 우리는 패하여 달아날 것입니다. 이러한 때에는 어찌하면 되겠습니까."
하니 태공이 말하기를
"탈출하기 위한 방도를 구하는 수단은, 황금이나 보석을 적의 사자(使者)에게 뇌물로 주어 정보를 얻는 방법이 으뜸입니다. 그러나 적의 사자에게서 정보를 얻는 데에는 정교하고 치밀하여 미묘한 배려가 무엇보다도 중요합니다."
했다. 이에 대해 무왕이 또 묻기를
"적이 우리 군에 복병이 준비되어 있다는 것을 눈치채고, 주력부대가 강을 건너오지 않고, 별장(別將)을 세워 분대(分隊)를 조직해 강을 건너 공격해와 우리 군이 공포심을 일으키게 되었다면, 이럴 경우 어떻게 해야 되겠습니까."
하니, 태공이 말하기를
"그럴 때에는 무용(武勇)이 뛰어난 정예병사를 선발하여 4개의 진(陣)으로 나눠 전후좌우에서 충격(衝擊)하는 충진(衝陣)을 갖추어 군대를 유리한 지점에 배치해 둡니다. 적의 부대가 일제히 출격하여 강을 건너서 공격해 올 것에 대비하면서, 우리의 복병을 출동시켜 적의 후방을 급습하고, 강노(强弩)부대는 좌우에서 화살을 퍼붓고 전차대와 기병대는 분대(分隊)를 만들어 오운(烏雲)의 진을 펴서 그 앞뒤에서 준비하게 합니다.
전군이 서로 호응하여 질풍노도와 같이 공격해 들어가면 적은 이쪽의 공격을 보고는 반드시 전군을 총동원하여 강을 건너 공격해 올 것입니다. 그 때 우리는 복병을 출동시켜 적의 후방을 급습하고, 전차대와 기병대는 그 좌우를 칩니다. 그렇게 하면, 적군이 아무리 많다고 하더라도 적의 장수를 패주(敗走)시킬 수 있습니다.
전법에 있어서 중요한 것은, 적과의 싸움에서는 반드시 무용(武勇)이 뛰어난 정예(精銳)의 병사를 선발하여 4개의 진(陣)으로 나누고, 전후좌우에서 충격하는 충진(衝陣)의 태세를 취하여, 군대를 유리한 지점에 배치하고, 그런 뒤에 전차대와 기병대에게 분대(分隊)를 만들게 하여 오운(烏雲)의 진(陣)을 펴게 하는 것입니다. 이것이 전법에 있어서 기병(奇兵)이라고 하는 것입니다. 이른바 오운(烏雲)이라고 하는 것은 수많은 까마귀떼가 어느덧 흩어졌는가 하면 다음 순간 어느결에 결집되어 있는 것과 같은 변화의 무궁(無窮)한 것을 이르는 것입니다."
했다. 이에 무왕이 말했다.
"참으로 좋은 모계(謀計)입니다."

　　武王問太公曰 引兵深入諸侯之地 與敵人臨水相拒 敵富而衆 我貧而寡 踰水擊之 則不能前 欲久其日 則糧食少 吾居斥鹵之地 四旁無邑 又無草木 三軍無所掠取 牛馬無所芻牧 爲之奈何
　　太公曰 三軍無備 士卒無糧 牛馬無食 如此者 索便詐敵而亟去之 設伏兵於後
　　武王曰 敵不可得而詐 吾士卒迷惑 敵人越我前後 吾三軍敗而走 爲之奈何 太公曰 求途之道 金玉爲主 必因敵使 精微爲寶
　　武王曰 敵人知我伏兵 大軍不肯濟 別將分隊 以踰於水 吾三軍大恐 爲之奈何
　　太公曰 如此者 分爲衝陣 便兵所處 須其畢出 發我伏兵 疾擊其後 强弩兩旁 射其左右 車騎分爲烏雲之陣 備其前後 三軍疾戰 敵人見我戰合 其大軍必濟水而來 發我伏兵 疾擊其後 車騎衝其左右 敵人雖衆 其將可走
　　凡用兵之大要 當敵臨戰 必置衝陣 便兵所處 然後以車騎分爲烏雲之陣 此用兵之奇也 所謂烏雲者 烏散而雲合 變化無窮者也 武王曰 善哉

〔무왕이 태공에게 물어 가로되 병을 인솔하고 깊이 제후의 땅에 들어가 적인과 더불어 물에 이르러 서로 대치하고 있는데 적은 풍부하고 많으며 우리는 빈약하고 적어 물을 넘어 공격하면 능히 앞으로 하지 못하고 그 일을 오래하고자 해도 식량이 부족하며 우리는 척로(斥鹵)의 땅에 있어 사방에 고을이 없고 또 초목도 없으며 삼군이 약취할 곳이 없으며 우마를 먹일 꼴도 없으면 어찌해야 하오. 태공이 가로되 삼군이 방비가 없으며 사졸이 양식이 없고 우마가 먹을 것이 없으면 이와 같은 것은 방편을 찾고 적을 속여 빨리 떠나야 하며 복병을 뒤에 설치해야 합니다.

무왕이 가로되 적을 가히 속임을 얻지 못하고 우리의 사졸은 미혹하고 적인은 우리의 전후를 넘나들어 우리의 삼군이 패난하여 도주할 때 어찌해야 하오. 태공이 가로되 도(途)를 구하는 길은 금옥(金玉)을 주(主)로 삼습니다. 반드시 적의 사자를 인(因)하려면 정미한 것을 보배로 삼는 것입니다.

무왕이 가로되 적이 우리의 복병을 알고 대군이 건너는 것을 즐기지 않고 별장(別將)이 대를 나누어 물을 건너오면 우리의 삼군은 크게 놀랄 것입니다. 어찌해야 하오. 태공이 가로되 이와같은 것은 나누어 충진을 만들어 병사가 처하는데 편리하게 하며 그 다 나오기를 기다려 우리의 복병을 발하여 그 뒤를 빠르게 치고 강노는 양방에서 그 좌우를 쏘아 거기가 나누어 오운의 진을 만들어 그 전후를 방비하고 삼군이 신속하게 공격합니다. 적이 우리의 싸움하는 것을 보고 그 대군이 반드시 물을 건너올 것입니다. 우리의 복병을 발하여 그 뒤를 질격하고 거기로 그 좌우를 충격합니다. 적인이 비록 많을지라도 그 장수는 가히 도망할 것입니다.

무릇 용병의 대요는 적을 만나 싸움에 임하여 반드시 충진(衝陣)을 두고 병사의 처한 바를 편리하게 한 연후에 거기를 나누어 오운의 진을 삼는 것입니다. 이것은 용병의 기(奇)입니다. 이른바 오운이라는 것은 까마귀가 흩어졌다 구름처럼 합하여 변화가 무궁한 것입니다. 무왕이 가로되 선하다.〕

제49장 적은 무리(少衆第四十九)

가. 약한 병력이 강한 적을 만났을 때.
무왕이 태공에게 자문하기를
"소수의 병력으로 대군(大軍)을 격파하고, 약한 군세(軍勢)로 강적(强敵)을 격파하고자 한다면 어떻게 하면 되겠습니까."
하니, 태공이 말하기를
"소수의 병력으로 대군을 격파하기 위해서는 반드시 해가 지는 저녁에 우거진 풀숲에 숨었다가, 적을 좁은 길에서 요격(要擊)하는 것입니다. 그리고 약한 군세로 강한 적을 격파하기 위해서는 반드시 큰 나라의 협력과 이웃 나라의 원조가 없어서는 안 됩니다."
했다. 이에 대해 무왕이 또 묻기를
"그러나 만약 풀숲도 없고 좁은 길도 없는데, 적은 벌써 포진(布陣)을 마쳤으며, 해질녘도 아니고, 큰 나라의 협력도 없으며, 또 이웃 나라의 원조도 받지 못할 처지에서는 어떻게 하면 좋겠습니까."
하니, 태공이 말하기를
"그러한 때에는 우리의 병력을 과장해 보이기도 하고, 거짓으로 유인해 보이기도 하면서, 적장(敵將)으로 하여금 어리둥절하게 만들어야 합니다. 진로를 우회시켜 풀숲을 통과하는 듯이 보이고, 계획대로 해질녘에 좁은 길에서 만나는 것처럼 멀리 돌아가게 합니다. 적의 전열(前列)은 아직 강을 다 건너지 못하고, 후열(後列)은 아직 숙사(宿舍)에 도착하기 전 시각에 맞추어 우리 복병을 출동시켜 민첩하게 그 좌우를 치고, 전차대와 기병대는 또 그 앞뒤를 혼란하게 만든다면, 적병이 아무리 많더라도 반드시 그 장수를 패주시킬 수 있습니다.

 평상시에 큰 나라의 군주를 공경하여 섬기고, 이웃 나라 선비들에게는 겸손하면서 예물을 후하게 보내며, 말씨를 정중하게 하여 예를 갖춰두는 것입니다. 이와 같이 해 두면, 막상 때가 왔을 때 큰 나라의 협력과 이웃 나라의 원조를 얻을 수가 있는 것입니다.”

 했다. 이 말을 듣고 무왕이 말했다.

 "과연 좋은 생각입니다.”

　武王問太公曰 吾欲以少擊衆 以弱擊强 爲之奈何 太公曰 以少擊衆者 必以日之暮 伏以深草 要之隘路 以弱擊强者 必得大國之與 隣國之助

　武王曰 我無深草 又無隘路 敵人已至 不適日暮 我無大國之與 又無隣國之助 爲之奈何

　太公曰 妄張詐誘 以熒惑其將 迂其途 令過深草 遠其路 令會日暮 前行未渡水 後行未及舍 發我伏兵 疾擊其左右 車騎擾亂其前後 敵人雖衆 其將可走

　事大國之君 下隣國之士 厚其幣 卑其辭 如此 則得大國之與 隣國之助矣 武王曰 善哉

〔무왕이 태공에게 물어 가로되 나는 적은 것으로써 많은 것을 공격하고 약함으로써 강함을 공격하고자 하는데 어찌해야 하오. 태공이 가로되 적은 것으로써 많은 것을 공격하는 자는 반드시 날의 저문 것으로써 하고 심초(深草)에 매복하여 좁은 길에서 막아야 합니다. 약함으로써 강함을 공격하는 자는 반드시 대국(大國)의 협력과 인국(隣國)의 협조를 얻어야 합니다.

 무왕이 가로되 아군에게 심초(深草)가 없고 또 좁은 길도 없는데 적인이 이미 이르면 해가 저물 때까지 가지 못하고 우리는 대국의 협력도 없고 또 인국의 협조도 없으면 어찌해야 하오. 태공이 가로되 망령되이 과장하고 속여 달래 그의 장수를 혼란시키고 그 도를 우회하여 하여금 심초(深草)를 지나게 하며 그 길을 멀게 하여 하여금 날이 어두울 때 이르게 하며 전행(前行)은 물을 건너지 못하고 후행(後行)도 숙소에 미치지 못했을 때 우리의 복병을 발하여 그 좌우를 질격하고 거기로 그 전후를 요란하면 적이 비록 많을지라도 그 장수는 가히 도망할 것입니다. 대국의 임금을 섬기고 인국의 선비에게 몸을 낮추며 그 폐백을 두텁게 하고 그 말을 낮춥니다. 이와 같이 하면 대국의 원조와 인국의 협조를 얻을 것입니다. 무왕이 가로되 선하도다.]

제50장 험난한 곳의 전투(分險第五十)

가. 위험한 곳에서 적을 만나면…

무왕이 태공에게 자문하기를

"군대를 인솔하여 적국인 제후의 영지 깊숙이 진공하여, 험조(險阻)하고 협애(挾隘)한 지형에서 적과 맞부딪쳤습니다. 우리 군은 산을 좌로 하고 강을 우로 하며, 적군은 산을 우로 하고 강을 좌로 하여, 양편 군대가 험조한 지형을 나눠 차지하고 서로 대항할 때 우리 군은 견고하게 지키고 싸워서 승리를 거두고자 하는데, 이러한 경우 어떻게 하면 되겠습니까."

하니 태공이 말하기를

"산의 좌측에 있을 때에는 곧바로 산 우측의 방비(防備)를 굳게 하고, 산의 우측에 있을 때에는 곧바로 산 좌측의 방비를 견고하게 해야 합니다. 지세(地勢)가 험조한 데다 큰 강이 있고, 배나 배를 부리는 도구가 준비되어 있지 않을 때에는 천황(天潢)을 이용하여 우리 병사들을 건너게 하는 것입니다. 그리하여 강을 건넌 사람들은 급히 우리 군의 진로를 넓히고, 싸움에 유리한 지점을 확보해 두지 않으면 안 됩니다. 우리 군의 전후에는 전차를 배치하고, 강노(强弩)의 군대를 배열하여 진세(陣勢)를 견고하게 합니다. 사방으로 통하는 도로나 골짜기 어귀는 전차로 차단하고 깃발을 높이 세우는 것입니다. 이것을 군중의 성(城)이라고 합니다.

험조(險阻)한 산지에서의 전법은 전차(戰車)를 앞에 배치하고, 큰 방패를 방어용으로 세우며 정예(精銳)의 병사와 강노(强弩)의 부대가 군의 좌우 양익(兩翼)이 되고, 3천명을 한 둔(屯)으로 하여 각 둔마다 반드시 중군(中軍)을 중심으로 하여 전후좌우에 각각 한 부대씩을 배치하는 충진(衝陣)을 설치합니다. 그리고 유리한 지점을 차지하여 좌익군(左翼軍)은 좌측의 적을 공격하고, 우익군(右翼軍)은 우측의 적을 공격하며, 중군(中軍)은 적의 중심부를 습격하여 삼군(三軍)이 서로 호응하면서 동시에 진격하는 것입니다. 싸워서 지친 병사는 둔의 진영으로 돌아와 휴식을 취하게 하고, 교대로 싸우고 쉬게 하면서, 승리를 거둘 때까지 싸움을 계속하는 것입니다."

했다. 무왕이 다 듣고는 말했다.

"진실로 좋은 계략입니다."

　　武王問太公曰　引兵深入諸侯之地　與敵人相遇於險阻之中　吾左山而右水　敵右山而左水　與我分險相拒　吾欲以守則固　以戰則勝　爲之奈何

　　太公曰　處山之左　急備山之右　處山之右　急備山之左　險有大水　無舟楫者　以天潢濟吾三軍　已濟者　亟廣吾道　以便戰所　以武衝爲前後　列其强弩　令行陣皆固　衢道谷口　以武衝絶之　高置旌旂　是爲軍城

凡險戰之法 以武衝爲前 大櫓爲衞 材士强弩 翼吾左右 三千人爲一屯 必置衝陣 便兵所處 左軍以左 右軍以右 中軍以中 竝攻而前 已戰者 還歸屯所 更戰更息 必勝乃已 武王曰 善哉

〔무왕이 태공에게 물어 가로되 병을 이끌고 깊이 제후의 땅에 들어가 적인과 더불어 험악한 지형에서 서로 만났는데 우리는 산을 왼쪽으로 하고 물을 오른쪽으로 하고 적은 산을 오른쪽으로 하고 물을 왼쪽으로 하여 험한 것을 나누어 서로 대치하는데 우리는 지키는 것을 견고하게 하고 싸우면 이기고자 하는데 어찌해야 하오. 태공이 가로되 산의 왼쪽에 처하면 급히 산의 오른쪽을 방비하고 산의 오른쪽에 처하면 급히 산의 왼쪽을 방비합니다. 험하고 큰 물이 있고 배와 노가 없는 것은 천황(天潢)으로 우리 삼군을 건너게 합니다. 이미 건넌 자는 빨리 우리의 길을 넓히고 싸울 곳을 편리하게 하고 무충(武衝)을 전후삼아 그 강노를 벌리고 행진(行陣)을 다 견고히 합니다. 구도(衢道)·곡구(谷口)는 무충(武衝)으로써 끊고 높이 정기를 세웁니다. 이것을 군성(軍城)이라 이릅니다.

　무릇 험전(險戰)의 법은 무충으로 앞을 삼고 대노로 수비하며 재사·강노로 우리의 좌우를 돕고 3천인이 한 둔이 되며 반드시 충진을 두고 병사의 처한 곳을 편리하게 하고 좌군은 왼쪽을 우군은 오른쪽을 중군은 중앙을 함께 공격하여 전진하고 이미 싸운 자는 둔소(屯所)로 돌아가고 다시 싸우고 다시 쉬면서 반드시 이기면 이에 그칩니다. 무왕이 가로되 선하도다.〕

제6편 견도(犬韜)

개가 잘 뛰면서
어려움을 피하는 것에 비유해
분투(奮鬪)하고 퇴피(退避)하는 것을
설명했다.

제51장 나눈 것을 합함(分合第五十一)

가. 모든 군사를 한 곳으로 모으려면
무왕이 태공에게 자문하기를
"왕자(王者)가 군대를 이끌고 출정하는데 있어서, 전군이 여러 곳에 나뉘어 주둔하고 있는 것을 기일을 정해 결집토록 하고 전쟁에 합류하는데 있어 그에 따르는 상과 벌을 받겠다는 서약(誓約)을 하게 하고자 하는데, 어떻게 하면 좋겠습니까."
하니 태공이 말했다.
"용병(用兵)에는 전군(全軍)의 군사를 분산시켰다가 집합시켰다가 하는 상황에 따른 변화의 처치가 있는 것입니다. 대장은 먼저 싸울 지점과 기일을 정한 뒤에 격문(檄文)을 돌려 모든 장교와 시일을 약속, 성을 공격하고 마을을 에워싸는데 각자 지정한 장소에 모이도록 하는 것입니다. 싸울 날짜를 알릴 뿐 아니라 시각도 정해 두는 것입니다. 대장은 진영(陣營)을 설치하고, 표적이 되는 기둥을 군문(軍門)에 세우고, 길을 청소하고 각 부대가 도착하기를 기다리는 것입니다. 여러 장교가 도착한 것을 놓고 그 먼저와 나중을 고려해 예정기일보다 먼저 온 자에게는 상(賞)을 주고, 기한에 뒤져 온 자는 참(斬)하여 벌하는 것입니다. 이와 같이 상과 벌을 엄중하게 하면, 멀고 가까운 것을 가리지 않고 급하게 모여 전군대가 가지런히 참가해 함께 힘을 모아 싸우게 될 것입니다."

武王問太公曰 王者帥師 三軍分爲數處 將欲期會合戰

約誓賞罰 爲之奈何
　太公曰 凡用兵之法 三軍之衆 必有分合之變 其大將先定戰地戰日 然後移檄書 與諸將吏期 攻城圍邑 各會其所 明告戰日 漏刻有時 大將設營而陣 立表轅門[1] 清道而待 諸將吏至者 校其先後 先期至者賞 後期至者斬 如此 則遠近奔集 三軍俱至 幷力合戰

1) 轅門(원문) : 군문(軍門), 영문(營門), 진중(陣中)에서 수레의 멍에를 마주 합쳐서 만든 문.

〔무왕이 태공에게 물어 가로되 왕자가 군사를 거느리는데 삼군이 수처(數處)에 나누어 있으며 장수가 합전(合戰)을 기회삼아 상벌을 약서(約誓)하고자 하는데 어찌해야 하오. 태공이 가로되 무릇 용병의 법은 삼군의 무리가 반드시 분합(分合)의 변화가 있습니다. 그 대장이 먼저 전지(戰地)와 전일(戰日)을 정한 연후에 격서(檄書)를 옮기고 여러 장수와 관리와 더불어 기약을 하고 공성위읍(攻城圍邑)하고 각각 그 곳에 모이게 합니다. 밝게 전일(戰日)을 고하고 누각(漏刻)으로 시간을 둡니다. 대장이 영을 설치하고 진을 하며 표(表)를 원문(轅門)에 세우고 길을 맑게 하고 기다립니다. 모든 장수와 관리가 이르면 그 선후를 교(校)하여 기한보다 먼저 이른 자는 상을 주고 기한보다 뒤에 이른 자는 참(斬)합니다. 이와 같이 하면 원근(遠近)이 분집(奔集)하고 삼군이 함께 이르며 힘을 함께하여 싸울 것입니다.〕

제52장 군의 선봉(武鋒第五十二)

가. 어떤 기회에 공격하는 것이 좋습니까.
　무왕이 태공에게 자문하기를

"전쟁에는 반드시 전차·기병(騎兵)·치진(馳陣)·선봉(選鋒) 등을 비치해 알맞은 기회를 보아서 공격을 하게 마련인데, 대체로 어떤 기회에 공격하는 것이 좋겠습니까."

하니 태공이 말하기를

"공격하고자 한다면 먼저 적의 14가지의 변화를 살펴서 알고 있어야 합니다. 14가지 중 어느 것에인가 변화가 보이면 곧바로 공격합니다. 그러면 적군은 반드시 패주할 것입니다."

했다. 이에 무왕이 다시 묻기를

"그 14가지의 변화라는 것이 무엇인지 듣고 싶습니다."

하니 태공이 말했다.

"적이 집합하였을 뿐 아직 대열(隊列)이 정비되어 있지 않았을 때가 공격하기에 좋은 기회입니다. 적의 병사나 군마가 아직 식사하기 전인 공복일 때가 공격하기에 좋은 기회입니다. 적이 천후(天候)를 잘 보지 못하여 혹한이나 무더운 여름 또는 폭풍우를 만났을 때가 공격하기에 좋은 기회입니다.

적이 아직 땅의 이로운 지점을 얻지 못했을 때가 공격하기에 좋은 기회입니다. 적이 허둥거리며 달려와서 숨이 차 헐떡이는 때가 공격하기에 좋은 기회입니다. 적이 경계를 게을리하며 마음을 놓고 있을 때가 공격하기에 좋은 기회입니다. 적이 피로하여 있을 때가 공격하기에 좋은 기회입니다. 적의 장군이 대열(隊列)에서 멀리 떨어져 있을 때가 공격하기에 좋은 기회입니다.

먼 길을 행군해 온 적은 휴식할 시간을 주지 말고 공격해야 합니다. 적이 강물을 건너고 있을 때가 공격하기에 좋은 기회입니다. 적이 몹시 바쁘게 일을 하고 있을 때가 공격하기에 좋은 기회입니다. 적이 협애한 땅이나 험한 길을 통과하고 있을 때가 공격하기에 좋은 기회입니다.

적이 행군의 대열(隊列)을 어지럽히고 있을 때가 공격하기에 좋은 기회입니다. 적이 두려움에 떨고 있을 때가 공격하기에 좋은 기회입니다."

　　武王問太公曰 凡用兵之要 必有武車 驍騎 馳陣[1] 選鋒[2] 見可則擊之 如何而可擊
　　太公曰 夫欲擊者 當審察敵人十四變 變見則擊之 敵人必敗 武王曰 十四變可得聞乎
　　太公曰 敵人新集可擊 人馬未食可擊 天時不順可擊 地形未得可擊 奔走可擊 不戒可擊 疲勞可擊 將離士卒可擊 涉長路可擊 濟水可擊 不暇可擊 阻難狹路可擊 亂行可擊 心怖可擊

1) 馳陣(치진): 각 부대 사이의 교섭이나 응원을 위해 진중(陣中)을 동분서주하는 기병대(騎兵隊). 진(陣)은 진(陳)과 같다.
2) 選鋒(선봉): 선발된 무용(武勇)의 병사로 조직된 선봉대(先鋒隊).

〔무왕이 태공에게 물어 가로되 무릇 용병의 요는 반드시 무거·요기·치진·선봉 등을 둡니다. 가(可)를 보면 공격하는데 어떠한 것을 가격(可擊)할 것입니까. 태공이 가로되 대저 공격하고자 하는 자는 마땅히 적의 14가지 변화를 자세히 살펴야 합니다. 변화가 보이면 공격합니다. 적은 반드시 패배합니다. 무왕이 가로되 14가지 변화를 가히 들어 얻을 수 있습니까. 태공이 가로되 적인이 새로 모여들면 가히 공격합니다. 인마가 먹지 않았으면 가히 공격합니다. 천시(天時)가 불순하면 가히 공격합니다. 지형을 얻지 못했으면 가히 공격합니다. 분주하면 가히 공격합니다. 경계하지 않으면 가히 공격합니다. 피로하면 가히 공격합니다. 장수가 사졸을 떠나 있을 때 가히 공격합니다. 먼 길을 걸을 때 가히 공격합니다. 물을 건널 때 가히 공격합니다. 한가함이 없을 때 가히 공격합니다. 험란하고 좁은 길에서 가히 공격합니다. 어지럽게 행진할 때 가히 공격합니다. 마음이 두려워할 때 가히 공격합니다.〕

제53장 단련된 병사(練士第五十三)

가. 죽음도 불사하는 용사의 명칭은
무왕이 태공에게 자문하기를
"우수한 병사를 선발하여 단련시키려면, 어떤 방법을 취해야 합니까."
하니, 태공이 말하기를
"군졸 가운데 용기가 충천하여 죽음도 두려워하지 않고, 전쟁에서 입은 상처를 명예로 여길 정도의 병사가 있으면 모아서 한 부대를 조직하여, 적의 칼날도 무릅쓴다는 뜻의 모인(冒刃)의 사(士)라 이름 붙입니다.
또 예기(銳氣)가 넘쳐 용기있고 포악한 병사가 있으면 모아서 한 부대를 조직하여, 적진을 함락시킨다는 뜻으로 함진(陷陣)의 사(士)라 이름 붙입니다.
용모가 기위(奇偉)하며, 장검(長劍)을 차고 보무당당(步武當當)하게 행진할 수 있는 병사가 있으면 모아서 한 부대를 조직하여, 용예(勇銳)의 사(士)라고 이름 붙입니다.
걷는 힘이 강하고 쇠로 만든 갈고리라도 잡아늘이며, 굳세고 용맹스럽고 괴력(怪力)이 있어 적의 종과 북이나 기치(旗幟)라도 파괴하고 빼앗아 올 정도의 병사가 있으면 모아서 한 부대를 조직하여, 용력(勇力)의 사(士)라 이름 붙입니다.
높은 데를 뛰어넘어 먼 길을 답파(踏破)하고, 다리가 가벼워 잘 달리는 병사가 있으면 모아서 한 부대를 조직하여, 구병(寇兵)의 사(士)라 이름 붙입니다.

일단 위세를 잃었으나 공을 세워 재차 기용(起用)되기를 원하는 병사가 있으면 모아서 한 부대를 조직하여, 사투(死鬪)의 사(士)라 이름 붙입니다.

전사한 장교의 자제로 그 아비를 위해 원수를 갚겠다는 병사가 있으면 모아서 한 부대를 조직하여, 사분(死憤)의 사(士)라 이름 붙입니다.

빈궁한 속에서 발분(發憤)하여 어떻게라도 출세의 뜻을 이루어 보겠다고 생각하는 병사가 있으면 모아서 한 부대를 조직하여, 필사(必死)의 사(士)라 이름 붙입니다.

데릴사위나 사로잡힌 사람으로 그 치욕을 씻고 명예를 만회하고자 하는 사병이 있으면 모아서 한 부대를 조직하여, 노둔(魯鈍)한 성품을 격려한다는 뜻에서 여둔(勵鈍)의 사(士)라 이름 붙입니다.

죄수나 죄값을 치른 사람으로 전공을 세워 그 부끄러움을 씻고자 하는 병사가 있으면 모아서 한 부대를 조직하여 치욕을 씻을 기회를 갖게 된 것을 다행스럽게 여긴다는 뜻으로, 행용(幸用)의 사(士)라 이름 붙입니다.

재능과 기술이 남달리 뛰어나고, 힘도 강하여 능히 무거운 짐을 등에 지고 먼 길을 갈 수 있는 병사가 있으면 모아서 한 부대를 조직하여, 대명(待命)의 사(士)라 이름 붙입니다.

이상이 군중(軍中)에 있어서의 연사(練士)입니다만, 장수된 사람은 이런 것들을 밝게 살피고 또 밝게 살피지 않으면 안 될 일입니다."

武王問太公曰 練士之道奈何 太公曰 軍中有大勇力 敢死樂傷者 聚爲一卒 名曰冒刃之士
有銳氣壯勇強暴者 聚爲一卒 名曰陷陣之士
有奇表長劍 接武齊列者 聚爲一卒 名曰勇銳之士
有披距伸鉤 強梁多力 潰破金鼓 絕滅旌旂者 聚爲一卒

名曰勇力之士
　　有踰高絕遠 輕足善走者 聚爲一卒 名曰寇兵之士
　　有王臣失勢 欲復見功者 聚爲一卒 名曰死鬪之士
　　有死將之人 子弟欲爲其將報仇者 聚爲一卒 名曰死憤之士
　　有貧窮忿怒 欲快其志者 聚爲一卒 名曰必死之士
　　有贅壻人虜 欲掩迹揚名者 聚爲一卒 名曰勵鈍之士
　　有胥靡免罪之人 欲逃其恥者 聚爲一卒 名曰幸用之士
　　有材技兼人 能負重致遠者 聚爲一卒 名曰待命之士
　　此軍之練士 不可不察也

〔무왕이 태공에게 물어 가로되 병사를 단련하는 것을 어찌합니까. 태공이 가로되 군중(軍中)에 큰 용력한 자가 있어 죽음을 용감하게 하고 부상하는 것을 즐겨하는 자가 있으면 모아 l졸을 삼고 이름하여 가로되 모인(冒刃)의 사(士)라고 합니다. 예기(銳氣)와 장용(壯勇)하고 강포(强暴)한 자가 있으면 모아 l졸을 삼고 이름하여 함진(陷陣)의 병사라 합니다. 기표장검(奇表長劍)하고 무(武)를 접하고 열(列)을 가지런히 하는 자가 있으면 모아 l졸을 삼고 이름하여 용예(勇銳)의 병사라 합니다. 먼 곳을 뛰고 구부러진 것을 펴며 강량다력하고 금고(金鼓)를 궤파(潰破)하고 정기를 모두 말살하는 자가 있으면 모아 l졸을 삼고 이름하여 용력(勇力)의 병사라 합니다.

높은 곳을 넘고 먼 곳을 잘 가며 발이 가볍고 잘 달리는 자가 있으면 모아 l졸을 삼고 이름하여 가로되 구병(寇兵)의 병사라 합니다. 왕신(王臣)으로 세력을 잃었다가 다시 공을 나타내려는 자가 있으면 모아 l졸을 삼고 이름하여 가로되 사투(死鬪)의 병사라 합니다. 죽은 장수의 자제로써 그 장수의 원수를 갚고자 하는 자가 있으면 모아 l졸을 만들고 이름하여 가로되 사분(死憤)의 병사라 합니다. 빈궁에 분노하여 그 뜻을 만족시키고자 하는 자가 있으면 모아 l졸을 만들고 이름하여 필사(必死)의 병사라 합니다.

데릴사위나 노예로 행적을 가리고 명예를 떨치고자 하는 자가 있으면 모아 1졸을 만들어 이름하여 가로되 여둔(勵鈍)의 병사라 합니다. 징역을 살고 죄를 용서받은 사람이 그 수치심을 벗어나오려 하는 자가 있으면 모아 1졸을 삼고 이름하여 가로되 행용(幸用)의 병사라 합니다. 재주와 기술이 남을 겸하여 무거운 것을 지고 멀리 이를 수 있는 자가 있으면 모두 모아 1졸을 삼고 이름하여 가로되 대명(待命)의 병사라 합니다. 이것은 군의 연사(練士)로서 감히 살피지 아니치 못할 것입니다.]

제54장 전술을 가르침(敎戰第五十四)

가. 백만의 병사를 교육하는 법.

무왕이 태공에게 자문하기를

"전군대의 병사(兵士)를 모아서 전법을 익히고 단련시키고자 생각하는데, 어떻게 하는 것이 좋습니까."

하니, 태공이 말하기를

"군대를 통솔함에는 반드시 종과 북으로 절제하는 것입니다. 종과 북은 병사를 통제하기 위한 것입니다. 대장되는 사람은 반드시 먼저 이 사실을 장교나 병사들에게 분명히 알리고, 세 차례 반복하여 정성껏 가르쳐서 병기(兵器)의 조작법, 기거의 방법, 깃발의 종류와 지휘(指麾) 등의 변화하는 용법(用法)을 가르치는 것입니다.

그러므로 장교나 병사를 교련(敎練)하는 데에는 먼저 한 사람에게 전법을 가르쳐 그 교련이 몸에 익으면 그 사람을 중심으로 하여 열 사람의 한 대(隊)를 만듭니다. 그리고 그 열 사람이 전법을 익히면 그 사람들을 중심으로 하여 백 사람의 한 대를 만듭니다. 백 사람이 전법을 익히면 또 그 백 사람을 중심으로 하여 천 사람의 한 대

를 만듭니다. 천 사람이 전법을 익히면 그 사람들을 중심
으로 하여 만 사람의 한 대를 조직합니다. 만 사람이 전
법을 체득하면 그 사람들을 삼군(三軍)으로 조직합니다.
그리고 이 삼군(三軍)이 대전(大戰)의 법을 익히면 백만
의 군대를 조직합니다. 이와 같이 하여 비로소 대병(大
兵)의 습련을 성취하여 그 위력을 천하에 빛낼 수 있는
것입니다."
　　했다. 무왕이 듣고 말했다.
　　"참으로 좋은 방법입니다."

　　武王問太公曰　合三軍之衆　欲令士卒服習教戰之道　奈
何
　　太公曰　凡領三軍　必有金鼓之節　所以整齊士衆者也　將
必明告吏士　申之以三令　以教操兵起居旌旅指麾之變法
故教吏士　使一人學戰　教成　合之十人　十人學戰　教成　合
之百人　百人學戰　教成　合之千人　千人學戰　教成　合之萬
人　萬人學戰　教成　合之三軍之衆　大戰之法　教成　合之百
萬之衆　故能成其大兵　立威於天下　武王曰　善哉

　　〔무왕이 태공에게 물어 가로되 삼군의 무리를 합하여 사졸에게
교전(敎戰)의 도를 복습시키고자 하는데 어찌해야 합니까. 태공이
가로되 무릇 삼군을 거느리는 데는 반드시 금고(金鼓)의 절도가
있습니다. 사중을 정제하는 바입니다. 장수는 반드시 먼저 밝게 이
사(吏士)에게 고하고 신(申)하되 3번 명령하고 병기를 조종하는
것과 기거(起居)·정기·지휘에 따라 변화하는 법을 가르칩니다.
　　고로 이사(吏士)를 가르치는데 한 사람으로 하여금 싸움을 배워
가르침을 이루면 열 사람을 합합니다. 열 사람이 싸움을 배워 가르
침을 이루면 백인을 합합니다. 백인이 학전(學戰)하여 가르침을 이
루면 천인(千人)을 합합니다. 천인이 학전하여 가르침을 이루면 만
인(萬人)을 합합니다. 만인이 학전하여 가르침을 이루면 삼군의 무

리에 합합니다. 대전(大戰)의 법은 가르침을 이루어 백만의 무리에
합하는 것입니다. 고로 능히 그 대병을 이루고 위엄을 천하에 세울
수 있습니다. 무왕이 가로되 선하도다.]

제55장 병사를 균일케 함(均兵第五十五)

가. 보병 몇 사람이 전차와 대항합니까.
　무왕이 태공에게 자문하기를
　"전차대(戰車隊)를 인솔하여 보병(步兵)과 싸우면, 전
차 한 대의 전력(戰力)은 보병 몇 사람에 상당하며 보병
몇 사람이 전차 한 대에 대항할 수 있습니까. 또 기병(騎
兵)을 인솔하여 보병과 싸우면 기병 한 기(騎)가 보병
몇 사람에 상당하며 보병 몇 사람이 기병 한 기(騎)에
대항할 수 있습니까. 그리고 전차대와 기병대(騎兵隊)가
싸우면 전차 한 대는 몇 기(騎)의 기병에 상당하며 몇
기의 기병이 전차 한 대에 대항할 수 있습니까."
　하니, 태공이 말하기를
　"전차는 군대의 우익(右翼)입니다. 적군의 견고한 진지
를 함락시키고, 강적(强敵)을 요격(要擊)하며 도망치는
적을 저지시키기 위한 것입니다. 기병은 군대의 사후(伺
候)입니다. 패하여 달아나는 적군을 추격하여 군량의 수
송을 끊고 편구(便寇)를 공격하기 위한 것입니다.
　그러므로 전차대나 기병대가 조직적인 진(陣)을 쳐 싸
우지 않고 되는 대로 흩어져서 싸운다면, 한 기(騎)의 힘
은 보병 한 사람의 힘조차 당하지 못합니다.
　그러나 전군대가 조직적으로 포진(布陣)한 자세로 적
에게 맞선다면 평지에서의 전력(戰力)은, 전차 한 대가

보병 80인에 필적(匹敵)하고, 보병 80인은 전차 한 대의 전력에 상당합니다. 그리고 1기(一騎)의 전력은 보병 여덟 사람에 필적하고, 보병 여덟 사람의 전력은 1기(一騎)에 상당합니다. 전차 한 대의 전력은 10기(十騎)에 필적하고, 10기의 전력은 전차 한 대에 상당합니다.

험조(險阻)한 땅에서의 싸움에서는 전차 한 대의 전력이 보병 40인에 필적하고, 보병 40인의 전력이 전차 한 대에 상당합니다. 1기(一騎)의 전력은 보병 네 사람에 필적하고, 보병 네 사람의 전력은 1기에 상당합니다. 전차 한 대의 전력은 기병 6기(六騎)에 필적하고, 기병 6기의 전력은 전차 한 대에 상당합니다.

전차나 기병은 군대의 중요한 무구(武具)에 해당하는 것입니다. 전차 10대는 보병 천 명을 깨뜨리고, 전차 100대는 보병 만 명을 깨뜨립니다. 10기(十騎)의 기병은 보병 백 사람을 달아나게 하고, 100기(百騎)의 기병은 보병 천 사람을 패주(敗走)시킬 수 있습니다. 이것이 전차와 기병과 보병 전력(戰力)의 대수(大數)입니다."

했다. 무왕이 또 묻기를

"전차와 기병에 있어서 장교의 수(數)와 그 포진(布陣)은 어떻게 하는 것이 좋습니까."

하니, 태공이 말하기를

"전차대에 있어 장교의 수는, 다섯 대에 한 사람의 장(長), 열 다섯 대에 한 사람의 이(吏), 오십 대에 한 사람의 솔(率), 백 대에 한 사람의 장(將)을 둡니다. 평야에서의 전투에서는 다섯 대를 한 대열(隊列)로 하고, 전후의 간격은 40보(步), 좌우(左右)의 간격은 10보(十步), 대(隊)와 대와의 간격은 60보로 합니다. 험조(險阻)한 지대의 전투에서 전차는 반드시 도로를 진행(進行)하여, 열 다섯 대를 1취(一聚)로 하고, 삼십 대를 1둔(一屯)으로 하며, 앞뒤의 간격은 20보(步), 좌우의 간격은 6보, 대

(隊)와 대와의 간격은 36보로 하고, 종(縱)과 횡(橫)과의 간격은 1리(一里)로 하며, 전투가 끝난 뒤에는 각각 본래 통하던 길로 뒤돌아갑니다.

기병(騎兵)에 있어서 장교의 수(數)는 5기(五騎)에 한 사람의 장(長), 10기(十騎)에 한 사람의 이(吏), 100기(百騎)에 한 사람의 솔(率), 2백기(二百騎)에 한 사람의 장(將)을 배치합니다. 평야에서의 전투에서는 5기를 한 대열로 하고, 앞뒤의 간격을 20보(步), 좌우의 간격을 4보(四步), 대(隊)와 대와의 간격을 50보로 합니다. 험조(險阻)한 지대 전투에서는 전후의 간격을 10보(十步), 좌우의 간격을 2보(二步), 대와 대와의 간격을 25보(二十五步)로 합니다. 그리고 30기(騎)를 1둔(一屯)으로 하고, 60기를 1배(一輩)라고 하며, 종(縱)과 횡(橫)의 간격은 100보(百步)입니다. 전투가 끝나면 급히 돌아서 본래의 자리로 되돌아가야 합니다."

했다. 이 말을 듣고 무왕이 말했다.

"참으로 좋은 작전(作戰)입니다."

武王問太公曰 以車與步卒戰 一車當幾步卒 幾步卒當一車 以騎與步卒戰 一騎當幾步卒 幾步卒當一騎 以車與騎戰 一車當幾騎 幾騎當一車

太公曰 車者 軍之羽翼也 所以陷堅陣 要強敵 遮走北也 騎者 軍之伺候[1]也 所以踵敗軍 絕糧道 擊便寇[2]也

故車騎不敵戰 則一騎不能當步卒一人 三軍之衆成陣而相當 則易戰之法 一車當步卒八十人 八十人當一車 一騎當步卒八人 八人當一騎 一車當十騎 十騎當一車 險戰之法 一車當步卒四十八 四十八當一車 一騎當步卒四人 四人當一騎 一車當六騎 六騎當一車

夫車騎者 軍之武兵也 十乘敗千人 百乘敗萬人 十騎走百人 百騎走千人 此其大數也

武王曰 車騎之吏數與陣法奈何 太公曰 置車之吏數 五車一長 十五車一吏 五十車一率 百車一將 易戰之法 五車爲列 相去四十步 左右十步 隊間六十步 險戰之法 車必循道 十五車爲聚 三十車爲屯 前後相去二十步 左右六步 隊間三十六步 縱橫相去一里 各返故道

置騎之吏數 五騎一長 十騎一吏 百騎一率 二百騎一將 易戰之法 五騎爲列 前後相去二十步 左右四步 隊間五十步 險戰之法 前後相去十步 左右二步 隊間二十五步 三十騎爲一屯 六十騎爲一輩 縱橫相去百步 周還各復故處 武王曰 善哉

1) 伺候(사후) : 적의 허술한 틈을 엿보아 그 기회를 이용해 공격하는 군대.

2) 便寇(편구) : 기회를 보아 우리 군을 습격하고자 하는 적군.

〔무왕이 태공에게 물어 가로되 전차로써 보졸과 싸울 때 전차 한 대가 몇 사람의 보졸을 당하며 몇 사람의 보졸이 전차 한 대를 당하며 기병으로써 보졸과 싸울 때 한 기병을 몇 사람의 보졸이 당하며 몇 사람의 보졸이 한 기병을 당합니까. 또 전차로써 기병과 싸울 때 한 대의 전차가 몇 명의 기병을 당하며 몇 명의 기마가 한 대의 전차를 당합니까.

태공이 가로되 전차는 군대의 날개입니다. 견진(堅陣)을 함락시키고 강적을 치며 패주하는 것을 차단하는 것입니다. 기병은 군대의 사후(伺候)입니다 패군(敗軍)을 뒤쫓고 양도(糧道)를 끊으며 편구(便寇)를 치는 것입니다. 고로 전차와 기병도 적과 싸움이 아니면 한 기병이 능히 보졸 1인을 당하지 못합니다. 삼군의 무리가 진을 이루고 서로 대적하면 이전(易戰)의 법으로는 한 대의 전차가 보졸 80인에 당하고 80인이 한 대의 전차를 당하며 한 기병이 보졸 8인을 당하고 8인이 한 기병을 당하며 한 대의 전차가 기병 10기를 당하며 10기의 기병이 한 대의 전차를 당합니다.

험전(險戰)의 법은 한 전차가 보졸 40인을 당하고 40인이 한 대의 전차를 당하며 하나의 기병이 보졸 4인을 당하고 4인이 하나의 기병을 당하며 한 대의 전차가 여섯의 기병을 당하고 여섯의 기병이 한 대의 전차를 당합니다. 대저 전차와 기병은 군사의 무병(武兵)입니다. 10승(十乘)으로 천명을 패배시키고 백승은 만명을 패배시키며 10기(騎)는 백인을 달아나게 하고 백기는 천명을 달아나게 합니다. 이것은 그 대수(大數)입니다.

　무왕이 가로되 전차와 기병의 이수(吏數)와 진법(陣法)은 어찌 해야 하오. 태공이 가로되 전차에 두는 이수(吏數)는 5거(五車)에 한 명의 장(長), 15거에 한 명의 이(吏), 50거에 한 명의 솔(率), 백거에 한 명의 장(將)입니다. 이전(易戰)의 법에는 5거로 열(列)을 만들고 상거(相去)가 40보, 좌우는 10보, 대의 간격은 60보입니다. 험전(險戰)의 법은 전차가 반드시 길을 따르고 15거를 취(聚)라 하고 30거를 둔(屯)이라 하고 전후상거를 20보, 좌우는 6보, 대사이는 36보로 합니다. 종횡으로 서로 떨어짐이 1리, 각각 본래의 길로 돌아갑니다.

　기병에 두는 이수(吏數)는 5기에 1장(長), 10기에 1리(吏), 100기에 1솔(率), 200기에 1장(將)입니다. 이전(易戰)의 법은 5기로 열을 만들고 전후상거가 20보, 좌우가 4보, 대간이 50보입니다. 험전(險戰)의 법은 전후상거가 10보, 좌우 2보, 대간이 25보입니다. 30기가 1둔(屯), 60기가 1배(輩)가 되며 종횡상거가 100보요, 주환(周還)하여 각각 고처(故處)에 돌아갑니다. 무왕이 가로되 선하다.]

제56장 전차병사(武車士第五十六)

가. 전차병은 40세 이하로 해야
　무왕이 태공에게 자문하기를
"전차에 탑승할 사람을 선발하려면, 어떻게 하는 것이

좋겠습니까."

하니, 태공이 말했다.

"전차에 탑승할 사람을 선발하는 방법은 연령은 40세 이하로, 신장(身長)은 일곱 자 다섯 치 이상이고, 달리는 말을 따라잡을 정도의 다리힘을 가지고 있고, 달리는 말을 따라잡으면서 그대로 훌쩍 말의 등에 올라타고 전후 좌우를 마음 내키는 대로 달려 위아래로 도약하고, 혹은 선회(旋回)를 잡아세우고, 정기(旌旂)를 얽어매고 800근(斤)되는 강한 쇠뇌를 당길 힘이 있어, 앞으로 뒤로, 왼쪽으로 오른쪽으로 쏠 수 있는 기술을 연습하여 익힌 사람을 뽑아 써야 하는 것입니다. 이것을 무거(武車)의 사(士)라고 합니다. 이와 같은 인물은 얻기가 어려우므로 후(厚)하게 대우하지 않으면 안 됩니다."

　　武王問太公曰 選車士奈何 太公曰 選車士之法 取年四十以下 長七尺五寸以上 走能逐奔馬 及馳而乘之 前後左右 上下週旋 能束縛旌旂 力能彀八石弩 射前後左右 皆便習者 名曰武車之士 不可不厚也

〔무왕이 태공에게 물어 가로되 거사(車士)를 뽑는 것은 어찌하오. 태공이 가로되 거사를 뽑는 법은 나이 40이하에 키가 7척 5촌 이상이며 달려 능히 달리는 말을 쫓고 또 달리면서 타고 전후좌우 상하주선하며 능히 정기를 속박하며 힘은 능히 8석노를 구하고 전후좌우로 쏠 수 있는 모든 기술을 익힌 자를 취합니다. 이름하여 무거(武車)의 사라 합니다. 가히 두터이하지 않으면 안 됩니다.〕

제57장 전투기병(武騎士第五十七)

가. 얻기가 어려운 전투기병.
무왕이 태공에게 자문하기를
"기사(騎士)를 선발하는 데에는 어떻게 하는 것이 좋겠습니까."
하니 태공이 말했다.
"기사를 선발함에는 연령이 40세(歲) 이하이고, 신장(身長)이 일곱 자 다섯 치 이상으로 심신이 장건(壯健)하고, 동작이 민첩하며, 많은 사람 중에서 빼어나 능히 말을 잘 다루고 활을 잘 쏘며, 전후좌우로 선회(旋回)하고 진퇴(進退)하며, 자유자재로 참호를 뛰어넘고 구릉(丘陵)을 오르며, 험조(險阻)한 지형도 문제가 없고, 큰 늪과 못도 힘 안 들이고 건너며, 강적(强敵)에게 돌격하여 적의 대군(大軍)을 혼란에 빠뜨릴 수 있는 사람을 채용해야 합니다. 이와 같은 병사를 무기(武騎)의 사(士)라고 합니다. 진실로 얻기가 어려우므로 후(厚)하게 대우하지 않으면 안 됩니다."

　　武王問太公曰 選騎士奈何 太公曰 選騎士之法 取年四十以下 長七尺五寸以上 壯健捷疾 超絕倫等 能馳騎殼射 前後左右 周旋進退 越溝塹 登丘陵 冒險阻 絕大澤 馳強敵 亂大衆者 名曰武騎之士 不可不厚也

〔무왕이 태공에게 물어 가로되 기사(騎士)를 선발하는 것은 어찌해야 하오. 태공이 가로되 기사를 선발하는 방법은 나이 40세 이

하의 신장이 7척 5촌 이상으로 건장하고 민첩하여 무리에서 뛰어나고 능히 치기(馳騎)하고 구사(彀射)하며 전후좌우로 주선진퇴하며 참호를 넘고 구릉을 오르며 위험을 무릅쓰고 대택(大澤)을 끊으며 강적에서 달리고 큰 무리를 어지럽게 하는 자입니다. 이름하여 무기(武騎)의 사라 합니다. 가히 두텁게 하지 않으면 안 됩니다.]

제58장 전차(戰車第五十八)

가. 전차로 싸우는 전법은 어떠합니까.
무왕이 태공에게 자문하기를
"전차(戰車)로 싸우는 전법(戰法)은 어떠합니까."
하니, 태공이 말하기를
"보병(步兵)은 적의 변동을 살펴 알아 그 허점을 이용하는 것이 매우 중요하지만, 전차는 지형을 아는 것이 매우 중요합니다. 그리고 기병(騎兵)은 사잇길이나 뜻하지 않게 빠져나갈 수 있는 길을 알아 적이 예상하지 않은 곳을 공격하는 것이 가장 중요합니다. 보병(步兵)·전차(戰車)·기병(騎兵)의 세 군대를 일괄하여 삼군(三軍)이라 합니다만, 그 용도는 각각 다릅니다. 차전(車戰)에는 열 가지 죽음에 이르는 땅과 여덟 가지 승리할 수 있는 땅이 있는 것입니다."
했다. 무왕이 묻기를
"열 가지 죽음의 땅이라는 것은 무엇입니까."
하니, 태공이 말하기를
"나아갈 수는 있지만 되돌아 나올 수는 없는 땅은 전차(戰車)의 사지(死地)입니다. 험난하고 막힌 지세를 넘어서 적을 어디까지고 추격해 가다가 전차의 힘이 다해서 더 나아갈 수도 물러날 수도 없게 된 경지를 갈지(竭地)라 합니다. 전방이 평탄하고 후방이 험조(險阻)한 땅은 전차가 곤궁(困窮)하여 왕래할 수 없는 곤지(困地)라고 합니다. 전차가 험하고 막힌 땅에 빠져서 나올 수가 없게 된 땅을 전차의 절지(絶地)라고 합니다.

침수(浸水)로 말미암아 무너져 버려 웅덩이가 된 땅이나 질척질척하게 젖은 땅으로 검은 점토질(粘土質)의 흙이 수레바퀴에 달라붙는 토지는 전차가 나아가는 데도 물러나는 데도 고생스럽고 힘든 땅입니다. 왼쪽은 험조하고 오른쪽은 평탄하여 구릉(丘陵)을 오르고 언덕길을 오르지 않으면 안 되는 땅은 전차에 있어서 역세(逆勢)의 땅입니다. 잡초가 성하게 자라 무성한 땅이나, 깊은 소택지(沼澤地)를 무리하게 밀고 나가는 것은 전차의 기능을 상실케 하는 지세로 들어가게 되는 것입니다. 전차의 수가 적은데 토지는 평탄하여 보병(步兵)과 대항할 수 없는 땅은 전차가 패하는 땅입니다. 후방에는 도랑이 있고, 왼쪽에는 깊은 개울이 있으며, 오른쪽에는 험한 언덕이 있는 땅은 전차가 파괴되는 땅입니다. 밤낮으로 오랜 비가 계속 내려 열흘 동안이나 그치지 않고 도로는 함몰되어, 앞으로 나아갈 수도 없고 뒤로 물러나 쉴 수도 없게 된 땅은 전차의 함지(陷地)입니다.

이상 열 가지 조건에 든 땅은 전차가 패사(敗死)하는 땅입니다. 그러므로 평범한 장수는 적의 포로가 되고 명석한 장수는 이를 잘 피할 수 있는 것입니다."

했다. 무왕이 또 묻기를

"여덟 가지 승리의 땅이란 무엇입니까."

하니, 태공이 말하기를

"적의 앞과 뒤가 모두 행대나 진열(陣列)이 아직 정해지지 않았을 때는 곧바로 함락시킬 수가 있습니다. 적의 기치(旗幟)가 어지럽고 인마(人馬)가 드문드문 움직이고 있으면 곧바로 함락시킬 수가 있습니다. 적의 군대가 앞으로 나아가기도 하고 뒤로 물러나기도 하며, 왼쪽으로 가다가 오른쪽으로 가다가 하면서 안정이 되지 않았을 때에는 곧바로 함락시킬 수가 있습니다. 적의 진용(陣容)이 견고하지 못하고, 병사들이 서로 앞뒤를 두리번거리면서 안정이 되지 않았을 때에는 곧바로 함락시킬 수가 있습니다. 적이 앞으로 가려고 하다가는 의혹(疑惑)을 품고, 뒤로 물러나려고 하다가는 겁을 내 두려워하고 있을 때는 곧바로 함락시킬 수가 있습니다. 적의 전부대가 급히 놀라 허둥대고 있을 때에는 곧바로 함락시킬 수가 있습니다. 평탄한 땅에서 싸우면서 날이 저물도록 휴식을 취하지 못하는 적은 곧바로 함락시킬 수가 있습니다. 무리하게 원정(遠征)을 하여 날이 저물어서야 겨우 영사(營舍)에 머무르게 되면서, 이쪽의 급습(急襲)이 있을까 하여 불안해 하는 적은 곧바로 함락시킬 수가 있습니다. 이상에서 말한 여덟 가지 조건이 전차가 승리를 거둘 수 있는 땅입니다.

장수되는 사람이 이상의 열 가지 해로움과 여덟 가지 승리의 이치에 밝으면, 적이 가령 천 대의 전차와 만기(萬騎)의 기병으로 포위해 오더라도 우리 군대는 앞으로 뒤로, 왼쪽으로 오른쪽으로 뛰면서, 몇 차례 싸우더라도 반드시 승리를 거둘 수가 있는 것입니다."

했다. 무왕이 다 듣고 나서 말했다.

"진실로 훌륭한 전법(戰法)입니다."

　　武王問太公曰 戰車奈何 太公曰 步貴知變動 車貴知地形 騎貴知別徑奇道 三軍同名而異用也 凡車之戰 死地有十 勝地有八

　　武王曰 十死之地奈何 太公曰 往而無以還者 車之死地

也 越絶險阻 乘敵遠行者 車之竭地也 前易後險者 車之困地也 陷之險阻而難出者 車之絶地也 圯下漸澤 黑土黏埴者 車之勞地也 左險右易 上陵仰阪者 車之逆地也 殷草橫畝 犯歷浚澤者 車之拂地也 車少地易 與步不敵者 車之敗地也 後有溝瀆 左有深水 右有峻阪者 車之壞地也 日夜霖雨 旬日不止 道路潰陷 前不能進 後不能解者 車之陷地也 此十者 車之死地也 故拙將之所以見擒 明將之所以能避也

武王曰 八勝地奈何 太公曰 敵之前後 行陣未定 卽陷之 旌旆擾亂 人馬數動 卽陷之 士卒或前或後 或左或右 卽陷之 陣不堅固 士卒前後相顧 卽陷之 前往而疑 後往而怯 卽陷之 三軍猝驚 皆薄而起 卽陷之 戰於易地 暮不能解 卽陷之 遠行而暮舍 三軍恐懼 卽陷之 此八者 車之勝地也

將明於十害八勝 敵雖圍周 千乘萬騎 前驅旁馳 萬戰必勝 武王曰 善哉

〔무왕이 태공에게 물어 가로되 전차(戰車)는 어떠하오. 태공이 가로되 보병은 변동을 아는 것을 귀하게 여기고 전차는 지형을 아는 것을 귀하게 여기며 기병은 지름길이나 기이한 길을 아는 것을 귀하게 여깁니다. 삼군이 이름은 같지만 쓰임은 다릅니다. 무릇 전차의 싸움에 사지(死地)가 열 가지가 있으며 승지(勝地)가 여덟 가지가 있습니다.

무왕이 가로되 10가지의 사지(死地)는 무엇이오. 태공이 가로되 가되 돌아올 수 없는 것이 전차의 사지(死地)입니다. 험한 곳을 넘어 적의 먼 곳까지 타는 것은 전차의 갈지(竭地)입니다. 앞은 쉽고 뒤는 험한 것은 전차의 곤지(困地)입니다. 험한 곳에 빠져 나오기가 어려운 것은 전차의 절지(絶地)입니다. 무너져 내리고 점점 젖고 검은 흙이 차진 것은 전차의 노지(勞地)입니다. 왼쪽은 험하고 오른쪽은 쉬우며 언덕을 위로 하고 산비탈을 바라보는 것은 전차의 역지(逆地)입니다. 무성한 풀이 이랑에 횡(橫)으로 하고 깊은 못을 범력(犯歷)하는 것은 전차의 불지(拂地)입니다. 전차가 적고 땅이 평이하여 보졸과 적지 못하는 것은 전차의 패지(敗地)입니다. 뒤에는 도랑이 있고 왼쪽에 심수(深水)가 있고 오른쪽에 높은 산이 있는 것은 전차의 괴지(壞地)입니다. 밤낮으로 장마가 져 10일동안 그치지 않고 도로가 무너지고 앞으로 나가지도 못하고 뒤로 물러나지도 못하는 것은 전차의 함지(陷地)입니다. 이 열 가지는 전차의 사지입니다. 고로 졸장(拙將)의 사로잡힘을 보는 바가 되며 명장(明將)의 능히 피하는 바입니다.

무왕이 가로되 8승(八勝)의 땅은 어떠한 것이오. 태공이 가로되 적의 전후와 행진이 정하지 아니하면 곧 함락시킵니다. 정기가 요란하고 인마가 자주 움직이면 곧 함락시킵니다. 사졸이 혹 앞에 혹은 뒤에 혹은 좌에 혹은 우에 하면 곧 함락시킵니다. 진지가 견고하지 않으며 사졸이 전후로 서로 돌아보면 곧 함락시킵니다. 앞에 가면서 의심하고 뒤에 가면서 겁먹을 때에는 곧 함락시킵니다. 삼군이 갑자기 놀라고 다 당황하여 일어나면 곧 함락시킵니다. 평이한 땅에서 싸울 때 저물어도 능히 풀어지지 않을 때는 즉시 함락시킵니다. 멀리 행하고 저물어 숙사에 하고 삼군이 공구할 때 곧 함락시킵니다. 이 여덟 가지는 전차의 승지(勝地)입니다. 장수가 10해 8승에 밝으면 적이 비록 천승만기로 포위한다 해도 앞으로 몰고 옆으로 달려 만전(萬戰)에 반드시 승리합니다. 무왕이 가로되 선하도다.]

제59장 기병 전투(戰騎第五十九)

가. 기병 전투는 어떠한 것이 이로운가
무왕이 태공에게 자문하기를

"기병전(騎兵戰)은 어떻게 하는 것이 좋습니까."
하니 태공이 말하기를
"기병(騎兵)은 열 가지 승리할 수 있는 전법(戰法)과 아홉 가지 패배하는 전법이 있습니다."
했다. 이에 무왕이 또 묻기를
"열 가지 승리할 수 있는 전법은 무엇입니까."
하니, 태공이 말하기를
"적군이 싸움터에 막 도착해 아직 진열(陣列)이 정해지지 않았고, 전군(前軍)과 후군(後軍) 사이의 연락도 제대로 이루어지지 않을 때 그 전군의 기병을 먼저 함락시키고 그 좌우를 공격한다면, 적은 반드시 패하여 달아날 것입니다. 적의 포진이 정연하면서 견고하고 사졸(士卒)에게 투지(鬪志)가 있을 때에는 우리 기병이 좌익(左翼)과 우익(右翼)에서 공격하여 에워싸고는 달려서 빠져나가고 혹은 달려서 들어가며 바람처럼 신속하게, 우레소리처럼 요란스럽게, 대낮이 어두운 밤인 듯이 모래먼지를 일으키고, 때때로 기치(旗幟)를 바꾸어 세우고, 의복을 갈아 입는 등 적으로 하여금, 대군(大軍)으로 착각하게 하여 위협을 느끼게 하면서 공격을 가하면 반드시 승리를 거둘 수 있습니다. 적의 포진이 견고하지 못하고, 병사들에게 투지가 없을 때에는 앞과 뒤를 핍박(逼迫)하면서 좌우로부터 추격하여 양편에서 공격하면 적은 반드시 두려워서 떨게 될 것입니다.
적이 해가 질 무렵에 영사(營舍)로 돌아가려고 하면서 아군이 추격해 올 것을 두려워하고 있을 때에는 그 양편을 협격(挾擊)하고, 신속하게 후군(後軍)을 공격하며, 영루(營壘)의 입구를 제압하여 들어갈 수 없도록 하면, 적은 반드시 패할 것입니다. 적이 험조(險阻)한 지형도 아닌데 견고한 진영(陣營)을 구축하지도 못하면서 되는 대로 깊이 들어와 추격을 가해올 경우에는, 적의 군량미 수송로를 끊으면 적은 반드시 굶주려서 쓰러질 것입니다. 평탄한 땅에서 활동하기 쉽고, 사면(四面) 어디에서도 적의 동정을 살필 수가 있을 때에는 전차대나 기병대로 공격을 가하면 적은 반드시 혼란에 빠질 것입니다. 적이 달아나면서 이리저리 흩어져 혼란에 빠져 있을 때에는 그 좌익(左翼)과 우익(右翼)을 협격하고 혹은 그 앞과 뒤를 습격하면 적의 장수를 사로잡을 수 있습니다.

적이 날이 저물어 영사(營舍)로 돌아가려고 할 때 군대의 수가 많으면 그 행렬은 반드시 어지러워집니다. 그 기회를 틈타 우리 기병(騎兵)에게 10기(十騎)를 1대(一隊)로 하고, 100기(百騎)를 1둔(一屯)으로 하며, 전차(戰車) 5대를 1취(一聚)로 하고, 10대를 1군(一群)으로 하며, 많은 깃발을 세워 기세(氣勢)를 올려서 강노(强弩)의 부대를 섞어 양익(兩翼)을 습격하고, 혹은 그 앞과 뒤를 끊는다면 적의 장수를 사로잡을 수 있습니다. 이것이 기병으로 승리를 거둘 수 있는 열 가지입니다."

하였다. 무왕이 태공에게 다시 묻기를

"아홉 가지 패하게 되는 것은 무엇입니까."

하니, 태공이 말했다.

"기병대(騎兵隊)로 적을 함락시키고자 하면서도 적의 진영(陣營)을 깨뜨리지 못하고, 도리어 적이 거짓으로 패하여 달아나는 체하면서 우리 군을 유인해서는, 전차대와 기병대가 되돌아와 우리 후군(後軍)을 습격해 오면, 이것은 기병의 패지(敗地)입니다. 패주(敗走)하는 기병을 추격하는데, 험조(險阻)한 지대를 넘어서 지나치게 깊이 추격하여 멈추어야 하는 것을 잊고 있다가 뒤늦게 정신이 들었을 때 적이 우리 군의 양편에 복병으로 숨고, 또 우리 군의 퇴로를 끊는다면, 이것은 기병의 위지(圍地)입니다. 전진은 했지만 물러날 수 없고, 진입은 했지만 나올 수 없는 지형은 하늘의 우물에 떨어지고 땅의 구덩이에 넘어진다고 하여 이것은 기병의 사지(死地)입니다. 들어가는 곳은 좁고 나오는 길은 멀며, 저들의 약한 군대로 우리의 강한 군대를 격파할 수 있고, 저들의 소수 병력(兵力)으로 우리의 다수 병력을 격퇴할 수가 있게 된 지형은 기병의 몰지(沒地)라고 합니다.

큰 계곡에 흐르는 물, 깊은 골짜기, 무성한 풀숲이나 산림 따위는 기병이 헛되이 힘만 소모해 버리는 땅이므로, 이것을 기병의 갈지(竭地)라고 합니다. 좌우에 강이 있고, 앞에는 큰 언덕이 있으며, 뒤에는 높은 산이 있어, 우리 군대는 두 강 사이에서 싸우고, 적이 안과 밖에 있는 지형은 기병의 간난(艱難)의 땅이라고 합니다. 적이 우리 군의 군량 수송로를 끊어버려 나아갈 수도 물러날 길도 없는 것은 기병의 곤궁(困窮)한 땅이라 합니다. 낮은 지형으로 늪과 못이 많아 진퇴가 힘든 땅은 기병의 환지(患地)라 합니다. 왼쪽에는 깊은 도랑이 있고 오른쪽에는 움푹 패인 땅이 있는가 하면 언덕이 있으며, 높고 낮은 지세(地勢)인데도 불구하고 평지와 같은 기분에 빠져 나아가고 물러나면서 적을 유인하는 것은 적의 함정에 빠지기 쉬운 지세입니다. 이 아홉 가지 조건이 기병의 사지(死地)라는 것입니다. 명장(明將)은 이런 경우를 멀리하여 피하지만, 어리석은 장수는 그곳에 빠져 패배하기 쉬운 것입니다."

武王問太公曰 戰騎奈何 太公曰 騎有十勝九敗
武王曰 十勝奈何 太公曰 敵人始至 行陣未定 前後不屬 陷其前騎 擊其左右 敵人必走 敵人行陣 整齊堅固 士卒欲鬪 吾騎翼而勿去 或馳而往 或馳而來 其疾如風 其暴如雷 白晝如昏 數更旌旂 變更衣服 其軍可克 敵人行陣不固 士卒不鬪 薄其前後 獵其左右 翼而擊之敵人必懼 敵人暮欲歸舍 三軍恐駭 翼其兩旁 疾擊其後 薄其壘口

無使得入 敵人必敗 敵人無險阻保固 深入長驅 絕其糧道
敵人必饑 地平而易 四面見敵 車騎陷之 敵人必亂 敵人
奔走 士卒散亂 或翼其兩旁 或掩其前後 其將可擒 敵人
暮返 其兵甚衆 其行陣必亂 令我騎十而爲隊 百而爲屯
車五而爲聚 十而爲群 多設旌旂 雜以强弩 或擊其兩旁
或絕其前後 敵將可虜 此騎之十勝也
　　武王曰 九敗奈何 太公曰 凡以騎陷敵而不能破陣 敵人
佯走 以車騎返擊我後 此騎之敗地也 追北踰險 長驅不止
敵人伏我兩旁 又絕我後 此騎之圍地也 往而無以返 入而
無以出 是謂陷於天井 頓於地穴 此騎之死地也 所從入者
隘 所從出者遠 彼弱可以擊我强 彼寡可以擊我衆 此騎之
沒地也 大澗深谷 翳茂林木 此騎之竭地也 左右有水 前
有大阜 後有高山 三軍戰於兩水之間 敵居表裏 此騎之艱
地也 敵人絕我糧道 往而無以還 此騎之困地也 汙下沮澤
進退漸洳 此騎之患地也 左有深溝 右有坑阜 高下如平地
進退誘敵 此騎之陷地也 此九者 騎之死地也 明將之所以
遠避 闇將之所以陷敗也

〔문왕이 태공에게 물어 가로되 기전(騎戰)은 어떠합니까. 태공
이 가로되 기병은 10승 9패가 있습니다. 무왕이 가로되 10승은 어
떤 것이오. 태공이 가로되 적이 처음 이르면 행진(行陣)이 정해지
지 않고 전후가 접속되지 않았을 때 전기(前騎)를 함락시키고 그
좌우를 공격하면 적이 반드시 도주합니다. 적의 진을 펴는 것이 정
제견고하고 사졸이 싸우려 할 때 우리의 기병은 도와 가지 말고
혹은 달리고 가며 혹은 달려서 와 그 빠름이 바람과 같고 그 사나
움이 우레와 같으며 대낮에서 어둠까지 자주 깃발을 바꾸고 군복
을 변역하면 그 군대를 가히 이길 수 있습니다. 적이 진을 폄이 견
고하지 못하고 사졸이 싸울 뜻이 없으면 그 전후를 육박지르고 그
좌우를 침범하며 양쪽에서 공격하면 적은 반드시 두려워합니다.
적이 저물어 숙사로 돌아가려고 하며 삼군이 두려워하면 그 양

방을 도와 그 뒤를 질격하고 그 보루의 입구를 윽박지르며 하여금 들어갈 수 없게 하면 적은 반드시 패배합니다. 적이 험난한 곳을 견고하게 보호하지 않고 깊이 들어와 오래 달리면 그 보급로를 끊으면 적은 반드시 굶주립니다. 땅이 평평하고 평이하여 사면에서 적을 보면 전차와 기병이 공격하면 적이 반드시 어지러워집니다. 적이 분주하고 사졸이 산란할 때 혹 그 양방을 도와 혹 그 전후를 엄습하면 그 장수는 가히 사로잡습니다. 적이 저물어 돌아와 그 병사가 심히 많으면 그 행진(行陳)이 반드시 어지러워집니다. 우리 기병 열로 대를 만들고 백으로 둔(屯)을 만들고 전차 다섯으로 취를 만들고 열로 군(群)을 만들어 정기를 많이 꽂고 강노로써 섞어 혹 그 양방을 공격하고 혹은 그 전후를 단절하면 적장을 가히 사로잡습니다. 이것을 기병의 10승이라고 합니다.

무왕이 가로되 9패는 어떠한 것이오. 태공이 가로되 무릇 기병으로써 적은 함락시키나 능히 진지를 파괴하지는 못하고 적이 거짓 도망하여 전차와 기병으로 도리어 우리의 뒤를 반격하면 이것은 기병의 패지(敗地)입니다. 패한 적을 추격하고 험한 곳을 넘어 오래 달려 그치지 않으면 적이 우리의 양방에 복병을 두고 또 우리의 뒤를 단절하면 이것이 기병의 위지(圍地)입니다. 가면 돌아올 수 없고 들어가고 나올 수 없으면 이것을 천정(天井)에 빠지고 지혈(地穴)에 넘어진 것이라 이르는데 이것은 기병의 사지(死地)입니다. 쫓아 들어가는 바는 좁고 쫓아 나오는 것이 먼 것은 저의 약함으로 가히 써 우리의 강함을 공격하고 저쪽은 적으면서 가히 써 우리의 많은 것을 공격하는 것으로 이것을 기병의 몰지(沒地)라고 합니다.

대간(大澗), 심곡(深谷), 무예, 임목 이것은 기병의 갈지(竭地)입니다. 좌우가 물이 있고 앞에는 큰 언덕이 있으며 뒤에는 고산이 있어 삼군이 양수의 사이에서 싸우며 적이 표리에 있는 것, 이것은 기병의 간지(艱地)입니다. 적이 우리의 양도를 끊고 가되 되돌아올 수 없는 것, 이것은 기병의 곤지(困地)입니다. 우하저택(迂下沮澤)과 진퇴점여한 것, 이것은 기병의 환지(患地)입니다. 왼쪽에 깊은 구덩이가 있고 오른쪽에 구덩이와 언덕이 있어 고하가 평지같고 진퇴하여 적을 유인하는데 이것은 기병의 함지(陷地)입니다. 이 아홉 가지는 기병의 사지입니다. 밝은 장수는 멀리 피하는 바이며 어두운 장수는 써 빠져 패배하는 것입니다.]

제60장 보병의 전투(戰步第六十)

가. 보병이 전차나 기마병과 싸우려면…
무왕이 태공에게 자문하기를
"보병(步兵)이 적의 전차(戰車)나 기병(騎兵)과 싸우려면 어떻게 해야 합니까."
하니, 태공이 말하기를
"보병이 전차나 기병과 싸우는 데에는 반드시 언덕이나 험조한 땅에 포진하여, 장창대(長槍隊)와 강노대(强弩隊)를 앞에 배치하고, 단창대(短槍隊)와 약노대(弱弩隊)를 뒤에 배치하여 서로 교대로 싸우면서 쉬게 합니다. 적의 전차나 기병이 대군(大軍)으로 밀고 오더라도 진지를 굳게 지키면서 신속하게 싸우고, 재용(材勇)의 병사나 강노(强弩)의 병사들이 후진에 대비하도록 해야 합니다."
했다. 무왕이 또 묻기를
"우리 측에는 언덕도 없고 험하고 막힌 땅도 없는데, 적은 다수의 정예병인데다 전차와 기병으로 양익(兩翼)을 공격하면서 앞과 뒤에서 핍박해 온다면, 우리 군은 모두 공포에 떨면서 전열(戰列)이 어지러워져 패주할 것입니다. 이러한 경우에는 어떻게 하는 것이 좋겠습니까."
하니, 태공이 말하기를
"병사에게 명하여 목책(木柵)과 목질려(木蒺藜)를 만들고 우마(牛馬)의 대오(隊伍)를 조직하며 네 대(隊)의 충진(衝陣)을 만들게 하여, 적의 전차나 기마가 습격해 오는 것이 멀리 보이면, 일제히 질려(蒺藜)를 뿌리고 땅을 파서 참호(塹濠)를 두르는데, 폭과 깊이는 각각 다섯 자씩으로 합니다. 이것을 목숨의 바구니라고 합니다. 각 병사에게는 각각 목책을 가지고 나아갔다가 물러서게 하고, 수레를 보루(堡壘)를 지키는 대용으로 삼게 하며, 그 수레를 앞뒤로 밀어 이동하는 가루(假壘)로 삼기도 하고, 세워서는 둔영(屯營)의 목책(木柵)으로 삼기도 하며, 재용(材勇)의 병사나 강노(強弩)의 병사를 좌우로 비치하여 두고, 전 군대가 모두 기민하게 싸운다면 반드시 적의 포위를 풀 수가 있을 것입니다."

했다. 이에 무왕이 말했다.

"과연 좋은 전법(戰法)입니다."

　　武王問太公曰　步兵與車騎戰奈何　太公曰　步兵與車騎戰者　必依丘陵險阻　長兵強弩居前　短兵弱弩居後　更發更止　敵之車騎雖衆而至　堅陣疾戰　材士強弩　以備我後

　　武王曰　吾無丘陵　又無險阻　敵人之至　旣衆且武　車騎翼我兩旁　獵我前後　吾三軍恐懼　亂敗而走　爲之奈何

　　太公曰　令我士卒爲行馬　木蒺藜　置牛馬隊伍　爲四武衝陣　望敵車騎將來　均置蒺藜　掘地匝後　廣深五尺　名曰命籠　人操行馬進步　闌車以爲壘　推而前後　立而爲屯　材士強弩　備我左右　然後令我三軍　皆疾戰而不解　武王曰　善哉

〔무왕이 태공에게 물어 가로되 보병과 전차와 기병전은 어찌해야 하오. 태공이 가로되 보병과 다만 전차, 기병의 싸움은 반드시 구릉과 험란한 곳에 의지하여 긴 병기와 강노를 앞에 두고 짧은 병기와 약한 쇠뇌는 뒤에 두어 번갈아 발하고 번갈아 그칩니다. 적

의 전차와 기병은 비록 무리지어 이르더라도 진지를 굳세게 하고 신속히 싸우고 재사강노로 우리의 뒤를 방비합니다.

　무왕이 가로되 우리가 구릉이 없고 또 험한 곳도 없는데 적이 이르는 것이 이미 많고 또 용감하고 거기가 우리의 양방을 위협하며 우리의 전후를 위협하면 우리의 삼군이 공구하여 난패하여 도주할 것입니다. 어찌해야 하오. 태공이 가로되 우리의 사졸을 명령하여 행마(行馬)와 목질려를 만들게 하고 우마와 대오를 두고 사무(四武)의 충진을 만들고 적의 거기가 장차 올 것을 바라보고 고르게 질려를 깔아 땅을 파고 후를 두르되 넓이와 깊이는 5척, 이름하여 명롱(命籠)이라 합니다. 사람이 행마를 잡아 진보하고 수레를 난하여 보루를 삼아 취하되 전후로 하고 세우되 둔(屯)을 만들며 재사와 강노를 우리의 좌우에 방비케 한 연후에 우리의 삼군으로 하여금 다 신속하게 싸우게 한다면 반드시 풀릴 것입니다. 무왕이 가로되 선하도다.]

제 2 권   삼략(三略)

제1부   상략(上略)
제2부   중략(中略)
제3부   하략(下略)

제 1 부 상략(上略)

가. 총대장의 마음가짐이란…

전군의 총대장이 되는 사람의 마음가짐은 통솔하는데 있어 영웅의 마음을 잡는 일에 힘쓰지 않으면 안 된다.

공이 있는 사람에게는 상금(賞金)과 봉록(俸祿)을 주고, 자기의 의지를 아랫사람에게 철저히 알린다. 많은 사람이 좋아하는 것에 마음을 쓰면 무슨 일이든지 쉽게 이룰 수 있고 모든 사람이 싫어하는 것에도 마음을 써주면 마음을 이쪽에 의지하지 않는 사람이 없다.

나라를 다스리고 집안을 편안히 하는 것도 인재를 얻어야 되는 것이다. 나라를 망치고 집안을 파멸시키는 것은 좋은 인재를 쓰지 않았기 때문이다. 사람이라고 하는 것은 모두가 그 바라고 원하는 것을 이루고자 한다.

군의 예언서에 이르기를

'부드러운 것(柔)은 도리어 굳센 것(剛)을 이기고, 약한 것(弱)은 도리어 강인한 것(强)을 이길 수 있다'고 했다.

이것은 모순(矛盾)되는 말같이 생각되지만, 부드럽고 화동(柔和)하여 남에게 대항하는 마음이 없으면, 도리어 강적도 그 덕에 굴복한다. 약한 자에게는 동정(同情)이라도 모이지만, 강한 자는 항상 원망을 산다.

유(柔)·약(弱)·강(强)·강(剛) 어느 것도 그것대로 쓰는 방법이 있다. 그러므로 이 네 가지를 잘 사용하지 않으면 안 된다.

　　夫主將之法　務攬[1]英雄之心　賞祿有功　通志于衆　故與
衆同好　靡不成　與衆同惡　靡不傾　治國安家　得人也　亡國
破家　失人也　含氣之類[2]　咸願得其志
　　軍讖[3]曰　柔能制剛　弱能制强　柔者　德也　剛者　賊也　弱
者　人之所助　强者　怨之所攻　柔有所設　剛有所施　弱有所
用　强有所加　兼此四者　而制其宜
1) 攬(람) : 움켜쥐다. 잡다. 수람(收攬). 람(欖)과 같다.
2) 含氣之類(함기지류) : 혈기(血氣)가 있는 것. 살아 있는 것. 여기서는
　　사람을 뜻한다.
3) 軍讖(군참) : 전쟁에 대한 예언서.

〔대저 주장(主將)의 법은 힘써 영웅의 마음을 움켜쥐는 것이며
공이 있으면 상록(賞祿)하고 뜻을 무리에게 통한다. 고로 무리와
더불어 좋아하는 것을 함께 하면 이루지 못할 것이 없고 무리와
더불어 미워하는 것을 함께 하면 기울지 않음이 없나니 국가를 다
스리고 가정을 편안히 하는 것은 득인이다. 망국파가(亡國破家)는
실인(失人)이다. 함기(含氣)의 유(類)는 다 그 뜻을 얻는 것을 원
한다.
　군참(軍讖)에 가로되 유는 능히 강을 제어하고 약은 능히 강을
제어한다. 유자는 덕이요, 강자는 적이며, 약자는 인의 돕는 바요,
강은 원망의 공격하는 바다. 유도 쓰일 바가 있으며 강도 쓰일 바
가 있으며 약도 쓰일 바가 있으며 강도 쓰일 바가 있나니 이 네
가지를 겸하여야 그 마땅함을 제하니라.〕

　　나. 마음을 지킬줄 아는 자는 적다.
　　모든 사물은 전체가 보이지 않으면 알 수가 없다. 천지
자연(天地自然)의 이치는 사람의 지혜를 초월한 것이지

만, 만물(萬物)과 더불어 움직이므로 항상 변동한다. 용병(用兵)도 일정한 법을 정하지 않고 적의 움직임에 맞춰 작전을 바꿔 먼저 달리지 말고, 적의 움직임에 대응해야 한다. 그렇게 함으로써 무한한 사업을 성취하여, 천자(天子)의 권위를 돕고, 사방(四方)과 팔방(八方)까지도 바로잡으며, 구이(九夷)의 밖까지도 평정할 수가 있다. 이와 같이 도모하여 얻는다면 제왕의 스승이 될 수 있다.

그러므로 있는 힘을 다해 공격하는 자는 많으나 마음으로써 지킬줄 아는 자는 적다고 하는 것이다. 만약 마음으로 지키면 사람을 상하게 하지 않는데, 그것은 바로 자기의 생(生)을 보전하는 일이다. 성인(聖人)은 미(微)를 지킴으로써 만사(萬事)에 잘 적응하는 것이다.

이것을 넓히면 전세계의 구석구석까지도 고루 미치고, 이것을 작게 해 거두면 잔에도 가득 차지 않는다. 미묘한 것은 바로 마음이므로 그것을 두는 데에는 건물이 필요하지 않으며 성곽으로 지킬 필요도 없다. 이것을 마음 속에 머물러 있게 하기만 하면, 천하에 대적할 자가 없다.

군의 예언서에 이르기를

"유(柔)에 능하면서 강(剛)에 능하면 그 나라는 더욱 광채(光彩)를 발하고 약(弱)에 능하면서 강(强)에 능하면 그 나라를 발전시킨다. 그러나 유(柔)와 약(弱)만으로 나라는 줄어들고, 강(剛)과 강(强)만으로는 나라가 멸망하고 만다"라고 했다.

나라를 다스리는 데에는 현인과 백성의 지지에 의뢰하지 않으면 안 된다. 현인과 백성은 수레의 두 바퀴로서, 현인을 자기의 육체와 같이 믿고 백성을 자기의 손발과 같이 부리면 나라를 다스리는데 실수가 없다. 이때에 군대가 행동을 일으키면 손발이나 관절이 잘 움직이듯이 지극히 자연스러워 그 교묘한 움직임은 약간의 미세한 빈틈도 없다.

端末[1]未見 人莫能知 天地神明 與物推移 變動無常 因敵轉化 不爲事先 動而輒隨 故能圖制無疆 扶成天威 匡正八極[2] 密定九夷[3] 如此謀者 爲帝王師
　故曰 莫不貪强 鮮能守微 若能守微 乃保其生 聖人存之 以應事機 舒之彌四海[4] 卷之不盈杯 居之不以室宅 守之不以城郭 藏之胸臆 而敵國服
　軍讖曰 能柔能剛 其國彌光 能弱能强 其國彌彰 純柔純弱 其國必削 純剛純强 其國必亡
　夫爲國之道 恃賢與民 信賢腹心 使民如四肢 則策無遺 所適如肢體相隨 骨節相救 天道自然 其巧無間

1) 端末(단말) : 처음과 끝. 곧 전체.
2) 八極(팔극) : 동(東)・서(西)・남(南)・북(北)과 동북(東北)・동남(東南)・서북(西北)・서남(西南)의 팔방(八方).
3) 九夷(구이) : 중국 주변의 여러 이민족들을 통틀어 이르는 말.
4) 四海(사해) : 온 천하.

〔단말(端末)을 보지 못하면 사람이 능히 알지 못하는지라. 천지가 신명하여 물과 더불어 추이(推移)한지라. 변동이 떳떳함이 없고 적을 인(因)함이 전화(轉化)한다. 일의 먼저가 되지 말며 통하면 문득 따른다. 고로 능히 무강(無疆)을 도제(圖制)하고 천위(天威)를 도와 이루며 팔극을 광정하고 구이(九夷)를 밀정한다. 이와 같이 꾀한 자는 제왕의 스승이 된다. 고로 가로되 강을 탐하지 않음이 없고 능히 미를 지킬 자 적다. 만약 능히 미를 지키면 이에 그 생을 보존한다. 성인(聖人)이 보존하고 일의 기틀에 적응한다. 그것을 서(舒)하면 사해(四海)에 미치고 권(卷)하면 잔에 차지 아니하며 거(居)하되 택실(宅室)로써 아니하며 수(守)하되 성곽으로써 아니하고 흉억(胸臆)에 감추어 적국을 굴복시킨다.
　군참에 가로되 능히 강유하고 능히 강하면 그 나라는 더욱 빛나고 능히 약하고 능히 강하면 그 나라는 더욱 빛난다. 오직 유하고 오직 약하면 그 나라는 반드시 깎인다. 오직 강하고 오직 강하면 그 나라는 반드시 망한다. 대저 위국(爲國)의 도는 어진 이와 다만 백성을 믿는 것이다. 어진 이 믿음을 심복같이 하고 백성 부리기를 사지(四肢)같이 하면 책(策)이 버릴 것이 없다. 가는 곳에 지체가 서로 따르고 골절이 서로 구제하는 것 같아 천도가 자연스러워 그 교묘함이 틈도 없는 것이다.]

다. 군인의 정치가 계속되는 나라는…

군사(軍事)가 정치의 중심이 되어 있는 나라를 잘 다스리는 요체는 백성의 마음을 간파하여 모든 정무(政務)를 실행하는 일이다.

위험한 상태에 있는 자를 안락하게 해 주고, 겁을 먹고 불안에 떠는 자를 위로해 주며, 배반하고 온 자는 그 본국으로 돌려 보내고, 사실이 아닌 죄로 괴로워하는 자는 용서해 주며, 하소연하는 자는 그 까닭을 살펴 주고, 비천한 자는 그 지위를 높여 주며, 강한 힘만 믿고 날뛰는 자는 억누르고, 적대하는 자는 응징하며, 욕구(欲求)하는 자에게는 그것을 채워주고, 무엇을 하고자 하는 자에게는 뜻을 펴게 하며, 남에게 알려지는 것을 두려워하는 자는 숨겨 주며, 모의(謀議)에 재능이 있는 자는 가까이 두고, 참언하는 자는 그 사실을 조사하며, 떠나가려 하는 자에게는 원래의 위치로 돌아가게 해주고, 배반하는 자는 해치우고, 횡포(橫暴)하게 날뛰는 자는 꺾고, 자만(自慢)하는 자는 굴복시키고, 찾아와 굴복하는 자는 시원스럽게 불러들이고, 복종하는 자는 생활이 되도록 해 주고, 항복한 자에게는 전죄(前罪)를 탓하지 않는다.

견고한 땅을 얻었을 때는 그것을 사수(死守)하고, 험조(險阻)한 땅은 막아 남이 들어오지 못하게 하고, 공격하기 어려운 땅엔 거기에 둔영(屯營)하고, 성곽은 공이 있는 장군에게 주고, 영지는 사졸에게 나누어 주고, 재보

(財寶)를 얻었으면 그것을 나눠주어야지 혼자 독차지해서는 안 된다.

적이 움직이면 그 노리는 바를 간파하고, 적이 가까이 오면 불의(不意)의 공격에 대비하고, 적병이 강하면 힘에 부치는 듯이 보여 적으로 하여금 뽐내게 하고, 적병에게 힘이 있으면 물러나 정면으로 부딪치지 않는다.

적이 지나치게 강할 때는 피로해지기를 기다리며, 적이 강폭(强暴)할 때 역시 쇠퇴해 약해지기를 기다린다.

적이 무도(無道)하면 정의에 의해 굴복시키고, 적병이 결속되어 있으면 그것을 이간시키고, 적의 형세를 보아 깨뜨리고, 유언(流言)을 퍼뜨려 판단을 흐리게 하고, 사방으로 그물을 펴서 적이 빠져 나오지 못하게 하며, 손에 들어온 것은 사유(私有)로 만들어서는 안 된다.

얻은 땅에서는 오래 머물러 있는 법이 아니다. 성읍(城邑)을 점령하였더라도 안주(安住)해서는 안 된다. 차라리 자립시켜 주고 빼앗지 말아야 한다.

이같은 계략을 꾸민 사람은 자신이지만 해낸 사람은 많은 사(士)들이다. 자신이 애를 썼지만 그 공을 자신의 공으로 하지 않으면 큰 이로움이 된다. 따라서 저들 사(士)는 제후(諸侯)가 되고, 자신은 천자(天子)가 된다. 천하의 성시(城市)에서는 권한(權限)을 주어 스스로 나라를 다스리게 하여 사(士)들이 갖게 하는 것이 좋다.

軍國之要 察衆心 施百務 危者 安之 懼者 歡之 叛者 還之 冤者 原之 訴者 察之 卑者 貴之 强者 抑之 敵者 殘之 貪者 豊之 欲者 使之 畏者 隱之 謀者 近之 讒者 覆之 毀者 復之 反者 廢之 橫者 挫之 滿者 損之 歸者 招之 服者 活之 降者 脫之

獲固守之 獲阨塞之 獲難屯之 獲城割之 獲地裂之 獲財散之 敵動伺之 敵近備之 敵强下之 敵佚去之 敵陵待

之 敵暴綏之 敵悖義之 敵睦攜¹⁾之 順擧²⁾挫之 因勢破之
放言過之 四網羅之 得而勿有 居而勿守 拔而勿久 立而
勿取
　爲者則己 有者則士 焉知利之所在 彼爲諸侯 己爲天子
使城自保 令士自處

1) 攜(휴) : 이간(離間)하다. 떼어놓다. 휴(携)와 같으나, 이(離)의 뜻으로 쓰였다.
2) 順擧(순거) : 상대방의 움직임에 맞춰 움직이다. 곧 적의 형세를 보아 가면서 깨뜨린다는 뜻.

〔군국(軍國)의 요(要)는 중심(衆心)을 살피고 백무(百務)를 시(施)하는 것이다. 위한 자는 편안케 하고 두려운 자는 기쁘게 하며 배반한 자는 돌아가게 하고 원통한 자는 풀어주고 호소하는 자는 살펴주고 비천한 자는 귀하게 해주고 강한 자는 억제하고 적대하는 자는 잔혹하게 하고 탐하는 자는 풍성하게 해주고 탐욕하는 자는 부리고 두려워하는 자는 숨겨주고 꾀가 있는 자는 가까이 하고 참소하는 자는 덮어주고 훼방하는 자는 돌아오게 하고 반역하는 자는 폐하고 횡포하는 자는 꺾으며 가득한 자는 덜어주고 돌아오는 자는 부르고 복종하는 자는 살려주고 항복한 자는 용서해 준다. 견고한 것을 얻으면 지키고 좁은 것을 얻으면 막으며 어려운 것을 얻거든 주둔하고 성을 얻으면 할애하고 땅을 얻으면 분할하며 재물을 얻으면 나눠주며 적이 움직이면 살피며 적이 가까이하면 방비하며 적이 강하면 아래하고 적이 편안하면 가며 적이 능멸하면 기다리고 적이 포악하면 편안케 하고 적이 거슬리면 의로 하고 적이 화목하면 이간하며 거순(擧順)하면 꺾으며 세력을 인하면 파괴하며 방언(放言)하면 과실로 하며 사방에 그물하면 벌리며 얻으면 두지 말 것이며 거(居)하면 지키지 말 것이며 빼앗으면 오래하지 말 것이며 세우면 취하지 말지니라.
　하는 자는 자신이요, 있는 자는 군사니 어찌 이(利)가 있는 바를 알리오. 저가 제후가 되면 나는 천자가 되어 성을 스스로 보호

하고 사(士)는 스스로 처하는 것이다.]

　라. 민중을 편안히 하는 것은 군주의 의무.
　세상의 군주들이 자기 조상을 받드는 예는 성대하게 행하면서 아래로 백성에게 은혜를 베푸는 일엔 소홀하다. 조상을 외경(畏敬)하는 것은 어버이에 대한 자식의 의무요, 아래로 백성에게 은혜를 베푸는 것은 군주로서의 의무다.
　아래로 백성을 농사철에는 경작(耕作)과 양잠(養蠶)에 힘쓰게 할 것이며, 헛되이 다른 일에 얽매이도록 영(令)을 내려 농사에 방해가 되게 해서는 안 된다.
　세금을 가볍게 부과해 경제적으로 여유를 갖게 하고, 부역을 적게 시켜 백성들이 피로하지 않도록 한다.
　그렇게 하면 국가는 부유해지고, 백성의 생활은 안락해진다. 그러한 뒤에 적임자(適任者)를 선발하여 관리로 삼아 행정을 관장하게 하는 것이다.
　이른바 사(士)라고 하는 것은 영웅을 말한다.
　그러므로 이르기를 "영웅을 나라에 모으면 상대국은 궁해지고 만다"라고 하는 것이다.
　영웅은 국가의 골간(骨幹)이요, 일반 백성은 국가의 근본이다. 골간인 영웅을 얻고 근본인 백성을 거두면 정치는 잘 행해지고 백성들 중에는 원망하는 소리가 없다.

　　　世能祖祖 鮮能下下 祖祖爲親 下下爲君 下下者 務耕桑[1]
　　不奪其時 薄賦斂[2] 不匱其財 罕徭役 不使其勞 則國富而
　　家娛 然後選士以司牧之
　　　夫所謂士者 英雄也 故曰羅其英雄 則敵國窮 英雄者
　　國之幹 庶民者 國之本 得其幹 收其本 則政行而無怨
　1) 耕桑(경상) : 경작(耕作)과 양잠(養蠶). 곧 농업.

2) 賦斂(부렴) : 조세(租稅). 세금.

〔세상에서는 능히 선조를 선조로 여기지만 능히 아래를 아래하는 이는 적다. 조조(祖祖)는 친함이요, 하하(下下)는 임금이 된다. 하하자(下下者)는 경상(耕桑)을 힘써 그 때를 빼앗지 아니하고 부렴(賦斂)을 가볍게 하여 그 재물을 궤(匱)치 아니하며 요역을 드물게 하여 그 수고롭게 부리지 아니하고 나라가 부유하고 가정이 즐거운 연후에 사(士)를 선발하여 사목(司牧)하니라.
대저 사(士)라고 하는 것은 영웅이다. 고로 가로되 영웅을 그물질하면 적국이 궁해진다. 영웅이란 나라의 근간이요, 서민이란 나라의 근본이다. 그 근간을 얻고 그 근본을 거두면 정사가 행해지고 원망이 없다.〕

마. 용병의 제일 요체는…

용병(用兵)의 요체는 예를 숭상하고 봉록(俸祿)을 무겁게 하는 데에 있다. 예를 숭상하여 대우하면 지사(智士)가 모이고, 봉록을 무겁게 하여 잘 대우하면 의사(義士)는 목숨을 아끼지 않는다.
그러므로 능력이 있는 현사(賢士)에게는 재물을 아끼지 않고, 공이 있는 자에게는 때를 넘기지 않고 보상해 주면, 백성들도 힘을 합하게 되고 적국의 영토는 줄어들게 된다.
사람을 쓰는 방법은 벼슬자리를 높여 존경하고, 봉급(俸給)을 많이 주어 대우한다. 그러면 현사(賢士)는 저절로 찾아오게 되고, 예를 두터이 하여 현사를 대우하고, 도의(道義)로써 격려하면, 사(士)는 사력(死力)을 다해 도와준다.

夫用兵之要 在崇禮而重祿 禮崇則智士至 祿重則義士

輕死 故祿賢不愛財 賞功不踰時 則下力幷 敵國削
　夫用人之道 尊以爵 贍以財 則士自來 接以禮 勵以義 則士死之

〔대저 용병의 요는 예를 높이고 녹봉을 무겁게 하는데 있다. 예를 높이면 지사(智士)가 이르고 녹봉을 무겁게 하면 의사(義士)가 죽음을 가볍게 여긴다. 고로 어진이의 녹봉은 재물을 아끼지 말고 공(功)과 상(賞)은 때를 넘기지 아니하면 아래의 힘이 합쳐 적국도 깎아낸다.

대저 용인의 도는 벼슬로써 높이며 재물로 넉넉하게 하면 선비가 스스로 온다. 예로써 대접하고 의로써 격려하면 선비는 죽는 것이다.〕

바. 백전백승의 원리는…

장수되는 사람은 반드시 사졸(士卒)과 맛있는 음식을 나눠 먹고 안락(安樂)과 간난(艱難)을 함께 해야 할 것이다. 그러면 사졸은 앞장서 적국을 공격할 것이다. 그리하여 우리 군대는 백 번 싸우면 백 번 이겨 적을 전멸시킬 수가 있다.

옛날에 양장(良將)이 전쟁에 나갔을 때 가끔 큰 통 가득히 탁주(濁酒)를 부어 바치는 사람이 있었는데, 장군은 자기 혼자서 마시지 않고, 그것을 냇물에 부어 사졸들과 함께 그 냇물을 마셨다고 한다. 단 한 통의 탁주를 부어가지고 냇물의 맛이 술맛으로 변할리야 없겠지마는 그렇게 함으로써 전군의 사졸이 이 장군을 위하는 일이라면 목숨을 내놓겠다고 결심하게 되는 것이다.

군의 예언서에 이르기를

"진지(陣地)에 우물을 파는데 물이 고이기 전에는 장군이 목마르다는 말을 해서는 안 된다. 천막을 만드는데

다 이루어지기 전에는 장군이 피곤하다는 말을 입밖에
내서는 안 된다. 식사 준비가 아직 다 되기 전에는 장군
이 배가 고프다는 말을 입밖에 내서는 안 된다. 겨울에
장군만이 갖옷을 입어서는 안 된다. 여름에는 부채를 사
용해서는 안 된다. 비가 와도 우산을 받쳐서는 안 된다.
이와 같이 사졸과 함께 하는 것이 장군으로서의 지킬 바
예다."
　라고 했다.
　장군이 사졸과 안위(安危)를 함께 하면, 사졸도 힘을
다해 자신의 괴로움을 돌보지 않는다. 그런 까닭에 사졸
들이 단결할 수가 있고 이반(離反)하는 일이 없다.
　사졸에게 힘들고 괴로운 일을 시켜도 피곤하다거나 하
는 말이 없다. 그것은 장군의 은혜가 거듭 쌓이고 사졸들
의 화합이 잘 되어 있기 때문이지, 다른 이유가 없다.
　그러므로 마음을 느즈러뜨리지 말고 은혜를 계속 베푼
다면, 한 사람의 은혜에 의해 만 사람을 자기편으로 만들
수가 있는 것이다.
　군의 예언서에 이르기를
　"장군의 위엄은 호령(號令)의 엄정(嚴正)함에 의해 보
전된다. 싸워서 백전백승을 거두는 것은 군정(軍政)이 밝
기 때문이다. 사졸이 죽음조차 두려워하지 않고 싸우는
것은 장군의 명(命)에 따르기 때문이다."
　라고 했다.
　그러므로 장군이 명령을 발하는 데에는 신중을 기해야
한다. 일단 발한 명령을 변경하거나 취소해서는 안 된다.
상벌을 엄격하게 하여, 하늘과 땅이 춘하추동의 계절을
어기지 않듯이 상을 줄 일에는 꼭 상을 주고 벌을 줄 일
에는 반드시 벌을 주면, 사람을 어렵지 않게 부릴 수가
있다. 그와 같이 하면 사졸은 장군의 명령에 복종하여 용
감하게 국경을 넘어 적과 싸우는 것이다.

夫將帥者 必與士卒同滋味[1] 而共安危 敵乃可加 故兵
有全勝 敵有全因[2] 昔者 良將之用兵 有饋簞醪[3]者 使投
諸河 與士卒同流而飮 夫一簞之醪 不能味一河之水 而三
軍之士 思爲致死者 以滋味之及己也
 軍讖曰 軍井未達 將不言渴 軍幕未辨 將不言倦 軍灶[4]
未炊 將不言饑 冬不服裘 夏不操扇 雨不張蓋 是謂將禮
與之安 與之危 故其衆可合而不可離 可用而不可疲 以其
恩素蓄 謀素合也 故曰 蓄恩不倦 以一取萬
 軍讖曰 將之所爲威者 號令也 戰之所以全勝者 軍政也
士之所以輕死者 用命也 故將無還令 賞罰必信 如天如地
乃可使人 士卒用命 乃可越境

1) 滋味(자미) : 맛있는 음식.
2) 全因(전인) : 전멸. 인(因)은 인(湮) 또는 멸(滅)과 같다.
3) 簞醪(단료) : 단(簞)은 대나무로 만든 술잔, 료(醪)는 막 거른 술. 막
   걸리, 탁주(濁酒).
4) 軍灶(군조) : 영중(營中)의 부엌.

〔대저 장수는 반드시 사졸과 함께 자미(滋味)를 함께 하며 안위
(安危)를 함께 해야 적에게 가(加)한다. 고로 병사는 전승(全勝)이
있고 적은 전인(全因)이 있다. 옛날 양장(良將)의 용병에 단료를
준 자가 있었다. 하여금 강물에 던져 사졸과 함께 흐름을 함께 하
여 마셨다. 대저 한 단지의 술은 능히 한 강물을 맛있게 못하지만
삼군의 사가 죽음을 바칠 것을 생각하는 것은 자미(滋味)가 자기
에게 미침이다.
 군참(軍讖)에 가로되 군정(軍井)이 미달에 장수는 목마르다 말
하지 아니하고 군막이 미변(未辨)에 장수는 피곤함을 말하지 아니
하며 군조(軍灶)가 미취(未炊)에 장수는 배고픔을 말하지 아니한
다. 겨울에는 갖옷을 입지 않고 여름에는 부채를 잡지 않고 비에
덮개를 덮지 않는다. 이를 장수의 예(禮)라 이른다. 더불어 편안하
고 더불어 위태하는 고로 그 무리가 가히 합하고 가히 떠나지 않

는다. 가히 사용하되 가히 피로하지 않는다. 그 은혜가 본래 쌓이고 피하는 것이 본래 합치된 것이다. 고로 은혜가 쌓이고 게으르지 않는다면 하나로써 만을 취할 수 있다.

군참에 가로되 장수가 위엄을 삼는 바는 호령이요, 전쟁에서 써 전승(全勝)하는 바는 군정(軍政)이요, 사(士)의 써 가벼이 죽는 바는 용병(用兵)인고로 장수는 명령을 반환함이 없고 상벌은 반드시 믿는 것이 하늘같고 땅 같아야 이에 가히 사람을 부린다. 사졸에 명을 쓰면 이에 가히 지경을 넘는다.〕

사. 어진 장수는 솔선수범하는 것.

전군을 통솔하여 군대의 위세(威勢)를 장악하는 일은 장군의 직분이다. 승리를 거두고 적을 패하게 하는 것은 많은 사졸의 활동에 달려 있다.

그러므로 호령(號令)이 분명하지 않은 난장(亂將)에게는 전군대를 보전하여 잘 지키도록 맡길 수가 없다. 명령에 복종하지 않는 사졸에게는 적을 토벌하게 할 수가 없다. 명령에 복종하지 않는 사졸들을 난장에게 맡겨 통솔하게 해서는 성을 공격해도 함락시킬 수가 없고, 도시를 점령하려 해도 이룰 수가 없다.

이 둘은 공로가 없고 사졸은 피로에 지치고 만다. 사졸이 피로에 지치면 장군은 고립되고, 사졸은 이반(離反)하고 만다. 이와 같은 형편의 장군과 사졸로는 수비를 견고하게 할 수가 없고, 싸우게 되면 앞뒤 돌보지 않고 도망쳐 버린다. 이런 것을 노병(老兵)이라고 한다.

군대가 지쳐서 쇠약해지면, 장군의 위령(威令)이 아랫사람들에게 행해지지 않는다. 장군의 위령이 행해지지 않으면 사졸은 형벌을 가벼이 여겨 두려워하지 않게 된다. 사졸이 형벌을 가벼이 여겨 두려워하지 않게 되면 군대 안의 대오(隊伍)가 어지러워진다. 대오가 어지러워지면 도망치는 사졸이 늘어난다. 도망치는 사졸이 많아지면 적은 그 기회를 틈타서 공격을 가해 온다. 적이 그 기회를 이용해 공격해 오면 이쪽 군대는 반드시 패하고 만다.

군의 예언서에 이르기를
"양장(良將)이 군대를 통솔할 때는 자기 자신을 용서하듯이, 남을 헤아려서 사람을 다스린다"
라고 하였다.

그러한 마음가짐으로 사람들에게까지 미치게 하여 은혜를 베푼다면, 사졸들도 힘을 쏟아 날로 떨쳐 일어난다. 그러므로 일단 싸우게 되면 질풍(疾風)과 같이 형세가 강하고, 공격을 하면 대하(大河)가 터져서 파괴되듯이 맹렬하게 된다. 그래서 적은 우리 군대를 멀리서 바라볼 뿐 감히 맞서 대항하지 못해, 우리 군대를 이길 수가 없다. 양장(良將)은 스스로 사졸에게 솔선수범하여 행동하므로, 사졸도 거기에 따라 천하 무적의 웅병(雄兵)이 되는 것이다.

군의 예언서에 이르기를,
"군대 안에서는 상(賞)은 겉이고, 벌(罰)은 속이다"
라고 했다.

그러므로 상과 벌이 엄정하고 명확하면, 장군의 명령은 아랫사람들에게 행해진다. 알맞은 인재를 적당한 자리에 임명하면 사졸(士卒)은 모두 마음으로 복종한다. 임명하여 쓰는 사람들이 모두 어진 인재라면, 적국은 이에 두려워할 것이다.

夫統軍持勢者 將也 制勝敗敵者 衆也 故亂將[1]不可使保軍 乖衆[2]不可使伐人 攻城不可拔 圍邑則不廢 二者無功 則士力疲憊 士力疲憊 則將孤衆悖 以守則不固 以戰則奔北 是謂老兵 兵老[3] 則將威不行 將無威 則士卒輕刑 士卒輕刑 則軍失伍 軍失伍 則士卒逃亡 士卒逃亡 則敵

乘利 敵乘利 則軍必喪
　軍讖曰　良將之統軍也　恕己而治人　推惠施恩　士力日新 戰如風發　攻如河決　故其衆可望而不可當　可下而不可勝 以身先人　故其兵爲天下雄
　軍讖曰　軍以賞爲表　以罰爲裏　賞罰明則將威行　官人得 則士卒服　所任賢則敵國畏

1) 亂將(난장) : 호령(號令)이 분명하지 않은 장군.
2) 乖衆(괴중) : 상관의 명령에 복종하지 않은 사졸들.
3) 兵老(병로) : 군대가 지쳐서 쇠약해지는 것.

〔대저 군을 통솔하고 위세를 가진 자는 장수이고 승리를 제어하고 적을 패배시키는 것은 무리들이다. 고로 난장(亂將)은 가히 하여금 군을 보호할 수 없으며 괴중(乖衆)은 가히 하여금 사람을 치게 하지 못한다. 성을 공격하여 가히 빼앗지 못하고 읍을 포위하여 폐하지 못하는 이 두 가지가 공이 없으면 사력(士力)이 피곤하고 사력이 피곤하면 장수는 외롭고 무리는 배반한다. 지키되 굳게 하지 못하고 싸우되 패배하는 것, 이것을 노병(老兵)이라 이른다. 병사가 늙으면 장수의 위엄이 행해지지 않고 장수가 위엄이 없으면 사졸이 형벌을 가벼이 여기고 사졸이 형벌을 가벼이 여기면 군이 대오를 잃고 군이 대오를 잃으면 사졸이 도망하고 사졸이 도망하면 적이 이로움을 타고 적이 이로움을 타면 군사는 반드시 잃는다.
　군참에 가로되 양장(良將)의 군을 통솔함이 자신을 서(恕)하듯이 남을 다스리고 은혜를 미루어 은혜를 베푸니 사력(士力)이 날마다 새롭고 싸우는데 바람이 일듯하며 공격하는데 강을 터놓은 것 같은 고로 그 무리를 가히 바라보고 가히 당하지 못하며 가히 아래하고 가히 이기지 못한다. 몸으로써 남보다 먼저하는 고로 그 병사가 천하의 영웅이 되는 것이다.
　군참에 가로되 군은 상으로써 겉을 삼고 벌로써 속을 삼는다. 상과 벌이 밝으면 장수의 위엄이 행하고 관인(官人)을 득하면 사졸이 복종하고 어진 이를 임용하면 적국이 두려워한다.〕

아. 현인이 나아가는 곳엔 적대할 자가 없다.
군의 예언서에 이르기를,
"현인이 나아가는 곳에는 적대할 자가 없다"
라고 했다.
그러므로 장교에게는 예를 두터이하여 항상 겸손할 것이며, 장교에게 교만하게 굴면서 뽐내는 일이 있어서는 안 된다. 장수에게는 즐거운 마음으로 활동하도록 해야한다. 혹시라도 군주가 참언을 믿고 자신을 의심하고 있는 것이 아닌가 하고 근심을 하게 해서는 안 된다. 계략은 깊이 생각해야 할 것이며, 일단 결정이 된 뒤에는 주저하지 말아야 한다.
장교가 교만하면 아랫사람들이 따르지 않는다. 장수가 근심하여 두려워한 나머지 불안한 마음을 품게 되면, 도성(都城) 안에 있는 군주와 밖에 나가 있는 장수 사이가 서로 믿지 못하는 관계가 되어 버린다.
대장군이 세운 계략이 의심을 받아 결정을 보지 못하게 되면, 적국은 반드시 떨쳐 일어나 우리 군대를 이길 것이다. 이런 상태에서 적을 공격하면 우리 군대는 혼란에 빠지게 된다.
장수는 국가의 안정을 위한 터전을 관장하는 사람이다. 장수가 승리를 거두면 국가는 안정을 얻게 되는 것이다.

軍讖曰 賢者所適 其前無敵 故士可下而不可驕 將可樂而不可憂 謀可深而不可疑 士驕 則下不順 將憂 則內外不相信 謀疑 則敵國奮 以此攻伐 則致亂 夫將者 國之命也 將能制勝 則國家安定

〔군참에 가로되 어진 이가 가는 곳은 그 앞에 적이 없는 고로

사(士)는 가히 아래하고 가히 교만하지 아니하며 장수는 가히 즐거워하고 가히 근심하지 않으며 꾀는 가히 깊고 가히 의심하지 않는다. 사가 교만하면 아래가 순하지 않고 장수가 근심하면 내외가 서로 믿지 않고 꾀를 의심하면 적국이 분발한다. 이로써 공벌하면 어지러움이 이른다. 대저 장수는 국가의 명이다. 장수가 능히 승리를 제어하면 국가는 안정된다.]

자. 장수된 자는 모든 말을 경청해야
군의 예언서에 이르기를
"장수는 청렴(淸廉)하여 마음을 고요하게 지니고, 될 수 있는 대로 공평하게 법령(法令)을 정비할 것이며, 간언(諫言)에 귀 기울이고, 호소를 들어주며, 현인을 맞이하여 등용하고 선언(善言)을 받아들여야 한다. 적국의 풍속과 습관을 알아 두고, 적국의 산천(山川)의 형세를 조사하여 험난한 지역을 명백하게 파악해 변사(變事)가 있을 때 대응함에 실수가 없도록 하며, 전군대의 권력을 장악해야 한다."
라고 했다.
그러므로 이르기를 어질고 현명한 사람의 지략(智略)이나 성인(聖人)과 명석한 사람의 생각이나 비천한 사람의 말이나 조정의 고관대작의 말이나 선대의 흥망성쇠의 역사 등 그 어느 것이고 장수된 사람은 마땅히 들어야 할 것이다하는 것이다.
장수되는 사람의 현사(賢士)를 생각하는 마음이 목마를 때 물을 마시고자 하듯 열렬하다면, 많은 현사(賢士)가 모이고 많은 계책(計策)이 모이게 된다.
장수되는 사람이 간언(諫言)에 귀를 기울이지 않으면 우수한 현사는 떨어져 나가 버린다. 헌상한 책략(策略)이 받아들여지지 않으면 지모(智謀)의 현사는 모두 배반하여 물러선다. 장수가 사람의 선과 악을 혼동하여 분별하지 못하면 공이 있는 신하들이 게을러진다.

장수가 자기의 생각대로만 행동하면 아랫사람들은 죄를 윗사람에게 전가한다. 장수가 자기의 공로만을 자랑하면 아랫사람들은 싫증을 느껴 부지런하게 활동하지 않는다. 장수가 참언(讒言)을 믿으면 사졸들의 마음은 떠나가 버린다.

장수가 재화(財貨)를 탐하면 사졸들의 나쁜 행동을 막을 수가 없다. 장수가 자기 가족이나 자기 동아리에 관한 일만을 생각하면 사졸들의 마음도 어지러워진다.

이상의 여덟 가지 중, 장수에게 그 한 가지라도 있다면 사졸들은 복종하지 않고, 장수에게 두 가지가 있다면 군의 규율이 어지러워지며, 세 가지가 있다면 사졸들은 싸움터에서 달아나 버리고, 네 가지가 있다면 그 재화(災禍)가 장수 자신에게만 미치는데 그치지 않고 국가 전체에까지 미치게 된다.

軍讖曰 將能淸 能靜 能平 能整 能受諫 能聽訟 能納人 能採言 能知國俗 能圖山川 能表險難 能制軍權 故曰 仁賢之智 聖明之慮 負薪[1]之言 廊廟[2]之語 前代興衰之事 將所宜聞 將者 能思士如渴 則策從焉 夫將拒諫 則英雄散 策不從 則謀士叛 善惡同 則功臣倦 專己 則下歸咎 自伐 則下少功 信讒 則衆離心 貪財 則奸不禁 內顧 則士卒淫 將有一 則衆不服 有二 則軍無式 有三 則下奔北 有四 則禍及國

1) 負薪(부신) : 땔나무 짊어지는 사람들, 곧 신분이 낮은 비천한 사람.
2) 廊廟(낭묘) : 조정(朝廷).

〔군참에 가로되 장수는 능히 맑고 능히 정(靜)하며 능히 평하며 능히 정(整)하며 능히 간하는 것을 받으며 능히 청송(聽訟)하며

능히 납인(納人)하며 능히 채언(採言)하며 능히 국속(國俗)을 알며 능히 산천을 그리며 능히 험난을 표(表)하며 능히 군권(軍權)을 제어하는 고로 가로되 인현(仁賢)의 지혜와 성명의 생각과 부신(負薪)의 말과 낭묘(廊廟)의 말과 전대흥쇠(前代興衰)의 일은 장수가 마땅히 듣는 바다. 장수라는 것은 사(士)를 생각하기를 목마름같이 하면 계책이 따른다. 대저 장수가 간하는 것을 막으면 영웅이 흩어지고 계책을 따르지 않으면 모사(謀士)가 배반하고 선악이 동일하면 공신이 게으르고 자신을 오로지하면 아래에서 허물이 돌아오고 스스로 공벌하면 아래에서의 공이 적고, 참소를 믿으면 무리의 마음이 떠나고 재물을 탐하면 간사함이 금지되지 않고, 안을 돌아보면 사졸이 음탕해진다. 장수가 한 가지를 두면 무리가 복종치 아니하고 두 가지를 두면 군이 질서가 없고 세 가지를 두면 아래가 분배(奔北)하고 네 가지를 두면 화가 나라에 미친다.]

차. 훌륭한 상에는 용사가 모인다.
군의 예언서에 이르기를
"장수의 계략은 비밀로 하여 밖으로 새나가지 않도록 하고, 사졸(士卒)의 마음은 일치단결하게 하며, 적을 공격할 때는 신속하게 해야 한다."
라고 하였다.
장수의 계략을 비밀로 하면 간사한 마음이 끼어 들어갈 틈이 없다. 사졸들의 마음을 하나로 묶으면 전군의 마음이 굳게 뭉쳐진다. 신속하게 적을 공격하면 적이 대비를 갖출 사이가 없다. 군대에 이 세 가지가 있으면 적군이 이쪽의 계략을 알아챌 수가 없는 것이다.
장수의 계략이 누설되면 군대의 위세(威勢)가 떨어진다. 외적이 우리 군의 내정(內情)을 엿보면 재앙을 막을 수가 없다. 재물이 진영(陣營)안으로 들어오면 많은 간사한 무리가 모인다. 장수에게 이 세 가지가 있으면 그 군대는 반드시 패한다. 장수에게 먼 앞을 내다볼 능력이 없으면 지모(智謀)의 현사(賢士)는 가버리고, 장수에게 용기가 없으면 사졸들은 겁쟁이가 되버린다. 장수가 막된 행동을 하면 군대는 무게가 없어진다. 장수가 화를 내면서 설치면 군대 안의 모든 사람들은 두려워하게 된다.
 군의 예언서에 이르기를
 "모려(謀慮)와 용기는 장수에게 중요한 일이다. 움직임과 분노하는 일은 장수가 전쟁에서 응용해야 할 것이다. 이 네 가지는 장수가 경계하여 신중해야 할 것이다."
 라고 했다. 군의 예언서에 이르기를
 "군대에 재물이 없으면 사졸이 모이지 않고, 보상(報償)이 없으면 사졸이 찾아오지 않는다."
 라고 했다. 또
 "향기로운 낚시미끼에는 걸려 죽을 고기가 모이고, 훌륭한 상(賞)에는 죽음을 두려워하지 않는 용사(勇士)들이 모인다."
 라고 했다.
 그러므로 예우(禮遇)는 현사가 돌아와 복종하게 하는 것이요, 후상(厚賞)은 용사가 죽음을 돌보지 않게 하는 것이다. 그래서 예로써 초빙하고 은상(恩賞)으로써 보이면, 구하고자 하는 현사나 용사가 다 찾아온다.
 후한 예로써 맞이하면서 한편으로는 뉘우치거나 하면 현사는 머물러 있지 않고, 은상(恩賞)을 주면서 한편으로는 뉘우치거나 한다면 용사는 활동하지 않는다. 예우와 은상(恩賞)을 잘 이용한다면, 죽음을 두려워하지 않는 현사와 용사가 앞을 다투어 찾아들 것이다.
 군의 예언서에 이르기를
 "전쟁을 일으키고자 하는 나라는 먼저 백성에게 두터운 은혜를 베푸는 일에 힘써야 한다. 영토를 확장하고자 하는 나라는 먼저 백성을 소중하게 여기는데 마음을 써야 한다. 소수로 다수에게, 약한 힘으로 강력한 나라에게 승리를 거두는 일을 가능하게 하는 것은, 평소부터 백성에게 베푼 은혜에 의해 이루어지는 것이다."
라고 했다.
그러므로 양장(良將)은 사졸들을 자신의 몸과 같이 아끼는 것이다. 그래서 전군의 사졸을 한 사람의 마음처럼 만들 수 있다면 백 번 싸워 백 번 이길 수가 있다.

軍讖曰 將謀欲密 士衆欲一 攻敵欲疾 將謀密 則姦心閉 士衆一 則軍心結 攻敵疾 則備不及設 軍有此三者 則計不奪
將謀泄 則軍無勢 外窺內 則禍不制 財入營 則衆奸會 將有此三者 軍必敗 將無慮 則謀士去 將無勇 則士卒恐 將忘動 則軍不重 將遷怒 則一軍懼
軍讖曰 慮也 勇也 將之所重 動也 怒也 將之所用 此四者 將之明誡也
軍讖曰 軍無財 士不來 軍無賞 士不往
軍讖曰 香餌[1]之下 必有死魚 重賞之下 必有勇夫 故禮者 士之所歸 賞者 士之所死 招其所歸 示其所死 則所求者至 故禮而後悔者 士不止 賞而後悔者 士不使 禮賞不倦 則士爭死
軍讖曰 興國之師 務先隆恩 攻取之國 務先養民 以寡勝衆者 恩也 以弱勝强者 民也 故良將之養士 不易于身 故能使三軍如一心 則其勝可全

1) 香餌(향이) : 향기로운 미끼. 맛있는 미끼. 물고기가 좋아하는 낚시밥.

〔군참에 가로되 장수의 꾀는 비밀코자 하고 사중은 하나가 되고자 하고 적을 공격하는 것은 빠르고자 한다. 장수의 꾀가 은밀하면 간심(姦心)이 닫히고 사중이 하나되면 군심(軍心)이 맺히고 적을 공격함이 빨라지면 방비를 하는데 미치지 못하나니 군이 이 세 가

지를 두면 계획을 빼앗기지 않는다.
 장수의 계략이 누설되면 군의 위세가 없고 밖에서 안을 엿보면 재앙이 제어되지 않고 재산이 영내에 들어오면 무리가 간회(奸會)하나니 장수가 이 세 가지를 두면 군은 반드시 패하고 장수가 생각이 없으면 모사가 떠나고 장수가 용기가 없으면 사졸이 두려워하고 장수가 망동하면 군이 무게가 없고 장수가 성냄을 옮기면 일군(一軍)이 두려워한다.
 군참에 가로되 생각과 용맹은 장수의 소중히 여기는 바요, 움직이고 성내는 것은 장수의 쓰는 바다. 이 네 가지는 장수가 밝히 경계한다.
 군참에 이르기를 군에 재가 없으면 사(士)가 오지 않고 군에 상이 없으면 사는 가지 않는다.
 군참에 이르기를 향이(香餌)의 아래는 반드시 사어(死魚)가 있고 중상(重賞)의 아래는 반드시 용부(勇夫)가 있는 고로 예는 사의 돌아가는 바요, 상은 사의 죽는 바다. 그 돌아갈 곳을 부르고 그 죽는 곳을 보이면 구하는 자는 이르는 고로 예한 뒤에 뉘우치는 자는 사가 그치지 않고 상한 후에 뉘우치는 자는 사를 부릴 수 없다. 예와 상이 게으르지 않으면 사는 죽음을 다툰다.
 군참에 가로되 흥국(興國)의 사(師)는 먼저 융성한 은혜를 힘쓰고 공취(攻取)의 국(國)은 먼저 양민(養民)을 힘쓴다. 적음으로 많은 것을 이기는 자는 은혜요, 약으로 강을 이기는 것은 백성이다. 고로 양장(良將)의 사를 양성함이 몸과 바꾸지 않음으로 능히 삼군을 부리되 한 마음같이 하면 그 승리는 가히 온전하다.〕

카. 적군의 실상을 먼저 아는 것이다.

 군의 예언서에 이르기를
 "용병(用兵)의 요체는 반드시 먼저 적정(敵情)을 잘 살피고 적의 창고를 관찰해 식량의 많고 적음을 헤아리며 그 세력의 강약을 판단하고, 천시(天時)와 지리(地利)

를 조사하여, 적의 약점이 어디에 있는지를 알아 두어야
한다."
라고 했다.

국가가 전쟁도 하지 않는데 식량을 수송하는 것은 그
나라에 식량이 결핍되어 있다는 것을 알 수 있다. 백성이
창백한 얼굴을 하고 있는 것은 그 나라가 빈궁하다는 증
거다. 천리 먼 곳에서 식량을 운반해온다는 것은 사졸을
굶주리게 하는 것이다. 땔나무를 모으고 풀을 베어다가
밥을 지어서는 군사들은 배를 채울 수가 없다.

식량을 1천리 밖에서 실어온다면, 나라 안의 백성은 1
년치의 식량이 부족한 것이다. 2천리라면 2년치의 식량이
부족한 것이고, 3천리라면 3년치의 식량이 부족한 것이
다. 이것을 나라안이 공허하다고 하는 것이다. 나라 안이
공허하면 백성은 가난해진다. 백성이 가난해지면 상류층
과 하류층이 서로 잘 어울리지 않는다. 그리고 밖으로부
터 적국이 쳐들어오고, 나라 안에서는 가난한 백성들이
도둑질을 일삼게 된다. 이렇게 되면 나라는 반드시 무너
지게 된다.

軍讖曰 用兵之要 必先察敵情 視其倉庫 度其糧食 卜
其强弱 察其天地 伺其空隙 故國無軍旅之難 而運糧者
虛也 民菜色[1]者 窮也 千里饋糧 士有飢色 樵蘇[2]後爨 師
不宿飽[3]

夫運糧千里[4] 無一年之食 二千里 無二年之食 三千里
無三年之食 是謂國虛 國虛則民貧 民貧則上下不親 敵攻
其外 民盜其內 是謂必潰

1) 菜色(채색) : 푸성귀처럼 창백한 안색. 핼쓱한 얼굴. 시장기가 얼굴에
    나타나는 것.
2) 樵蘇(초소) : 땔나무를 모으고 풀을 베다.
3) 宿飽(숙포) : 다음 날 아침까지 배가 부르다.

4) 千里(천리) : 다른 기록에는 백리(百里)로 되어 있다. 따라서 2천리(二千里)는 2백리(二百里)로, 3천리(三千里)는 3백리(三百里)로 되어 있다.

〔군참에 가로되 용병의 요는 반드시 먼저 적정(敵情)을 살핀다. 그 창고를 보고 그 식량을 헤아리고 그 강약을 점치고 그 천지를 살피고 그 공극을 엿본다. 고로 나라에 군려(軍旅)의 난이 없는데 양식을 운반하는 것은 허(虛)요, 백성이 채색(菜色)한 자는 궁이다. 천리에 양식을 보내면 사가 기색(飢色)이 있고 땔나무를 한 뒤에 밥하는 것은 군사가 숙포(宿飽)치 못할 것이다.

대저 식량을 운반하는데 천리면 1년의 먹을 것이 없고 2천리면 2년의 먹을 것이 없고 3천리면 3년의 먹을 것이 없으니 이것을 국허(國虛)라 이른다. 국허하면 민빈(民貧)하고 민빈하면 상하가 불친하다. 적이 그 밖을 공격하고 백성이 그 안에서 도둑질하면 이것을 필궤(必潰)라 이른다.〕

타. 서로 멸망을 자초하는 길…
군의 예언서에 이르기를
"윗사람이 포악한 짓을 하면 아랫사람은 잔혹한 짓을 한다. 세금은 무겁고 형벌이 사소한 데까지 미치면, 백성은 서로 살상을 일삼게 된다. 이러한 것을 멸망해가는 나라라고 한다."
라고 했다. 또 군의 예언서에 이르기를
"속마음은 탐욕스러우면서 겉으로는 힘써 청렴한 체하며, 거짓으로 명예를 취하고, 공적(公的)인 것을 빌려 사적(私的)인 은혜를 팔고, 상하의 사람들은 혼미(昏迷)하게 만들며, 진실한 듯한 표정을 지어 고관(高官)을 수중에 넣는다. 이것을 도둑질의 시작이라고 하는 것이다."
라고 했다. 군의 예언서에 이르기를

"많은 관리들이 도당(徒黨)을 지어 각각 친애하는 사람만을 채용한다거나 사악한 자만을 추천하고, 훌륭한 인물을 억제하며, 공도(公道)에 배반하여 사은(私恩)을 팔며, 한 동아리끼리 서로 헐뜯는다. 이것을 어지러움의 원천이라 하는 것이다."

라고 했다. 군의 예언서에 이르기를

"강대한 한 족속(族屬)이 모여 못된 짓을 행하며 지위도 없으면서 제멋대로 존귀한듯 버틴다. 그 위세에 사람들이 두려워서 떨지 않는 자가 없고, 사람들은 그 한 족속에게 벼랑에서 칡덩굴을 움켜잡듯이 매달린다. 그래서 그들은 사람들에게 은혜를 흩뿌려 일족(一族)의 세력은 더욱 강대하게 하고 지위에 있는 사람의 권력을 빼앗으며 아래 백성들을 업신여기며 괴롭힌다. 그로 인해 나라 안에 불평과 비난의 소리가 시끄럽게 들리건만 대신들은 그것을 숨기고 말하지 않는다. 이것을 국가의 어지러움의 근본이라고 한다."

라고 했다.

軍讖曰 上行虐 則下急刻[1] 賦重斂數 刑罰無極 民相殘賊 是謂亡國

軍讖曰 內貪外廉 詐譽取名 竊公爲恩 令上下昏 飾躬正顏 以獲高官 是謂盜端

軍讖曰 群吏朋黨 各進所親 招擧姦枉 抑挫任賢 背公立私 同位相訕 是謂亂源

軍讖曰 強宗聚姦 無位而尊 威無不震 葛藟[2]相連 種德立恩 奪在位權 侵侮下民 國內讙譁[3] 臣蔽不言 是謂亂根

1) 急刻(급각) : 잔학. 잔혹함.
2) 葛藟(갈류) : 두 가지가 다 덩굴지는 만목(蔓木).
3) 讙譁(훤화) : 시끄럽게 떠들다.

〔군참에 가로되 상(上)이 학(虐)을 행하면 하(下)가 급각(急刻)하고 부세를 무겁게 하고 거두기를 자주하면 형벌이 다함이 없고 백성이 서로 해치니 이것을 망국(亡國)이라 이른다.
  군참에 가로되 안으로 탐하고 밖으로 청렴하며 명예를 꾸미고 이름을 취하며 공을 도둑질하여 은혜를 삼고 상하를 어둡게 하고 몸을 꾸미고 안색을 바르게 하여 써 높은 벼슬을 얻은 것, 이것을 도단(盜端)이라 이른다.
  군참에 가로되 군리(群吏)가 붕당을 하고 각각 친한 바에 나아가며 간왕(姦枉)을 초거하고 임현(任賢)을 꺾어 누르고 공을 배신하고 사사로움을 세워 동위(同位)가 서로 꾸짖으면 이것을 난원(亂源)이라고 이른다.
  군참에 가로되 강종(强宗)이 모여 간사하여 지위가 없되 높고 위엄을 떨치지 않음이 없으며 덩굴처럼 얽혀 덕을 삼고 은혜를 세워 재위(在位)의 권세를 빼앗아 하민을 침소하고 국내가 소란스러워도 신하가 가려 말하지 않으면 이것을 난근(亂根)이라 이른다.〕

파. 군주를 위험에 빠뜨리는 자는 간적이다.
  군의 예언서에 이르기를
  "대대로 간악한 짓을 행하고, 현관(縣官)의 권위를 빼앗아 나아가는 데에도 물러남에도 자기의 형편이 좋은대로만 하려 하고, 법률의 조문(條文)같은 것을 이리저리 유리한 쪽으로 해석하며, 군주를 위험한 지경에 빠뜨리는 자를 국가의 간적(姦賊)이라고 하는 것이다."
라고 했다.
  군의 예언서에 이르기를
  "관리는 많고 백성은 적으며 상하와 존비(尊卑)의 구별없이 약육강식의 상태이건만, 윗자리에 있는 사람이 그것을 막으려고 하지 않아 그 화(禍)가 군주에게까지 미치게 되면 국가는 해를 입게 된다."

라고 했다.
　군의 예언서에 이르기를
　"현자(賢者)를 현자로서 추천하여 등용하지 않고, 악한 자를 제거하여 물러나게 하지 않으며, 현자가 있어도 외면하여 등용하지 않고, 어리석은 자를 임용하여 요직을 차지하게 하면, 그 나라는 해를 입게 된다."
　라고 했다. 군의 예언서에 이르기를
　"근본(根本)이 되는 군주는 약해지고, 지엽(枝葉)인 신하가 강대해져 도당(徒黨)을 지어 세력이 있는 지위에 있고, 비천한 자가 존귀한 자를 업신여기며, 그것이 시일이 갈수록 더욱 심해지는데도 위에서 그들을 제거하려 하지 않는다면, 그 나라는 반드시 패할 것이다."
　라고 했다. 군의 예언서에 이르기를
　"얼굴을 좋게 꾸미고 마음이 간사한 신하가 윗자리에 있으면, 군대 안에서 불평불만이 생긴다. 아첨하는 신하가 권위를 내세워 자기는 능력 있는 사람이라고 하여 사졸들의 마음을 등지면서 진퇴도 모르고, 군주에게 적당한 말로 비위나 맞추며, 헛되이 자기가 아는 정도에 의해 마음대로 행동하면서 자신의 공을 내세운다. 덕이 있는 사람을 비방하고, 자기의 마음에 들기만 하면 공이 없는 사람도 칭찬한다. 선한 것이나 악한 것이나 모두 자신의 뜻에 따라 주기만을 원한다. 당연히 해야 할 일은 주춤거리면서 미루고 군주의 명령을 아랫사람들에게 전달하지 않고 조작하여 잔인한 정치를 펴면서, 예로부터 내려오는 좋은 관습이나 일상적인 규정을 멋대로 바꾸어 버린다. 군주가 이같은 악한 자를 임용한다면, 반드시 큰 재앙을 받을 것이다."
　라고 했다.

　　　軍讖曰 世世作姦 侵盜縣官 進退求便 委曲弄文 以危

其君 是謂國姦

　軍讖曰　吏多民寡　尊卑相若　強弱相虜　莫適禁禦　延及君子　國受其咎

　軍讖曰　善善不進　惡惡不退　賢者隱蔽　不肖在位　國受其害

　軍讖曰　枝葉強大　比周居勢　卑賤陵貴　久而益大　上不忍廢　國受其敗

　軍讖曰　佞臣在上　一軍皆訟　引威自與　動違于衆　無進無退　苟然[1]取容　專任自己　擧措伐功　誹謗盛德　誣述[2]庸庸　無善無惡　皆與己同　稽留[3]行事　命令不通　造作苛政　變古易常　君用佞人　必受禍殃

1) 苟然(구연) : 적당하게.
2) 誣述(무술) : 비방하다. 없는 것을 있는 듯이 헐뜯어 말하다. 무고.
3) 稽留(계류) : 늦추다. 미루다.

〔군참에 가로되 세세로 간악을 지어 현관(縣官)을 침도하고 진퇴에 편함을 구하며 왜곡농문(倭曲弄文)하고 써 그 임금을 위태롭게 하면 이것을 국간(國姦)이라 이른다.

　군참에 가로되 관리가 많고 백성이 적으며 존비(尊卑)가 서로 같고 강약이 서로 능멸하되 가서 금어함이 없고 군자에게 뻗쳐 나라가 그 허물을 받는다.

　군참에 가로되 선을 선으로 하되 진하지 못하고 악을 악으로 여기되 물리치지 못하며 현자가 은폐되고 불초가 위에 있어 나라가 그 해를 받는다.

　군참에 가로되 지엽이 강대하고 비주가 세에 거하며 비천이 귀를 능멸하며 오래하면 더욱 커 상에서 차마 폐하지 않으면 나라가 그 폐단을 받는다.

　군참에 가로되 영신이 위에 있고 전군이 다 송사하며 위엄을 인하여 스스로 더불어 움직임이 무리와 어기며 나아감도 물러남도 없어 적당히 취용하여 오로지 자신이 맡으며 듣고 놓는 것과 공을 벌함이 성덕(盛德)을 비방하고 용용(庸庸)을 비방하며 선도 없고 악도 없어 다 쟈신과 같게 하며 행사(行事)를 가늠하며 명령이 불통하고 가정(苛政)을 조작하며 변고(變古)하고 역상(易常)하며 임금이 간신을 쓰면 반드시 재앙을 받는다.〕

하. 동지들만을 찬양하는 무리들은…
군의 예언서에 이르기를
"나쁜 지혜에 밝은 간웅(姦雄)들이 서로 자기 동지(同志)들만 찬양하면서 군주의 밝은 지혜를 가려 흐리게 하고, 선한 사람을 나쁘게 말하며 악한 사람을 선하다고 말해 군주의 총명을 어지럽혀 군주가 선악의 판단을 잘못하게 하며, 자기 비위에 맞는 사람만을 천거하고 충성심이 있는 사람은 군주가 멀리하게 하도록 한다."
라고 했다.
군주가 간악한 사람의 말을 밝게 살피면 간악한 사람이 사사로운 이익을 도모하고자 하는 재앙의 싹을 볼 수 있다. 군주가 유가(儒家)의 선비나 현명한 인재를 임용하면, 간웅(姦雄)들은 멀리 달아나 나오지 못한다. 군주가 경험을 쌓은 덕이 있는 사람을 임용하면 모든 일이 다 이치에 맞게 잘 되어간다.
군주가 산야에 숨어 있는 훌륭한 인물을 초청하면 인재를 적재적소에 등용하는 실적을 거둘 수가 있다.
나무꾼과 같은 신분이 낮은 사람의 생각이라도 좋은 의견을 채택하여 쓰면 곧 공을 세울 수 있다. 군주가 많은 사람의 마음을 잃지 않으면 그 덕이 사해(四海)에 널리 퍼질 것이다.

軍讖曰 姦雄[1]相稱 障蔽主明 毀譽竝興 壅塞[2]主聰 各阿所私 令主失忠 故主察異言 乃覩其萌 主聘儒[3]賢 姦雄

乃遯⁴⁾ 主任舊齒⁵⁾ 萬事乃理 主聘巖穴⁶⁾ 士乃得實 謀及負薪⁷⁾ 功乃可述 不失人心 德乃洋溢

1) 姦雄(간웅) : 나쁜 꾀를 잘 쓰는 영웅. 나쁜 지혜가 많은 영웅.
2) 壅塞(옹색) : 막다. 가려 흐리게 하다.
3) 儒(유) : 유가의 선비.
4) 遯(둔) : 달아나다. 피하다. 둔(遁) 또는 천(遷)과 같다.
5) 舊齒(구치) : 노성(老成)한 유덕자(有德者). 경험을 많이 쌓은 덕이 있는 사람.
6) 巖穴(암혈) : 산 속, 바위 굴에 숨어 사는 사람. 곧 산야에서 은둔 생활을 하는 현사(賢士).
7) 負薪(부신) : 나무꾼.

〔군참에 이르기를 간웅(姦雄)이 서로 칭하며 군주의 밝음을 장폐하며 허물과 명예를 함께 일으키고 군주의 총명을 옹색하며 각각 사사로이 아첨하며 군주로 하여금 충을 잃게 한다. 고로 군주가 이언(異言)을 살피고 이에 그 싹을 보며 군주가 유현(儒賢)을 초빙하면 간웅은 이에 도망치며 군주가 구치(舊齒)를 임명하면 만사가 이에 다스려지며 군주가 암혈(巖穴)을 초빙하면 사(士)가 이에 실(實)을 얻으며 꾀가 부신(負薪)에 미치고 공이 이에 가히 기술되고 인심을 잃지 않으면 덕이 이에 넘쳐 흐른다.〕

제 2 부 중략(中略)

가. 삼황(三皇)은 무위(無爲)의 치자(治者)였다.

삼황(三皇)시대는 말 없는 가운데 도(道)가 행해져 덕행이 온 천하에 고루 보급되었다. 그래서 천하가 잘 다스려지는 것이 누구의 공로인지도 깨닫지 못할 정도였다.

오제(五帝) 때에는 천지자연(天地自然)의 도(道)를 본으로 삼아 말로 명령을 내려 만백성을 다스렸고 천하가 태평했다. 군주와 신하는 서로 그 공을 상대방에게 돌리고, 교화가 널리 행해졌으며, 백성들은 그것이 누구의 은덕으로 그렇게 되었는지를 깨닫지 못하고 있었다. 그래서 신하들도 상받는 것을 기대하지 않고 다만 공을 세우는 일에만 힘썼다. 그러므로 폐해(弊害)가 생기는 일이 없었다.

삼왕(三王)시대에는 인륜의 도로써 백성이 나아갈 방향을 잡아 주고, 예(禮)와 악(樂)과 형(刑)의 제도에 의해 마음으로 복종하게 하였으며 법도(法度)를 베풀어 쇠퇴해져 어지럽게 될 것에 대비했다. 천하의 제후들을 회동(會同)하여 천자에게 충성해야 할 직분을 지키도록 했으며, 군비는 갖추었어도 나라들끼리 화합하여 전쟁이 일어날 근심이 없었다. 군신(君臣)과 상하(上下)가 서로 의심하는 일이 없고, 국가가 안정되고, 군주의 지위도 안정되었으며, 신하도 공을 이루고는 물러났으니, 모든 것이 선하고 아름다울뿐 조금도 해로운 일이 생기지 않았다.

패자(霸者)시대가 되어서는 권력으로 현사(賢士)를 제

어(制御)하고, 현사를 결속시키는 데에는 신의로 하였으며, 현사를 활동시키는 데에는 포상으로 하였다. 그러나 군주의 신의가 쇠퇴하자 현사가 멀어지고, 포상이 없어지니 현사는 명령에 따르지 않았다.

　　夫三皇[1]無言 而化流四海 故天下無所歸功 帝[2]者 體天則地 有言有令 而天下太平 君臣讓功 四海化行 百姓不知其所以然 故使臣不待禮賞有功 美而無害
　　王者[3] 制人之道 降心服志 設矩備衰 四海會同 王職不廢 雖有甲兵之備 而無戰鬪之患 君無疑于臣 臣無疑于主 國定主安 臣以義退 亦能美而無害
　　霸者[4] 制士以權 結士以信 使士以賞 信衰則士疏 賞虧則士不用命

1) 三皇(삼황) : 중국 상고시대 전설 속의 황제(皇帝)로, 복희(伏羲)·신농(神農)·황제(黃帝)를 가리킨다.
2) 帝(제) : 오제(五帝). 곧 중국 상고시대 전설 속의 다섯 제왕으로 소호(少昊)·전욱(顓頊)·고신(高辛)·제요(帝堯)·제순(帝舜)을 가리킨다. 삼황(三皇) 뒤의 시대다.
3) 王者(왕자) : 삼왕(三王). 하왕조(夏王朝)의 우왕(禹王), 은왕조(殷王朝)의 탕왕(湯王), 주왕조(周王朝)의 문왕(文王)과 무왕(武王)을 가리킨다. 주왕조는 문왕과 무왕을 아울러 일컫는다. 이 시대를 하은주(夏殷周) 삼대(三代)라고도 한다.
4) 霸者(패자) : 춘추시대 제후의 우두머리. 무(武)로써 출세하여 패도(霸道)로 천하를 다스리는 사람. 여기서는 춘추시대의 오패(五霸)를 가리킨다. 오패는 제(齊)나라 환공(桓公), 진(晉)나라 문공(文公), 진(秦)나라 목공(穆公), 송(宋)나라 양공(襄公), 초(楚)나라 장왕(壯王)이다. 일설에는 진나라 목공과 송나라 양공을 빼고, 오(吳)나라 왕 합려(闔閭)와 월(越)나라 왕 구천(句踐)을 꼽기도 한다.

〔대저 삼황(三皇)은 말이 없어도 사해에 유화(流化)한고로 천하

에서는 공이 돌아갈 바가 없었다. 제왕이란 하늘을 체(體)하고 땅을 칙(則)하며 말이 있고 영(令)이 있어 천하가 태평했다. 군신이 공을 사양하고 사해가 화행(化行)하면 백성이 그 써 그러한 바를 알지 못한다. 고로 신하로 하여금 예와 상을 기다리지 않고 공이 있으면 아름답고 해가 없다.

왕자란 사람의 도를 제어하고 마음을 내리고 뜻을 복종하여 구(矩)를 설하고 쇠(衰)를 대비하며 사해가 회동(會同)하고 왕직(王職)이 폐치 아니하나니 비록 갑병(甲兵)의 준비가 있으나 전투의 근심이 없으며 임금이 신하를 의심함이 없고 신하가 임금을 의심함이 없으며 나라가 안정되고 임금이 편안하며 신하가 의로써 물러나니 또한 능히 아름답고 해로움이 없다.

패자(霸者)는 사를 제어하되 권세로써 하며 사를 결속하되 신용으로써 하며 사를 부리되 상으로써 한다. 믿음이 쇠하면 사는 소원하고 상이 결여되면 사는 명을 쓰지 않는다.〕

나. 장군을 간섭하면 안 된다.

『군세(軍勢)』에 이르기를

"군대를 출동시킴에는 장수의 뜻대로 하는 것이 중요하다. 만약 전진하거나 후퇴하는 데에도 군주가 이렇게 해라 저렇게 해라 하는 등의 간섭을 하면, 장수가 공로를 세우기가 어렵게 된다."

라고 하였다. 『군세(軍勢)』에 이르기를

"총대장이 되는 사람에게는 지자(智者)도, 용자(勇者)도, 탐자(貪者)도, 우자(愚者)도, 그 어떤 부류의 사람이라도 다 쓸모가 있다. 지혜로운 사람은 공을 세우기 원하고, 용감한 사람은 나아가 그 뜻을 펴고자 바라며, 재물(財物)을 탐하는 사람은 재화(財貨)를 구하고, 우둔한 사람은 나아가 싸워서 죽는 것을 별로 개의치 않는다. 이런 사람들은 그 사람에게 상응하는 사용 방법으로 임용한다.

이것이 군대의 미묘한 권모술수다."
라고 했다.『군세(軍勢)』에 이르기를
"변설(辯舌)이 능한 사람에게 적의 좋은 점을 칭찬하게 해서는 안 된다. 사졸(士卒)들을 동요시키기 때문이다. 자비로운 마음이 깊은 사람에게 재정(財政)을 맡겨서는 안 된다. 아랫사람들에게 많은 것을 베풀어 자기에게 친하게 만드는 결과를 가져오게 하기 때문이다."
라고 했다.
『군세(軍勢)』에 이르기를
"무축(巫祝) 따위를 금하여, 군사(軍士)를 위해 승패(勝敗)를 점치게 하는 일이 있어서는 안 된다."
라고 했다.

軍勢[1]曰 出軍行師 將在自專 進退內御 則功難成
軍勢曰 使智 使勇 使貪 使愚 智者樂立其功 勇者好行其志 貪者邀趣其利 愚者不顧其死 因其至情而用之 此軍之微權也
軍勢曰 無使辯士 談說敵美 爲其惑衆 勿使仁者主財 爲其多施而附于下
軍勢曰 禁巫祝[2] 不得爲吏士 卜問軍之吉凶

1) 軍勢(군세) : 군의 병서(兵書).
2) 巫祝(무축) : 무당이나 점쟁이.

〔군세에 가로되 군대를 출동시키고 군사를 행동하는데 장수는 스스로 오로지 한다. 진퇴를 안으로 제어하면 공은 이루기가 어렵다.
군세에 가로되 지를 부리고 용을 부리고 탐(貪)을 부리고 우도 부린다. 지혜로운 자는 그 공 세우기를 즐거워하고 용맹한 자는 그 뜻 행하기를 좋아하고 탐욕한 자는 그 이로움 따르기를 즐거하고 어리석은 자는 그 죽음을 돌아보지 않는다. 그 지정(至情)을 인하여 쓰니 이는 군의 미권(微權)이니라.

군세에 가로되 변사(辯士)로 하여금 적의 아름다움을 말하지 말라. 그 무리를 미혹되게 한다. 어진 사로 하여금 재물을 주관하지 말게 하라. 그 많이 베풀어 아래를 따르게 한다.

군세에 가로되 무축(巫祝)을 금하고 이사(吏士)로 군의 길흉을 점치고 묻는 것을 얻지 못하게 하라.]

다. 의사(義士)를 부리는 데에는 예(禮)로써 한다.
『군세(軍勢)』에 이르기를
"의사(義士)를 부리는 데에는 예(禮)로 할 것이요, 재물로 부리려고 해서는 안 된다. 의사는 덕이 없는 군주를 위해서는 목숨을 바치지 않는다. 지혜로운 사람은 어둡고 어리석은 군주를 위해 계략을 세우지 않는다."
라고 했다.

군주는 덕이 없으면 안 된다. 덕이 없으면 신하들이 모두 등지고 떠나 버린다. 또 위엄이 없어서는 안 된다. 위엄이 없으면 군주로서의 권위가 없어져 버린다. 신하도 덕이 없으면 안 된다. 덕이 없으면 군주를 섬길 수가 없다. 또 신하에게 위엄이 없어서는 안 된다. 신하에게 위엄이 없으면 그 나라의 세력이 약해지고, 위엄이 너무 지나치면 군주가 그를 꺼려 그 자신이 멸망하게 된다.

성왕(聖王)이 세상을 다스리는 데에는 천하의 성쇠(盛衰)를 살피고, 인사(人事)의 득실을 생각하여, 거기에 상응하는 제도(制度)를 만들어야 한다. 제후(諸侯)의 병력(兵力)은 상하(上下) 이군(二軍)으로 2만 5천 명이고, 방백(方伯)은 상중하(上中下) 삼군(三軍)으로 3만 7천 5백 명이요, 천자(天子)는 좌우전후상하(左右前後上下)의 육군(六軍)으로 7만 명이다.

세상이 어지러워져 성왕(聖王)이 없어지면 반역자가 생기고, 왕자(王者)의 은덕(恩德)이 없어지면, 제후는 서로의 맹세를 어기고 서로 정벌(征伐)을 일삼게 된다.
　덕성(德性)이 같고 세력이 대등하면 서로의 역량(力量)이 엇비슷한 호각(互角)의 세(勢)가 되어 상대를 제어할 수가 없다. 이에 영웅심(英雄心)에 사로잡혀 병사의 무리와 좋아하고 싫어하는 것을 함께 한 후에 교묘한 계략을 더하면 승리할 수가 있다. 그러므로 계략이 아니면 의심스러운 것을 해결할 수가 없다. 기략(奇略)을 쓰지 않으면, 간악한 신하나 외적(外敵)을 때려 부술 수가 없다. 그리고 은밀한 계략을 쓰지 않으면 공을 거둘 수가 없다.

　　軍勢曰　使義士　不以財　故義者　不爲不仁者死　智者　不爲闇主謀　主　不可以無德　無德則臣叛　不可以無威　無威則失權　臣　不可以無德　無德則無以事君　不可以無威　無威則國弱　威多則身蹶
　　故聖王御世　觀盛衰　度得失　而爲之制　故諸侯二師　方伯三師　天子六師　世亂則叛逆生　王澤[1]竭則盟誓相誅伐
　　德同勢敵　無以相傾　乃攬英雄之心　與衆同好惡　然後加之以權變　故非計策　無以決嫌定疑　非譎奇[2]　無以破姦息寇　非陰謀　無以成功

1) 王澤(왕택) : 왕자(王者)의 은혜.
2) 譎奇(휼기) : 속여서 치다. 상대방의 마음을 놓게 하고 그 틈을 타서 공격하는 일.

〔군세에 가로되 의사(義士)를 부리는데 재물로써 아니한다. 고로 의자 불인(不仁)한 자를 위하여 죽지 않는다. 지자(智者)는 우매한 임금을 위하여 꾀하지 않는다. 임금은 덕이 없어서는 안 된다. 덕이 없으면 신하가 배반한다. 가히 써 위엄이 없어서는 안 된다. 위엄이 없으면 권력을 잃는다. 신하는 가히 써 덕이 없어서는 안 된다. 덕이 없으면 임금을 섬길 수가 없다. 가히 써 위엄이 없

으면 안 된다. 위엄이 없으면 나라가 약해지고 위엄이 많으면 자신이 무너진다.

고로 성왕(聖王)이 세상을 다스릴 때 성쇠(盛衰)를 관찰하고 득실을 헤아려 제도를 만들었다. 고로 제후는 2사(二師)를 두고 방백(方伯)은 3사(三師)를 두고 천자(天子)는 6사(六師)를 두었다. 세상이 어지러우면 반역이 생기고 왕의 덕택이 다하면 맹서(盟誓)하고 서로 주벌(誅伐)한다.

덕이 같고 세가 대적하면 써 서로 기울게 하지 못한다. 이에 영웅의 마음을 사로잡고 대중으로 더불어 호오(好惡)를 함께 한 연후에 권변(權變)으로써 더한다. 고로 계책이 아니면 혐의를 결단하고 의심을 결정할 수 없고 휼기가 아니면 간사를 파괴하고 도적을 쉽게 할 수 없으며 음모(陰謀)가 아니면 성공이 없다.]

라. 난세를 구하기 위해 만들어진 삼략(三略)

옛날의 성인(聖人)은 천도(天道)를 체득하여 무위(無爲)로써 다스렸고, 현인은 대자연에 순응하였으며, 지자(智者)는 성현의 가르침을 스승으로 삼아 배웠다.

그런 까닭에 삼략(三略)은 난세(亂世)를 구하기 위해 만들어진 것이다. 상략(上略)은 공이 있는 사람을 예우하고 상주며, 간신과 영웅을 구별하며, 흥망의 자취를 분명하게 밝히고 있다. 중략(中略)은 황제(皇帝), 왕자(王者), 패자(霸者)의 덕행을 구별했고, 권모술수가 때에 따라서는 사용되어야 한다는 것을 설했다. 하략(下略)에서는 도덕을 이야기하고, 국가 안위의 이치를 살펴, 현사(賢士)를 해롭게 하는데 따라 일어나는 재앙에 대해 설했다.

그러므로 군주가 깊이 상략(上略)을 이해하면, 현사(賢士)를 임용하여 전쟁에 승리하고 적의 장수를 사로잡을 수가 있다. 중략(中略)을 깊이 이해하면, 장수를 잘 부려쓰고 많은 사졸(士卒)을 통솔할 수가 있다. 하략(下略)을 깊이 이해하면, 국가의 융성하고 쇠퇴하는 근원을 분명하게 알고, 치국의 근본을 확실하게 이해할 수가 있다. 한편 신하되는 사람이 중략(中略)을 깊이 이해하면, 공로를 세우고 자신의 몸을 보전할 수가 있다.

하늘 높이 나는 새가 화살에 맞아 떨어지면 양궁(良弓)은 필요가 없게 되고, 적국이 멸망하고 나면 지모(智謀)있는 신하도 쓸모가 없어진다. 망(亡)이라는 것은 그 몸이 없어지는 것이 아니라 그 권위가 없어지고 만다는 것이다. 명군(明君)이 공을 세운 신하를 보전하려면, 공이 있는 신하를 제후(諸侯)로 봉해 신하로서 최고의 지위를 주고, 그 공로를 천하에 밝히며 중앙의 좋은 영토를 주어 그 집안을 부유하게 해주고, 미인(美人)이나 보옥(寶玉)을 주어 그의 마음을 기쁘게 해 주는 일이다.

백성은 한번 결집(結集)하면 쉽게 헤어지지 않는다. 위력이나 권력은 일단 주고 나서는 그것을 도로 거두기가 쉽지 않다. 군대를 돌리고 부대(部隊)를 해산할 때가 최대로 위험한 때다. 그러므로 장수의 힘을 약하게 하기 위해서는 지위는 주지만 큰 권력은 주지 않고, 영지를 빼앗은 뒤 요지에 있게 하는 것이다. 이것이 패자(霸者)의 계략이다. 그래서 패자가 일어나는 것은 그 논(論)이 잡박(雜駁)하다. 국가를 존속시키고 영웅을 모으는 일은 중략(中略)의 중요한 것이다. 그러므로 세상의 권세를 보존하여 잘 지키는 군주는 그 방법을 비밀로 하여 새나가지 않게 한다.

聖人體天 賢人法地 智者師古 是故三略爲衰世作 上略設禮賞 別姦雄 著成敗 中略差德行 審權變 下略陳道德 察安危 明賊賢之咎 故人主深曉上略 則能任賢擒敵 深曉中略 則能御將統衆 深曉下略 則能明盛衰之源 審治國之紀 人臣深曉中略 則能全功保身

夫高鳥死 良弓藏 敵國滅 謀臣亡 亡者 非喪其身也 謂
奪其威 廢其權也 封之于朝 極人臣之位 以顯其功 中州
善國 以富其家 美色珍玩 以悅其心
  夫人衆一合而不可卒離 權威一與而不可卒移 還師罷軍
存亡之階 故弱之以位 奪之以國 是謂霸者之略 故霸者之
作 其論駁也 存社稷 羅英雄者 中略之勢也 故勢主祕焉

〔성인은 하늘을 체(體)하고 현인은 땅을 법하며 지자(智者)는 고(古)를 스승으로 한다. 그러므로 삼략(三略)은 쇠퇴한 세상을 위하여 만들었다. 상략(上略)은 예와 상을 설(設)하고 간웅(姦雄)을 구별하고 성패를 나타냈다. 중략(中略)은 덕행을 가리고 권변(權變)을 살폈다. 하략(下略)은 도덕을 진열하고 안위를 살피며 어진이를 해침의 허물을 밝혔다. 고로 인주(人主)가 상략을 깊이 깨우치면 능히 어진이를 임용하고 적을 사로잡고, 중략을 깊이 깨우치면 능히 장수를 거느리고 무리를 통제하며, 하략을 깊이 깨우치면 능히 성쇠의 근원을 밝히고 치국의 기원을 살핀다. 인신이 중략을 깊이 깨우치면 능히 공을 온전히 하고 몸을 보호한다. 대저 높은 새가 죽으면 좋은 활을 감추고 적국이 멸하면 모신(謀臣)은 망한다. 망한다는 것은 그 몸을 상하는 것이 아니라 그 위엄을 빼앗기고 그 권세가 폐하는 것을 이름이다. 조정에 봉하여 인신(人臣)의 지위를 다하고 그 공을 나타내며 중주(中州)의 좋은 나라로 그 집을 부유하게 하며 미색진완으로 그 마음을 기쁘게 한다.

대저 인중(人衆)이 일합(一合)하면 가히 졸연히 떠나지 않으며 권위를 한번 주면 가히 졸연히 옮기지 않는다. 군사를 돌이키고 군대를 해체하는 것은 존하고 망하는 계단이다. 고로 약하게 하되 지위로써 하고 빼앗는데 나라로써 한다. 이것을 패자(霸者)의 계략이라 이른다. 고로 패자의 일어남은 그 논란거리다. 사직을 보존하고 영웅을 망라하는 자는 중략의 권세이다. 고로 세력있는 군주는 비밀로 한다.〕

제 3 부 하략(下略)

가. 천하의 행복을 얻을 수 있는 사람은

　천하 사람들의 위태로움을 구원할 수 있는 사람은 천하의 안전한 곳에 의거(依據)할 수가 있다. 천하 사람들의 근심을 제거할 수 있는 사람은 천하의 즐거움을 누리어 받을 수가 있다. 천하 사람들의 재화(災禍)를 구제할 수 있는 사람은 천하의 행복을 얻을 수가 있다.

　그러므로 은택(恩澤)이 백성에게까지 미치도록 하면 현인(賢人)이 찾아오고, 은택이 곤충에게까지 미치도록 하면 성인(聖人)이 찾아온다. 현인이 찾아오면 그 나라는 강력해지고 성인이 찾아오면 온 천하가 하나가 된다.

　군주가 현인(賢人)을 구하는 데에는 덕으로써 할 것이요, 성인(聖人)을 구하는 데에는 도의(道義)로써 구해야 한다. 덕이 성하지 않으면 현인이 오지 않고, 도의가 성하지 않으면 성인은 오지 않는다. 만약 현인이 물러가면 그 나라는 쇠미하고, 성인이 물러가면 그 나라는 이지러지고 만다. 쇠미해지는 것은 위험하게 되기 전의 단계이고, 이지러지는 것은 멸망할 징조다.

　　夫能扶天下危者 則據天下之安 能除天下之憂者 則享天下之樂 能救天下之禍者 則獲天下之福 故澤及于民 則賢人歸之 澤及昆蟲 則聖人歸之 賢人所歸 則其國强 聖人所歸 則六合[1]同
　　求賢以德 致聖以道 賢去則國微 聖去則國乖 微者危之

階 乖者亡之徵

1) 六合(육합) : 하늘과 땅과 동서남북의 사방(四方)을 아울러서 이르는 말. 곧 온 천하, 온 세계.

〔대저 능히 천하의 위험을 붙잡는 자는 천하의 편안함을 웅거한다. 능히 천하의 근심을 제거하는 자는 천하의 안락을 누린다. 능히 천하의 재앙을 구제하는 자는 천하의 복을 얻는다. 고로 덕택이 민중에 미치면 현인이 돌아오고 덕택이 곤충에게 미치면 성인이 돌아온다. 현인이 돌아오면 그 나라는 강하고 성인이 돌아오는 바는 육합(六合)이 동일하다.

어진이를 구함은 덕으로써 하고 성(聖)을 이르게 함은 도로써 한다. 어진이가 떠나면 나라가 미약하고 성인이 떠나면 나라가 이그러진다. 미약한 것은 위험한 계단이요, 이그러지는 것은 망할 징조다.〕

나. 외면적으로 복종시키는 정치는…

현인의 정치는 사람을 외면적으로 복종시키고 성인의 정치는 내면적으로 복종시킨다. 외면적이면 그 시작을 감복(感服)시킬 수가 있고, 내면적이면 끝까지 심복(心腹)시킬 수가 있다. 외면적으로 복종시키는 데는 예물(禮物)이 필요하고, 내면적으로 복종시키는 데는 마음으로 즐겁게 해 주는 것이 필요하다.

이른바 즐거움이라는 것은 금석(金石)이나 사죽(絲竹) 따위 음악의 즐거움이 아니다. 사람들이 가정 생활을 즐겁게 하는 것을 말하고, 사람들이 그 생업(生業)에 힘쓰는 즐거움을 말하며, 동족(同族)이 모여서 화합하여 지내는 즐거움을 말하며, 너그럽고도 부드러운 정령(政令)을 잘 따르는 즐거움을 말하고, 도덕의 가르침을 듣는 즐거움을 말하는 것이다. 이와 같은 상태가 되어서 군주는 비로소 음악을 만들어 조절하고, 그 본래의 조화(調和)를 잃지 않도록 하는 것이다.
  그러므로 덕이 있는 군주는 많은 사람과 함께 음악을 들으면서 천하의 사람들을 즐겁게 해주고, 덕이 없는 군주는 자기 혼자만 음악을 즐긴다. 사람들을 즐겁게 해 주면 그 나라가 오래도록 존속하고, 자기 혼자만 즐기면 그 나라는 빨리 멸망한다.

    賢人之政 降人以體 聖人之政 降人以心 體降可圖始 心降可以保終 降體以禮 降心以樂 所謂樂者 非金石[1] 絲竹[2]也 謂人樂其家 謂人樂其業 謂人樂其都邑 謂人樂其政令 謂人樂其道德 如此君人者 乃作樂以節之 使不失其和 故有德之君 以樂樂人 無德之君 以樂樂身 樂人者久而長 樂身者 不久而亡

1) 金石(금석) : 종(鐘)이나 경석(磬石) 등의 악기.
2) 絲竹(사죽) : 사(絲)는 현악기(絃樂器), 죽(竹)은 관악기(管樂器). 금석(金石)과 사죽(絲竹)을 아우러 말할 때는 모든 악기를 통틀어서 이르는 말이다.

〔현인의 정치는 사람을 복종시킴을 몸으로써 하고 성인의 정치는 사람을 복종시킴을 마음으로 한다. 몸이 복종하는 것은 가히 처음은 도모하고 마음을 복종시킴은 가히 써 끝을 보존한다. 몸을 복종시키는 것은 예로써 하고 마음을 복종시키는 것은 낙(樂)으로써 한다. 이른바 낙이란 금석사죽(金石絲竹)이 아니라 사람이 그 집안을 즐거워함을 이름이며 사람이 그 업을 즐김을 이름이며 사람이 그 도읍을 즐거워함을 이름이며 사람이 그 정령(政令)을 즐거워함을 이름이며 사람이 그 도덕을 즐거워함을 이름이다. 이와 같은 사람의 임금된 자는 이에 음악을 지어 써 절도로 하여 그 화합을 잃지 않게 한다. 고로 덕을 둔 임금은 음악으로써 사람을 즐겁게 하고 덕이 없는 임금은 음악으로써 몸을 즐겁게 한다. 사람을 즐겁게

한 자는 오래하고 길게 하고 몸을 즐겁게 한 자는 오래지 않아 망한다.]

다. 즐거운 정치에는 충신이 모인다.

　가까운 나라를 버려 두고 먼 나라를 공략하고자 하는 사람은 노고(勞苦)만 있을뿐 공(功)이 없고, 먼 나라는 그냥 놔두고 가까운 나라를 공략하고자 하는 사람은 손쉽게 승리를 거둘 수 있다.
　손쉬운 정치에는 충신(忠臣)이 모이고, 괴로운 정치에는 원망을 품는 백성만이 많아진다.
　그러므로 영토를 확장하는 데에 마음을 기울이면 그 나라는 반드시 나라가 황폐해지고, 널리 덕과 은혜를 베푸는 일에 마음을 기울이면 그 나라는 부강해진다. 현재의 영토를 지키고자 하면 그 나라가 편안하지만, 남의 영토를 빼앗고자 하면 그 나라가 파멸된다.
　잔멸(殘滅)한 정치는 자손까지도 환난(患難)을 받고, 궁전을 건축하는데 있어 지나치게 거대한 궁전을 지으면 비록 궁전이 완성되더라도 반드시 그 나라는 멸망한다.
　자기 자신의 일을 버려 두고 남을 가르치는 것은 역(逆)이요, 자기 자신을 바로잡고 나서 남을 감화시키는 것은 순(順)이다. 역은 어지러움을 불러들이는 것이요, 순은 잘 다스리는 요체(要諦)다.

　　釋近謀遠者 勞而無功 釋遠謀近者 佚而有終 佚政多忠臣 勞政多怨民 故曰 務廣地者荒 勞廣德者强 能有其有者安 貪人之有者殘 殘滅之政 累世受患 造作過制 雖成必敗 舍己而敎人者逆 正己而化人者順 逆者亂之招 順者治之要

〔가까운 것을 놓고 먼 것을 꾀하는 자는 수고롭고 공이 없고, 먼 것을 놓고 가까운 것을 꾀하는 자는 편안하고 끝이 있다. 편안한 정치는 충신이 많고 수고로운 정치는 원망하는 백성이 많다. 고로 가로되 넓은 땅에 힘쓰는 자는 거칠고 덕을 넓히는데 힘쓰는 자는 강하다. 능히 그 둔 것을 갖는 자는 편안하고 남의 둔 것을 탐내는 자는 쇠잔하다. 잔멸(殘滅)의 정치는 누세(累世)에 근심을 받고 조작함에 제도를 벗어나면 비록 이루나 반드시 패한다.
몸을 놓고 남을 가르치는 자는 역(逆)이요, 몸을 바르게 하고 남을 교화하는 것은 순(順)이다. 역(逆)은 어지러움을 부르고 순은 다스리는 요체다.〕

라. 도(道)의 교화란 무엇인가.
도(道)와 덕(德)과 인(仁)과 의(義)와 예(禮)의 다섯 가지는 본래 일체(一體)인 것이다.
도(道)는 사람이 좇아 행하는 것이고, 덕(德)은 사람이 도(道)를 행하여 마음으로 얻는 것이며, 인(仁)은 사람이 친애(親愛)하는 것이고, 의(義)는 사물(事物)을 처리하는 데 있어 마땅함을 얻는 것이며, 예(禮)는 사람의 몸으로써 행하는 것이다. 이 다섯 가지는 한 가지라도 빠져서는 안 되는 것이다.
아침에 일찍 일어나 밤이 늦어서야 자리에 들어 그 절도를 잃지 않는 것은 예(禮)의 제(制)다.
적을 쳐서 군주나 부모의 원수를 갚는 것은 의(義)의 결단이다. 딱한 사정에 놓인 사람을 가엾이 여기고 마음 아파하는 것은 인(仁)의 발현(發現)이다.
자신을 얻고 남의 신뢰를 얻는 것이 덕의 길이다. 사람들을 균평(均平)하게 하여 각각 그 자리를 잃지 않게 하는 것이 도(道)의 교화(敎化)다.

道德仁義禮五者 一體也 道者 人之所蹈 德者 人之所得 仁者 人之所親 義者 人之所宜 禮者 人之所體 不可無一焉 故夙興夜寐[1] 禮之制也 討賊報仇 義之決也 惻隱之心[2] 仁之發也 得己得人 德之路也 使人均平 不失其所 道之化也

1) 夙興夜寐(숙흥야매) : 아침 일찍 일어나서 밤 늦게 잠자리에 들다. 숙야(夙夜)는 아침 일찍부터 밤 늦게까지라는 뜻.
2) 惻隱之心(측은지심) : 가엾어서 가슴 아파하는 마음

〔도덕인의예(道德仁義禮) 다섯 가지는 한 몸이다. 도는 사람의 밟는 바요, 덕은 사람의 얻는 바요, 인은 사람의 친한 바요, 의는 사람의 마땅한 바요, 예는 사람의 체한 바다. 가히 하나도 없어서는 안 된다. 고로 일찍 일어나고 밤에 자는 것은 예의 제(制)요, 도적을 토벌하고 원수를 갚는 것은 의의 결단이요, 측은한 마음은 인의 발단이요, 자신을 얻고 남을 얻는 것은 덕의 길이요, 사람으로 하여금 균평하여 그 곳을 잃지 않는 것이 도의 화(化)다.〕

마. 군주의 권위가 손상을 입는 것은

군주에게서 나와 신하에게 내리는 것을 명(命)이라 하고, 문서에 기록되는 것을 영(令)이라 하며, 백관(百官)이 군주의 명령(命令)을 받들어 천하에 공포(公布)하는 것을 정(政)이라 한다.

군주의 명령이 그 마땅함을 잃으면 그 명령은 행해지지 않는다. 명령이 행해지지 않으면 정(政)이 이루어지지 않는다. 정이 이루어지지 않으면 도(道)가 만백성에게 보급되지 않는다. 도가 보급되지 않으면 사악한 신하가 권력을 쥐게 된다. 사악한 신하가 강해지면 군주의 권위(權威)는 손상을 입게 된다.

出君下臣 名曰命 施之于竹帛¹⁾ 名曰令 百官奉而行之
名曰政 夫命失 則令不行 令不行 則政不立 政不立 則道
不通 道不通 則邪臣勝 邪臣勝 則主威傷

1) 竹帛(죽백) : 죽간(竹簡)과 비단인데, 문서로 기록된 책이라는 뜻이
   다. 죽간(竹簡)과 비단은 종이가 발명되기 전인 고대 중국에서 글씨
   를 써서 보존하는 책의 재료였다.

〔군(君)에서 나와 신(臣)에 하(下)함을 이름하여 가로되 명(命)
이요, 죽백(竹帛)에 시(施)하는 것을 이름하여 가로되 영(令)이요,
백관이 받들고 행함을 이름하여 가로되 정(政)이다. 대저 명을 잃
으면 영이 행하지 않고 영이 행하지 않으면 정(政)이 서지 않고
정이 서지 않으면 도가 통하지 않고 도가 통하지 않으면 사특한
신하가 이기고 사특한 신하가 이기면 군주의 위엄이 손상된다.〕

바. 의혹이 없어지면 국가는 편안하다.

현인(賢人)을 맞이하는 일은 천리 먼 곳까지 가서 찾
지 않으면 안 되는 대단히 어려운 일이다. 그러나 어리석
은 자는 어디에나 있다.

현자(賢者)는 구하기가 어렵고 어리석은 자는 구하기
가 쉽다. 밝은 군주는 가까운 데에 있는 어리석은 자를
버리고, 먼 곳에 있는 현자를 맞이하는 것이다. 그렇게
함으로써 공업(功業)을 보전할 수가 있다. 현인을 존숭
(尊崇)하면 아랫사람들이 기쁘게 그 힘을 다하는 것이다.

한 사람의 선인(善人)을 물리치면 많은 선인이 모두
기력을 잃고, 한 사람의 악인(惡人)을 상 주면 많은 악인
들이 모여든다. 선인이 중용(重用)되어 보좌하고, 악인이
형벌을 받으면 국가는 안정되며, 많은 선인들이 그 나라
로 모인다.

많은 사람이 의심을 가지면 나라는 안정이 되지 않고,

모든 사람이 갈팡질팡 헛갈리면 만백성은 편안하게 다스려지지 않는 것이다. 상(賞)과 벌(罰)이 밝지 않으므로 많은 사람이 의혹을 품는 것이다. 의혹이 없어지면 국가는 편안하게 되는 것이다.

하나의 명령이 도에 벗어나면 백 가지 명령이 도에서 벗어난다. 하나의 악한 일이 행해지면 백 가지의 악한 일이 생겨난다. 그러므로 좋은 백성에게는 상을 베풀고, 악한 백성에게는 벌을 주어 억제하면 명령은 제대로 시행되고 백성의 원망은 생겨나지 않는다.

  千里迎賢其路遠 致不肖其路近 是以明君 舍近而取遠 故能全功尙人 而下盡力
  廢一善而衆善衰 賞一惡則衆惡歸 善者得其祐 惡者受其誅 則國安而衆善至 衆疑無定國 衆惑無治民 疑定惑還 國乃可安 一令逆則百令失 一惡施則百惡結 故施善于順民 惡加于凶民 則令行而無怨

〔천리(千里)의 어진 이를 맞는데 그 길은 멀다. 불초(不肖)가 이르는데 그 길은 가깝다. 이로써 명군(明君)은 가까운 곳을 놓고 먼 곳을 취한다. 고로 능히 공을 다하고 사람을 높여 아래의 힘을 다한다.

한 선(善)을 폐하면 모든 선이 쇠하며 하나의 악을 상주면 모든 악이 돌아온다. 선한 자는 그 복을 득하고 악한 자가 그 목 베임을 받으면 나라가 편안하고 모든 선이 이른다. 무리가 의심하면 나라가 안정되지 않고 무리가 의혹하면 백성이 다스려지지 않는다. 의심이 정하고 의혹이 돌아오면 나라가 이에 가히 편안해진다. 한 명령이 거슬리면 백 번의 명령이 잃어지고 한 번의 악이 베풀어지면 백악(百惡)이 맺어진다. 고로 선은 순민(順民)에 베풀고 악은 흉민(凶民)에 더하면 영이 행해지고 원망이 없다.〕

사. 청렴결백한 사람은 작록이 필요없다.

 원망을 품은 자에게 원망을 품은 자들을 다스리게 하는 것은 천리(天理)를 거스르는 것이다. 원수를 미워하는 자에게 원수를 다스리게 하면 그 재앙이 구제할 수 없을 정도가 되어 버린다. 백성을 다스리는데 공평균일(公平均一)하게 하고, 백성을 공평균일하게 하는 데에 청렴결백하여 사욕(私慾)이 없으면 백성은 안정되고 천하가 안녕하다.

 윗자리에 있는 사람을 범한 자가 높은 작위(爵位)를 받고, 탐욕하고 비루(鄙陋)한 자가 후한 녹봉(祿俸)을 받아 부유하게 되면, 비록 성왕(聖王)이 윗자리에 있다고 하더라도 천하를 다스릴 수가 없다. 그 반대로 윗자리를 범하는 자는 처형되고, 탐욕하고 비루한 자가 법률로 구속이 되면 교화가 잘 행해져 많은 악한 자가 자취를 감출 것이다.

 청렴결백(淸廉潔白)한 사람은 작록(爵祿)으로 얻을 수가 없고, 절의(節義)가 있는 사람은 위력(威力)이나 형벌(刑罰)로 위협할 수가 없다. 그러므로 명군(明君)이 현사(賢士)를 초빙하는 데에는 반드시 그 행하는 바를 잘 관찰하여 맞이해야 한다. 청렴한 사람을 초빙함에는 두터운 예(禮)로써 하고, 절의가 있는 사람을 맞이함에는 군주 자신이 도(道)를 닦아야 한다. 그렇게 해야 현사를 맞이할 수 있고 명군으로서의 명성도 보전할 수 있는 것이다.

 성인(聖人)이나 군자(君子)는 국가의 융성하고 쇠퇴하는 원인을 밝게 관찰하고, 성공과 실패의 단서를 통찰하며, 다스려지고 어지러워지는 기미를 잘 살펴, 거취의 절도(節度)를 잘 알아야 한다. 아무리 곤궁하더라도 멸망할 나라의 벼슬은 하지 않고, 아무리 가난하더라도 어지러운 나라의 봉록(俸祿)은 받지 않는다.

이름을 숨기고 은밀하게 도(道)를 닦는 사람은 남에게 알려지는 것을 바라지 않지만 때를 만나 행동을 하면 남의 신하로서 최고의 지위를 차지할 수가 있다. 군주의 덕이 자기와 합치(合致)되면, 비길 데 없는 공적을 세울 수가 있다. 그래서 그의 도는 높고 명예(名譽)는 후세에까지 드날리게 된다.

　　使怨治怨 是謂逆天 使讎治讎 其禍不救 治民使平 致平以淸 則民得其所 而天下寧
　　犯上者尊 貪鄙者富 雖有聖主 不能致其治 犯上者誅 貪鄙者拘 則化行而衆惡消
　　淸白之士 不可以爵祿得 節義之士 不可以威刑脅 故明君求賢 必觀其所以而致焉 致淸白之士 修其禮 致節義之士 修其道 然後士司致而名可保
　　夫聖人君子 明盛衰之源 通成敗之端 審治亂之機 知去就之節 雖窮 不處亡國之位 雖貧 不食亂邦之粟 潛名抱道者 時至而動 則極人臣之位 德合于己 則建殊絕之功 故其道高而名揚于後世

〔원망으로 하여금 원망을 다스리는 것은 이것을 이른 역천(逆天)이다. 원수로 하여금 원수를 다스리는 것은 그 재앙을 구제할 수 없다. 백성을 다스려 편안하게 하며 편안을 이루되 청(淸)으로써 하면 백성이 그 곳을 얻고 천하가 편안하다.

위를 범한 자는 높고 더러운 것을 탐한 자는 부하면 비록 성주(聖主)가 있을지라도 능히 그 다스림을 이루지 못한다. 위를 범하는 자는 목을 베이고 더러운 것을 탐하는 자는 구속하면 교화는 행하고 모든 악은 소멸된다.

청백의 선비는 가히 작록으로 얻지 못하고 절의의 선비는 가히써 위형(威刑)으로 위협할 수 없다. 고로 명군(明君)이 어진이를 구함에 반드시 그 써 바를 보고 이룬다. 청백의 선비를 이르게 하려면 그 예절을 닦고 절의 선비를 이르게 하려면 그 도를 닦은 연후에 사사(士司)가 이르고 명예가 보존된다.

대저 성인과 군자가 성쇠의 근원을 밝히고 성패의 단을 통달하고 치난의 기틀을 살피고 거취의 절을 알면 비록 궁하더라도 망국의 관직에 처하지 않으며 비록 가난하더라도 난방(亂邦)의 곡식을 먹지 않는다. 이름을 숨기고 도를 잡는 자는 때가 이르러 움직이고 인신의 지위가 다하게 되면 덕이 자신에 합하여 수절(殊絶)의 공을 세운다. 고로 그 도가 높고 이름이 후세에 들쳐진다.]

아. 정의가 이긴다는 것은 정한 이치다.

성왕(聖王)이 군사를 사용하는 것은 싸움이 좋아서 하는 것이 아니라, 폭군(暴君)과 난신(亂臣)을 토벌하고자 하는 데에 지나지 않는다.

정의(正義)로써 불의(不義)를 주벌(誅伐)하는 일은 마치 양자강(揚子江)이나 황하(黃河)의 물로 횃불을 끄고, 높은 벼랑에서 떨어지고 있는 사람을 밀어내는 것과 같이 쉬운 일이다. 그러므로 정의가 이긴다는 것은 정한 이치다.

성왕(聖王)이 느긋하게 행동하면서 되는 대로 진격하여 싸우지 않는 것은 사람을 다치게 할 것을 걱정하기 때문이다. 병기(兵器)라고 하는 것은 본래 꺼리는 기구다. 그러므로 생(生)을 좋아하는 천도(天道)는 병기를 미워한다. 그래서 성인(聖人)은 마지못할 경우에 한해 병기를 사용하는 것이다. 이것이 만물의 생성을 좋아하는 천도(天道)인 것이다.

사람이 바른 도를 밟아 행하는 것은 물고기가 물 속에 있는 것과 같다. 물고기는 물이 있으면 살고 물이 없으면 죽고 만다. 그러므로 군자는 두려워하며 도를 잃지 않으려고 힘쓰는 것이다.

　　聖王之用兵　非樂之也　將以誅暴討亂也　夫以義誅不義
若決江河[1]而漑爝火[2]　臨不測而擠欲墜　其克必矣　所以優
游[3]恬淡而不進者　重傷人物也　夫兵者　不祥之器[4]　天道惡
之　不得已而用之　是天道也
　　夫人之在道　若魚之在水　得水而生　失水而死　故君子常
懼而不敢失道

1) 江河(강하) : 장강(長江)과 황하(黃河). 장강은 양자강(揚子江).
2) 爝火(작화) : 횃불.
3) 優游(우유) : 느긋한 모양. 초조해하지 않는 모양.
4) 兵者不祥之器(병자불상지기) : 『노자(老子)』에 "兵者不祥之器　非君子
   之器〔병자불상지기 비군자지기 : 병기(兵器)란 상서롭지 못한 기구
   (器具)니, 군자(君子)가 다루는 기구가 아니다〕"라고 했다.

〔성왕의 용병은 즐기는 것이 아니라 장차 폭을 베고 어지러움을
토벌하는 것이다. 대저 의로써 불의를 주벌하는 것은 강하를 터서
횃불에 대며 불측(不測)에 다다라 떨어지는 것을 미는 것과 같아
그 반드시 이기는 것이다. 써 우유하고 염담하여 나아가지 않는 것
은 인물을 상하는 것을 중히 하기 때문이다. 대저 병이란 불상의
그릇이니 천도는 미워한다. 부득이 사용하는 것, 이것이 천도다.
　대저 사람이 도에 있는 것은 고기가 물에 있는 것과 같다. 물을
얻으면 살고 물을 잃으면 죽는다. 고로 군자는 항상 두려워하여 감
히 도를 잃지 않는 것이다.〕

　　자. 민중이 넉넉할 때 국가도 부강하다.
　　호걸(豪傑)이 모든 관직을 독차지하면, 나라의 행정이
문란해지고 나라의 위세(威勢)가 약해진다. 죽이고 살리는
모든 권한이 호걸에게 있으면, 나라의 위세가 고갈된다.

하지만 호걸이 고개를 숙이고 권력을 독차지하지 않으면 나라가 오래도록 지속되고, 죽이고 살리는 모든 권한이 군주에게 있으면 그 나라는 편안하게 된다. 모든 백성이 빈곤해지면 나라에는 저축(貯蓄)이 없다. 백성의 재용(財用)이 넉넉할 때 그 나라는 편안하고 즐겁다.

현신(賢臣)이 안에 있어 정사(政事)를 집행하면 간사한 신하는 밖으로 밀려난다. 간사한 신하가 안에 있어 정사를 집행하면 현신은 모두 사지(死地)로 쫓겨난다. 안과 밖의 직책이 적정함을 잃으면, 재앙과 어지러움이 후세(後世)에까지 지속된다. 대신(大臣)이 군주의 마음을 의심하면 많은 간신이 모여든다. 대신이 군주의 존위(尊位)에 있으면 상하의 구별이 없어지고, 군주가 신하의 자리에 있으면 상하의 순서를 잃어버린다.

현자(賢者)를 해롭게 하는 자는 그 재화(災禍)가 삼대(三代)에 걸쳐 미친다. 현자를 가리는 자는 자기 자신이 그 재해를 받는다. 현자를 미워하는 자는 명예를 보전(保全)하지 못한다. 현자를 추천하여 나아가게 하는 사람은 그 복이 자손에게까지 미친다. 그래서 군자는 열심히 현자를 천거하며, 그 아름다운 명성이 세상에 드러나는 것이다.

다만 한 사람에게 이로움을 주기 위해 백 사람에게 해로움을 준다면, 백성들은 그 고을에서 떠나고 만다. 한 사람의 이익을 위해 만인에게 손해를 보인다면 백성들은 나라가 붕괴되어 버렸으면 하고 생각한다. 한 사람의 소인(小人)을 제거하여 백 사람을 이롭게 하면 사람들은 그 은택(恩澤)을 사모한다. 한 사람의 소인을 제거함으로써 만 사람에게 이익을 준다면 나라의 정사는 어지러워지지 않는다.

豪傑秉職 國威乃弱 殺生在豪傑 國勢乃竭 豪傑低首

國乃可久 殺生在君 國乃可安 四民[1]用虛 國乃無儲 四民用足 國乃安樂
　賢臣內 則邪臣外 邪臣內 則賢臣斃 內外失宜 禍亂傳世 大臣疑主 衆姦集聚 臣當君尊 上下乃昏 君當臣處 上下失序
　傷賢者 殃及三世 蔽賢者 身受其害 嫉賢者 其名不全 進賢者 福流子孫 故君子急于進賢 而美名彰焉
　利一害百 民去城郭 利一害萬 國乃思散 去一利百 人乃慕澤 去一利萬 政乃不亂

1) 四民(사민) : 일반 백성. 서민(庶民).

〔호걸이 직을 잡으면 국가의 위엄이 이에 약하고 살생이 호걸에 있으면 국가의 세력이 이에 다한다. 호걸이 머리를 숙이면 국가가 이에 가히 오래하고 살생이 임금에 있으면 나라가 이에 가히 편안하다. 사민(四民)의 씀이 비면 나라가 이에 저축이 없고 사민이 씀이 족하면 국가가 이에 안락하다.

현신이 안에 하면 사특한 신하가 밖에 하고 사특한 신하가 안에 하면 현신이 죽는다. 내외가 마땅함을 잃으면 화란이 대대로 전하고 대신이 군주를 의심하면 모든 간사한 사람이 모여 들며 신하가 임금의 존위에 당하면 상하가 이에 혼미하고 임금이 신하의 처지에 당하면 상하가 질서를 잃게 된다.

어진이를 상하는 자는 재앙이 3대까지 미치고 어진이를 가린 자는 자신이 그 해를 받으며 어진이를 투기하는 자는 그 이름이 온전하지 못하고 어진이를 진(進)하는 자는 복이 자손에게 흐르는 고로 군자가 진현에 급하면 아름다운 이름이 빛난다.

하나를 이롭게 하고 백을 해롭게 하면 백성이 성곽을 버리고 하나를 이롭게 하고 만을 해롭게 하면 나라가 이에 흩어질 것을 생각한다. 하나를 버리고 백을 이롭게 하면 사람이 이에 덕택을 사모하고 하나를 버리고 만을 이롭게 하면 정사가 이에 어지러워지지 않는다.〕

시간과 공간을 초월하여
영원한 고전으로 남아질 수 있는
과거속의 유산을 캐내어
메마른 우리들의 마음밭을
기름지게 가꾸어 줄 수 있는 ―

자유문고의 책들

1. 정관정요
오 긍 지음/최형주 해역

당나라 이후 중국의 역대왕실이 모든 제왕의 통치철학으로 삼아오던 이 저서는 일본으로 건너가 「도꾸가와 이에야스(德川家康)」가 일본 통일의 기틀을 마련하는데 큰 힘이 되었다.
● 576쪽/값 18,000원

2. 식 경
편집부 해역

어떤 음식을 어떻게 섭취하면 몸에 좋은가? 어떻게 하면 건강하게 무병장수 할 수 있는가 등등. 옛 중국인들의 음식물 조리와 저장방법 등 예방의학적 관점에서 그 해답을 얻을 수 있다.
● 258쪽/값 6,000원

3. 십팔사략
증선지 지음/이준영 해역

고대 중국의 3황 5제에서부터 송나라 말기까지 유구한 역사의 노정에 격랑에 휘말린 인물과 사건을 시대별로 나눈 5천년 중국사를 한눈에 볼 수 있는 역사서.
● 258쪽/값 6,000원

4. 소 학
조형남 해역

자녀들의 인격 완성을 위하여 성인이 되기 전 한번쯤 읽어야 하는 고전. 아름다운 말, 착한 행동, 교육의 기초 등, 인간이 지켜야 할 예절과 우리 선조들의 예의범절을 되돌아 볼 수 있다.
● 328쪽/값 7,000원

5. 대 학
鄭佑永 해역

사회생활에서 지도자가 되거나 조직의 일원이 될 때 행동과 처세, 자신의 수양, 상하의 관계 등에 도움은 물론, 훌륭한 지도자로 성장할 수 있도록하는 조직관리의 길잡이이다.
● 160쪽/값 5,000원

6. 중 용
曺康煥 해역

인간의 성(性)·도(道)·교(敎)의 구체적인 사항을 제시하였다. 도(道)와 중화(中和)는 항상 성(誠)을 가지고 살아가야 한다는 것과 귀신에 대한 문제 등이 심도있게 논의됐다.
● 168쪽/값 5,000원

7. 신음어
呂 坤 지음/편집부 편역

한 국가를 경영하는 요체로써 인간의 마음, 인간의 도리, 도를 논하는 방법, 국가공복의 의무, 세상의 운세 그리고 성인과 현인, 국가를 경영하는 요체 등을 주제로 한 공직자의 필독서이다.
● 256쪽/값 6,000원

8. 논 어
金相培 해역

공자와 제자들의 사랑방 대화록. 공자(孔子)의 '배우고 때때로 익히면 즐겁지 아니한가.'로 시작되는 논어를 통해 공문 제자의 교육법을 알 수 있다.
● 376쪽/값 10,000원

9. 맹 자
全壹煥 해역

난세를 다스리는 정치철학. 백성이란 생활을 유지할 생업이 있어야 변함없는 마음을 가질 수 있고, 생업이 없으면 변함없는 마음을 가질 수 없다.
● 464쪽/값 10,000원

10. 시 경
李相鎭·黃松文 해역

공자는 시(詩) 3백편을 한마디로 대변한다면 '사무사(思無邪)'라고 했다. 옛 성인들은 시경을 인간의 마음을 정화시키는 중요한 교육서로 삼았다. 각 시에 관련된 그림도 수록되어 있다.

● 576쪽/값 12,000원 〈완역〉

11. 서 경
李相鎭·姜明官 해역

요순(堯舜)시대부터 서주(西周)시대까지의 정사(政事)에 관한 모든 문서(文書)를 공자(孔子)가 수집하여 편찬한 책이다. 유학의 정치에 치중한 경전의 하나.

● 446쪽/값 6,000원 〈완역〉

12. 주 역
梁鶴馨·李俊寧 해역

주역은 신성한 경전도 신비한 기서(奇書)도 아니다. 보는 자의 관점에 따라 판단을 내리도록 하는 것이 역의 기본이치이다. 주역은 하나의 암시로 그 암시를 통해 문제를 해결해 나가는 것이다.

● 496쪽/값 12,000원 〈완역〉

13. 노자도덕경
노재욱 편저

난세를 쉽게 사는 생존철학으로 인생은 속절없고 천지는 유구하다. 천지가 유구한 것은 무위 자연의 도를 수행하고 있기 때문이다. 제일 귀중한 것은 자기의 생명이다 라고 했다.

● 272쪽/값 7,000원 〈완역〉

14. 장 자
노재욱 편저

바람따라 구름따라 정처없이 노닐며 온 천하의 그 무엇에도 속박되는 것 없이 절대 자유로운 삶을 영위하는 소요유에서부터 제물론, 응제왕편 등 장주(莊周)의 자유무애한 삶의 이야기이다.

● 260쪽/값 6,000원

15. 묵 자
박문현·이준영 해역

묵자(墨子)는 '사랑'을 주창한 철학자이며 실천가이다. 묵자의 이론은 단순하지만 그 이론을 지탱하는 무게는 끝없이 크다. 묵자의 '사랑'은 구체적이고 적극적이다.

● 552쪽/값 10,000원 〈완역〉

16. 효 경
朴明用·黃松文 해역

효도의 개념을 정립한 것. 공자의 제자인 증자(曾子)는 효도의 마음가짐이 뛰어났다. 이 점을 간파한 공자가 증자에게 효도에 관한 언행을 전하여 기록하게 한 효의 이론서이다.

● 232쪽/값 4,000원 〈완역〉

17. 한비자(상·하)
노재욱·조강환 해역

약육강식이 횡행하던 춘추전국시대에 순자의 성악설(性惡說)을 사상적 배경으로 받아들여 법의 절대주의를 역설하였다. 법 위주의 냉엄한 철학으로 이루어졌다.

● 상·532쪽/값 15,000원 ● 하·512쪽/값 15,000원 〈완역〉

18. 근사록
정영호 해역

내 삶의 지팡이. 송(宋)나라의 논어(論語)라 일컬어진 『근사록』은 송나라 성리학(性理學)을 집대성한 유학의 진수이다. 높은 차원의 철학적 사상과 학문이 쉽고 짧은 문장으로 다루어졌다.

● 424쪽/값 8,000원 〈완역〉

19. 포박자
갈 홍 지음/장영창 편역

불로장생(不老長生), 이것은 모든 인간의 소망이며 기원의 대상이다. 인간은 죽음을 초월할 수 있는가? 불로불사(不老不死)의 약은 있는가? 등등. 인간들이 궁금해 하는 사연들이 조명되었다.

● 280쪽/값 6,000원

20. 여씨춘추 (12紀·8覽·6論)
鄭英昊 해역
- 12紀·376쪽/값 10,000원
- 8覽·464쪽/값 9,000원
- 6論·240쪽/값 4,000원

진시황의 생부인 여불위(呂不韋)가 문객과 함께 심혈을 기울여 이룩한 저서로 사론서(史論書)이다. 유가(儒家)·도가(道家)·묵가(墨家)·병가(兵家)·명가(名家) 등의 설을 취합하고 있다. 『12기, 8람, 6론』으로 나뉘어 3천여 학자가 참여한 선진(先秦)시대의 학설과 사상을 총망라하여 다룬 백과전서. 〈완역〉

21. 고승전
혜 교 저/유월탄 편역

중국대륙에 불교가 들어 오면서 불가(佛家)의 오묘 불가사의한 행적들과 중국으로 전파되는 전도과정에서의 수난과 고통, 수도과정에서 보여주는 고승들의 행적 등을 기록한 기록문.
● 260쪽/값 6,000 원

22. 한문입문
최형주 해역

조선시대의 유치원 교육서라고 하는 천자문, 이천자문, 사자소학, 계몽편, 동몽선습이 수록됨. 또 관혼상제 등과 가족의 호칭법 등이 나열되고 간단한 제상차리는 법 등이 요약되었다.
● 232쪽/값 5,000 원

23. 열녀전
劉 向 저/박양숙 해역

역사에 큰 발자취를 남긴 89명의 여인들을 다룬 여성의 전기이다. 총 7권으로 구성되었으며 옛여성들이 지킨 도덕관을 한 눈에 볼 수 있는 교양서.
● 416쪽/값 7,000 원　〈완역〉

24. 육도삼략
조강환 해역

병법학의 최고봉인 무경칠서(武經七書) 가운데 두 가지의 책으로 3군을 지휘하고 국가를 방위하는데 필요한 저서이다. 『육도』와 『삼략』의 두 권이 하나로 합한 것이다.
● 296쪽/값 10,000 원　〈완역〉

25. 주역참동계
최형주 해역

『주역참동계(周易參同契)』란 주나라의 역(易)이 노자의 도(道)와 연단술(練丹術)과 서로 섞여 통하며 『주역』과 연단은 음양을 벗어나지 못하며 노자의 도는 음양이 합치된다고 하였다.
● 272쪽/값 10,000원　〈완역〉

26. 한서예문지
이세열 해역

반고(班固)가 찬한 『한서(漢書)』 제30권에 들어 있는 동양고전의 서지학(書誌學)의 대사전이다. 한(漢)나라 이전의 모든 고전을 일목요연하게 볼 수 있는 서지학의 원조이다.
● 328쪽/값 7,000 원　〈완역〉

27. 대대례
박양숙 해역

『대대례』의 정식 명칭은 『대대예기』이며 한(漢)나라 대덕(戴德)이 편찬한 저서로 공자(孔子)와 그의 제자들이 예에 관한 기록의 131편을 수집하여 집대성한 것이다.
● 304쪽/값 8,000원　〈완역〉

28. 열 자
柳坪秀 해역

『열자』의 학문은 황제(黃帝)와 노자(老子)에 근본을 삼았고 열자 자신을 호칭하여 도가(道家)의 중시조라고 했다. 『열자』는 내용이 재미가 있고 어렵지 않은 것이 특징이다.
● 304쪽/값 7,000원　〈완역〉

29. 법 언
揚雄 지음/崔亨柱 해역

전한(前漢)시대 사마상여(司馬相如)의 영향을 받아 대문장가가된 양웅(楊雄)의 문집이다. 양웅은 오로지 저술에 의해 이름을 남기고자 힘써 저술에 전념하였다.
● 312쪽/값 7,000원　〈완역〉

30. 산해경
崔亨柱 해역

『산해경(山海經)』은 문학·사학·신화학·지리학·민속학·인류학·종교학·생물학·광물학·자원학 등 제반 분야를 총망라한 동양 최고의 기서(奇書)이며 박물지(博物志)이다.
● 408쪽/값 10,000 원　〈완역〉

31. 고사성어 (세상이 보인다 돋보기 엿보기)
송기섭 지음
● 304쪽/값 7,000 원

일상생활에서 많이 쓰이는 중심되는 125개의 고사성어가 생기게 된 유래를 밝히고 1,000여개 고사성어의 유사언어와 반대되는 말, 속어, 준말, 자해(字解) 등을 자세하게 실어 이해를 도왔다.

32. 명심보감 · 격몽요결

박양숙 해역
● 280쪽/값 6,000원

인간 기본 소양의 명심보감과 공부하는 지침을 가르쳐 주는 격몽요결, 학교의 운영과 학생들의 행동에 대한 모범안을 보여주는 율곡 이이(李珥) 선생의 학교모범으로 이루어졌다. 〈완역〉

33. 이향견문록

劉在建 엮음 / 李相鎭 해역

일반적으로 많이 알려지지 않은 숨은 이야기 모음이다. 소문으로 알려져 있는 평범한 이야기도 있고, 기이한 이야기도 있고, 유명한 사람의 이야기를 능가하는 이야기도 있다.

● 상·352쪽/값 8,000원   하·352쪽/값 8,000원   〈완역〉

34. 성학십도와 동국십팔선정

이상진 外 2인 해역
● 248쪽/값 6,000원

성학십도는 어린 선조(宣祖)가 성군(聖君)이 되기를 바라는 마음에서 퇴계 이황이 마지막 충절을 다해 집필한 것이다.
동국십팔선정은 우리나라 사람으로서 성균관의 문묘(文廟)에 배향(配享)된 대유학자 18명의 발자취를 나열한 것이다. 〈완역〉

35. 시자

신용철 해역
● 240쪽/값 6,000원

진(秦)나라 재상 상앙의 스승이었다는 시교의 저서로 인의(仁義)를 바탕에 깔고 유가(儒家)의 덕치(德治)를 바탕으로 '정명(正名)과 명분(名分)'을 내세워 형벌을 주장하였다. 〈완역〉

36. 유몽영

張潮 지음 · 박양숙 해역
● 240쪽/값 6,000원

장조(張潮)가 쓴 중국 청대(淸代)의 수필 소품문학의 백미(白眉)로, 도학자(道學者)다운 자세와 차원높은 은유로 인간의 진솔한 삶의 방법과 존재가치를 탐구하였다. 〈완역〉

37. 채근담

朴良淑 해역
● 288쪽/값 7,000원

명(明)나라 때 홍자성(洪自誠)이 지은 저서로 하늘의 이치와 인간의 정(情)을 근본으로 삼아 덕행을 숭상하고 명예와 이익을 가볍게 보아 담박한 삶의 참맛을 찾는 길을 모색하였다. 〈완역〉

38. 수신기

干寶 지음 / 전병구 번역
● 462쪽/값 10,000원

동진(東晉)의 간보(干寶)가 지은 것으로 '신괴(神怪)한 것을 찾다'와 같이 '귀신을 수색한다'의 뜻으로 신선, 도사, 기인, 괴물, 귀신 등등의 이야기로 이루어져 있다. 〈완역〉

39. 당의통략

이덕일, 이준영 해역
● 457쪽/값 10,000원

조선 말기의 정치가이며 학자인 이건창이 지은 책으로 선조(宣祖) 때부터 영조(英祖) 때까지의 당쟁사이다. 음모와 모략, 드디어 영조가 대탕평을 펼치게 되는 일에서 끝을 맺었다. 〈완역〉

40. 거울로 보는 관상 (원제 : 麻衣相法)

辛盛銀 엮음
● 400쪽/값 15,000원

달마조사와 마의선사의 상법(相法)을 300여 도록을 완비하여 넣고 완전 현대문으로 재해석하여 누구나 쉽게 알 수 있도록 꾸민 관상학의 해설서. 〈완역〉

41. 다경

박양숙 해역
● 240쪽/값 7,000원

당(唐)나라 육우(陸羽)의 『다경(茶經)』과 일본의 영서(榮西)선사의 『끽다양생기』를 합하여 현대문으로 재해석하고 도록으로 차와 건강을 설명하여 전통차의 효용성과 커피의 실용성을 겸들여 다루었다. 〈완역〉

42. 음즐록

鄭佑永 해역
● 176쪽/값 6,000원

사회에 공헌을 하고 선행을 많이 쌓아 자신이 타고난 운명을 바꿀 수 있다는 저서. 음즐이란 말은 "하늘이 아무도 모르게 사람의 행하는 것을 보고 화와 복을 내린다'는 뜻에서 딴 것이다. 어떠한 행동이 얼마만큼의 공덕에 해당하는 가에 대한 예시도 해놓았다.

〈완역〉

43. 손자병법

趙日衡 해역
● 272쪽/값 7,000원

혼란했던 춘추시대에 태어나 약육강식의 시대를 살며 터득한 경험을 이론으로 승화시킨 손자의 병법서. 전투에서 승리하는 데 필요한 모든 형세과 지형과 기세 등을 살펴 계략을 세우고 실행하는 것에 대한 설명. 현대인들에게는 처세술의 대표적인 책으로 알려졌다.

〈완역〉

44. 사경

김해성 해역
● 288쪽/값 9,000원

'사람을 쏘려거든 먼저 말을 쏘아라'라는 부제가 대변해 주듯이 활쏘기의 방법에 대한 개론이다. 활쏘기에 필요한 도구와 마음가짐, 손동작, 발 디디기, 몸가짐, 제도 등의 올바른 것을 제시하여 활쏘기 자체를 초월한 도(道)의 경지에 오르는 길을 설명하였으며, 활쏘기는 궁극적으로 덕(德)을 쌓는 길임을 말하고 있다. 관련된 도록을 넣어 보는 재미도 더했고, 본래 사경에는 활을 쏠 때의 예의에 관한 내용이 없어『예기』에서 활과 관련된 예(禮)의 부분을 발췌하여 수록하였다.

〈완역〉

45. 예기(상·중·하)

池載熙 해역
● 상·448쪽/값 14,000원
● 중·416쪽/값 14,000원
● 하·472쪽/값 14,000원

옛날 사람들의 생활과 관련된 모든 것을 총망라하여 49편으로 구성해 놓은 생활지침서. 옛날 사람들이 어떤 문화를 가지고 살았으며, 어떤 것에 생활의 무게를 두었는가 하는 것들을 살필 수 있다. 또한 오늘날 그 의의를 되새겨 우리 생활에 접목시킴으로써 보다 나은 생활을 영위하는 데 토대가 될 수 있다.

〈완역〉

46. 이아주소

최형주, 이준영 해역
● 424쪽/값 18,000원

아주 오래전의 한문 대사전이다. 한문 글자 하나하나의 유래와 뜻과 음을 보여주고 그 글자가 어느 구절에 어떻게 어떠한 뜻으로 쓰였는지에 대해 자세하게 예를 들어가며 적고 있다. 우리가 많이 쓰고 있는 한문 글자 중에서 전혀 예상하지 못했던 글자의 뜻과 음, 그 글자가 쓰이는 구절을 새롭게 알게 된다.

〈완역〉

47. 주 례

지재희, 이준영 해역
● 604쪽/값 20,000원

제국의 관직과 그 관직에 따른 직무를 기록한 동양 최고의 책이다. 왕이 제국을 건설하여, 동서남북의 방위를 분별하고 천자와 군신간의 지위를 바르게 하여 도시를 정비하고 읍과 리를 구획하고 관직을 설치하고 관직을 맡는 직분을 나누어 모든 백성이 지켜야 할 도리를 만든다. 이에 천관(天官)과 지관(地官)과 춘관(春官)과 하관(夏官)과 추관(秋官)과 동관(冬官)을 세우고 산하에 각각 60개 관청을 설치하여 천하를 다스리는 제반 제도를 완비하는 내용을 밝히고 있다. 〈완역〉

101. 한자원리해법

金徹泳 엮음
● 232쪽/값 6,000원

한자가 이루어진 원리를 부수를 기본으로 나열하여 쉽게 풀어놓았다. 한자의 기본인 부수가 생겨나게 된 원리를 보여주어 한자에 쉽게 다가갈 수 있게 하였다.

〈2쇄〉

102. 쉽게 풀어 쓴 상례와 제례

金昌善 지음
● 248쪽/값 7,000원

편의주의에 밀려난 조상들이 지켰던 상례와 제례를 알기 쉽게 풀어 써서 그 의식에 스며있는 의의를 고찰하고 오늘날의 가정의례 준칙상의 상례와 제례와도 비교하였다. 또한 상례와 제례가 실제 거행되는 50여컷의 사진들을 함께 실어 이해를 돕고 있다.

■ 동양학 100권 발간 후원인(가나다 순)
　후원회장 : 유태전
　후원회운영위원장 : 지재희
　　김판해, 김기흥, 김소형, 김재성, 김종원, 김주혁, 김창선, 김창완, 김태식, 김해성,
　　김향기, 박남수, 박문현, 박양숙, 박종거, 박종성, 백상태, 송기섭, 신성은, 신순원,
　　신용민, 양태조, 양태하, 오두환, 유재귀, 유평수, 이덕일, 이상진, 이석표, 이세열,
　　이승균, 이승철, 이영구, 이용원, 이원표, 임종문, 임헌영, 전병구, 전일환, 정갑용,
　　정찬옥, 정철규, 정통규, 조강환, 조응태, 조일형, 조혜자, 최계림, 최영전, 최형주,
　　한정곤, 황송문

인지
생략

동양학총서 [24]
육도삼략(六韜三略)

초판1쇄발행　1995년　7월 30일
초판3쇄발행　2002년　9월 15일

해역자 : 조강환
펴낸이 : 이준영

회장 · 유태전
주간 · 김창완
편집 · 홍윤정 / 교정 · 강화진
조판 · 태광문화 / 인쇄 · 천광인쇄 / 제본 · 기성제책 / 유통 · 문화유통북스

펴낸곳 : 자유문고
서울 영등포구 문래동6가 56-1 미주프라자 B-102호
전화 · 2637-8988 · 676-9759 / FAX · 676-9759
e-mail : jayumg@hanmail.net
등록 · 제2-93호(1979. 12. 31)

정가　0,000원
※잘못 만들어진 책은 구입하신 서점에서 바꿔드립니다.

ISBN 89-7030-024-4　04150
ISBN 89-7030-000-7　(세트)